水资源管理"三条红线"确定理论与应用

曹升乐　孙秀玲　庄会波　等　著

科学出版社

北　京

内 容 简 介

本书以水资源管理"三条红线"概念入手，全面系统地阐述了水资源管理"三条红线"指标确定理论与方法、基于"三条红线"的水资源优化配置技术方法、水资源综合利用与管理效果评价，并结合案例进行了实践应用。

全书分为四篇16章。主要为：绪论；第一篇水资源管理"三条红线"确定理论方法及其应用；第二篇基于"三条红线"的水资源优化配置与应用；第三篇为水资源综合利用与管理效果评价及应用；第四篇为结语。

本书是一部系统论述水资源管理"三条红线"确定理论与应用的著作，可供水资源管理、水资源研究的工作者使用，也可供水文水资源专业的本科生和研究生学习参考。

图书在版编目(CIP)数据

水资源管理"三条红线"确定理论与应用/ 曹升乐等著. —北京：科学出版社，2020.2
　ISBN 978-7-03-063969-1

Ⅰ.①水… Ⅱ.①曹… Ⅲ.①水资源管理–综合指标–研究–中国
Ⅳ.①TV213.4

中国版本图书馆 CIP 数据核字 (2019) 第 289674 号

责任编辑：石 珺 朱 丽 / 责任校对：何艳萍
责任印制：吴兆东 / 封面设计：图悦盛世

科 学 出 版 社 出版
北京东黄城根北街 16 号
邮政编码：100717
http://www.sciencep.com

北京盛通商印快线网络科技有限公司 印刷
科学出版社发行　各地新华书店经销
*
2020 年 2 月第 一 版　开本：787×1092　1/16
2020 年 2 月第一次印刷　印张：17
字数：434 000

定价：168.00 元
（如有印装质量问题，我社负责调换）

《水资源管理"三条红线"确定理论与应用》

作者名单

著者： 曹升乐　孙秀玲　庄会波

参编： 赵天宇　于翠松　宋科东　赵文婷

前　言

随着经济社会的快速发展，水资源短缺、水灾害威胁、水生态问题日益突出，水资源已成为制约我国经济社会发展的"瓶颈"。开展水资源管理"三条红线"指标确定理论与应用研究是保障水资源科学利用的重要手段，是实行最严格水资源管理的必然要求。

本书在综合系统分析国内外有关研究的基础上，采用理论与实践相结合的方法，提出了用水总量控制指标、纳污总量控制指标、用水效率控制指标的确定方法，构建了基于"三条红线"的水资源优化配置模型与配置方案、水资源综合利用与管理效果评价指标体系与评价模型，结合实际，分别给出了应用案例。

本书主要内容包括：绪论、水资源管理"三条红线"确定理论方法及其应用(包括用水总量控制指标确定方法及其应用、纳污总量控制指标确定方法及其应用、用水效率控制指标确定方法及其应用)、基于"三条红线"的水资源优化配置与应用(包括基于"三条红线"的水资源优化配置模型、基于"三条红线"的水资源优化配置方案、水资源供需平衡分析方法、胶南市城区水资源优化配置及其方案、乳山市城区水资源优化配置及其方案)、水资源综合利用与管理效果评价及应用(包括水资源配置方案效果评价指标体系构建、水资源配置方案效果评价模型、最优方案实施效果协调性定量评估方法、水资源综合利用与管理效果评价应用实例)、结语。

在编写过程中，除了著者曹升乐、孙秀玲、庄会波，以及参编赵天宇、于翠松、宋科东、赵文婷进行了大量的科学研究与编写工作外，研究生刘淋淋、王延梅、赵喜富、李锡铜做了大量的计算工作，并参与编写了部分内容，石晓、牛锦秋参与了绘图与校核工作，胶南市水文局、乳山市水利局提供了大量基础资料。特别是胶南市水文局宋云江局长、查治荣副局长，威海市水文局张明芳科长等给予了大力的支持与帮助，再次表示感谢。

本书的研究工作得到水利部公益性行业科研专项经费项目支持(项目号：201201116)。

最严格水资源管理的"三条红线"理论研究涉及多个学科与专业，是一项系统且复杂的工作，作者在水资源管理"三条红线"确定理论与应用方面做了一些探讨，由于水平有限，本书难免有不妥之处，敬请批评指正。

著　者

2019 年 5 月

目　录

第三篇　水资源综合利用与管理效果评价及应用

第四篇 结 语

第1章 绪 论

1.1 研究背景及意义

1.1.1 研究背景

随着经济社会的快速发展,水资源短缺、水灾害威胁、水生态问题日益突出,水资源已成为我国经济社会发展的制约"瓶颈"。在水资源总量有限而用水需求不断增长的情况下,单靠开源或调水,在短期内不可能从根本上解决日益突出的缺水问题。为此,必须实行最严格的水资源管理制度(陶洁等,2012),建设节水型社会,强化需水管理,走内涵式发展道路,严格实施用水总量控制,遏制不合理用水需求;大力发展节水经济,提高用水效率;严格水功能区的监督管理,控制入河、入湖排污总量;以水资源管理方式的转变引导和推动经济结构的调整、发展方式的转变和经济社会发展布局的优化。

最严格水资源管理制度是对水资源开发利用中的取水、用水、排水等全过程的管控和制度安排,实际上就是对水资源配置、节约与保护等方面实行最严格的水资源管控目标管理。最严格水资源管理制度是当代治水思路的集中总结,立足于破解我国水问题而顺势提出的。"三条红线"是最严格水资源管理制度的核心和具体展开,是水资源可持续利用(Chen et al.,2013)和人水和谐思想的具体体现和进一步细化,为水资源综合管理的实践指明了方向并确立了重点。

目前最严格水资源管理"三条红线"的研究理论成果不多,指标的确定方法研究较少,本书在前人研究的基础上,针对当前的管理需要,系统地分析了"三条红线"的内涵,提出了"三条红线"确定理论与方法,建立了基于"三条红线"的水资源优化配置模型及水资源综合利用与管理评价理论方法。

1.1.2 研究意义

随着人口的增加,经济社会的发展,滨海地区需水量呈持续增长趋势,水资源供需矛盾突出,水污染形势严峻,水生态环境面临挑战,已在较大程度上制约城市经济社会发展目标的实现。为加强水资源统一管理,探索建立和实施用水总量控制、纳污总量控制和用水效率控制的管理制度,推进区域节水防污型社会建设,提高水资源和水环境承载能力,以水资源可持续利用促进经济社会可持续发展,迫切需要开展用水总量控制、纳污总量控制和用水效率控制指标体系研究。

实行最严格的水资源管理制度的核心就是围绕水资源的配置、节约和保护建立水资源管理的"三条红线",即用水总量控制红线、纳污总量控制红线和用水效率控制红线。用水总量控制"红线"是"三条红线"(孙雪涛,2011;杨增文等,2010)的确定应以流域生态保护为前提,有利于强化水资源管理的约束力,促进水资源优化配置。用水总量控制指标的合理确定是水资源可持续利用、区域社会经济可持续发展的根本保障。纳污总量控制是当前及今后污染防治工作的一项十分迫切而重要的任务，有利于水功能区水质得到明显改善，经济社会发展用水保障能力的提高(王浩，2011)。用水效率控制指标有利于遏制用水浪费，促进水资源的可持续利用，支撑经济社会的可持续发展。

随着最严格水资源管理制度的实施，在水资源优化利用与管理方面也出现了许多新的问题亟待研究(赵喜富等，2015；王延梅，2015；刘淋淋，2014)。因此，开展基于"三条红线"的水资源优化配置研究、水资源综合利用与管理效果评价研究，可以为实现区域水资源综合利用和最严格管理提供技术支撑，对实现水资源的可持续利用和促进社会经济的可持续发展具有重要意义。

1.2　国内外研究简况

1.2.1　用水总量控制指标

1. 国外

水资源管理体制方面，国外的水资源管理体制主要有三种(Grossman and Krueger, 1991)：①按流域管理为主的水资源管理体制；②按行政分区管理为主但不排除流域管理的水资源管理体制；③流域管理与行政分区管理相结合的水资源管理体制。其中实行按流域管理为主的水资源管理模式，是较为成功的模式。

流域水资源管理经验方面，水资源管理的发展趋势是：加强了水的公有性，强化了国家对水资源的管理和控制。建立了水权水市场管理制度，合理统筹资源配置。强调了水质、水域和水环境保护等方面的内容。加强了水害防治，特别是强化了防洪与水土流失等方面的政策。完善了水资源的有偿使用，体现了价格杠杆的作用(Colby, 1990)。

国外多停留在政策制定和制度建立上，缺乏对用水总量控制的技术支撑及用水总量控制研究成果。大多数国家，特别是一些市场化程度较高的国家，如美国、澳大利亚、日本、加拿大等，对水资源都建立了按水权管理的水资源管理制度体系，将水权制度作为水资源开发与管理的基础。最终用水户都是依据自己的水权进行用水，有助于避免水资源开发、管理及利用方面的冲突(Mather, 1984)。

2. 国内

我国水资源的合理开发利用越来越受到重视，各流域水资源管理机构已建立比较完善的水资源管理体系。法律法规方面，1988 年颁布的《水法》，取水许可制度就蕴含了"用水总量控制"的概念；2002 年新《水法》，明确提出总量控制和定额管理制度；2010年《中共中央国务院关于加快水利改革发展的决定》，指出实行最严格水资源管理制度的内容，用水总量控制包含其中(刘淋淋等，2013；杨增文等，2010；王宏哲，2005)。在此基础上，确立了甘肃省张掖市、四川省绵阳市和辽宁省大连市为首批全国水量控制社会建设试点，大力开展了水量控制社会建设的方法研究，并取得了初步成果。

近几年来，各流域及各省(市、区)陆续开始以《水法》《取水许可和水资源费征收管理条例》等法律、法规为依据，以实现流域水资源的可持续利用，提高水资源的利用效益和效率为目标，提出了适用于各地区的用水总量控制对象、目标、措施及相应的管理制度等。有代表性的流域及城市有：黄河流域、张掖市等。

黄河流域水量调度及用水总量控制的工作开展较早(王浩等，2010)。早在1987年国务院批准了黄河水量分配方案，确定了黄河正常来水年份的水量分配。1998年12月国家计划委员会、水利部联合颁布实施了《黄河水量调度管理办法》，2002年颁布了黄水调19号《黄河取水许可总量控制管理办法》(试行)，2006年8月1日，《黄河水量调度条例》正式颁布实施，经水利部黄河水利委员会请示水利部同意，从2006年7月正式启动黄河取水许可总量指标细化工作。黄河取水许可总量控制指标细化工作的基本依据是1987年国务院批准的"黄河可供水量分配方案"，主要工作内容是将"黄河可供水量分配方案"分配给各省(市、区)正常年份的年耗水量指标细分到各市(地、州、盟)，并明确黄河干流、支流的控制指标(重要支流需单列)。

张掖市为了高效用水、有效管水，实行用水总量控制管理，进行了大规模的制度建设，以制度规范用水行为，主要分为以下三个制度体系：核心制度体系、宏观和微观指标体系、城市的规划体系(2003～2010年)。目的在于：实行强制节水，改革用水机制和水价制度，促进节约用水；明晰水权，采取行政、经济、工程、科技四项措施有效实施用水总量控制与定额管理；以调整用水结构和提高水资源利用效率为目标的双向促动，使用水向着高效益的产业倾斜，促进经济结构的调整，实现水资源优化配置(王宏哲，2005；冯耀龙等，2003；吴险峰和王丽萍，2000)。

1.2.2 纳污总量控制指标

1. 国外

由于国外水资源保护研究起步较早，地表水水质相对较好，特别是美国和日本，河流水环境容量较大，纳污总量控制也相对比较容易实现，因而目前主要以纳污总量控制为主。

污染物总量控制方法的研究最早是由美国国家环保局提出的。从1972年开始美国在全国范围内实行水污染物排放许可证制度，并使之在技术和方法上得到不断改进和发展。1983年12月正式立法，实施以水质限制为基点的排放总量控制。为了在满足水体的环境标准下充分利用其自净能力，美国一些州还采用了"季节总量控制"的方法，为适应水体不同季节不同用途对水质的标准要求，允许排污量在一年内的不同季节有所变化，可根据水量、水温、pH等因素在各季节中的差异来确定。同时，美国有些州还实行了一种"变量总量控制"，它以河流实测的资料来变更允许排污量，更能充分利用水环境容量，更有效地分配已经确定的污染负荷总量，如美国的纽约湾，通过入海污染物总量控制和综合治理措施，得到了一定程度的恢复和改善。

日本由于国土面积小，人口和工业过分集中，在发达国家中，日本的水污染是最严重的，水污染问题遍及全国各河流及沿海水域。曾发生了不少人、畜中毒死亡事件。1955年日本开始对全国各水系的水质进行定点、定期监测工作；1958年制定《水质保全法》、

《工厂排水法》和新《下水道法》；1970 年制定了《水污染防治法》和《海洋污染防治法》。上述法规、措施的制定和实施成效显著，从 20 世纪 70 年代开始，日本国内各类水污染物 (Batchelor, 1999；Deason et al., 1998)均能达标排放，地表水污染状况得到明显改善。

2. 国内

实施总量控制是环境管理从定性向定量转变的重大步伐。我国的水污染物总量控制概念来自日本的"闭合水域总量归制"，技术方法引自美国的水质规划理论(Mather, 1984)。我国最早在 20 世纪 80 年代末第三次全国环保会议上提出总量控制的概念，到"九五"期间，我国实施的污染物总量控制计划仍属于初级阶段，许多问题还有待探索(王延梅等，2014)。

"六五""七五"期间的总量控制研究范围遍及我国六大水系(吴涓，1999)、12 个河段(包存宽等，2000)、3 个河口海湾(郝明家和马彦峰，1998)和 25 个湖泊水库(钱水苗，2000)，在研究过程中对部分污染物在水体中的物理、化学行为及水污染物总量控制等诸多方面的科学研究均取得了重要成果，对我国水环境管理工作科学化和水环境总量控制的进一步研究起到了积极推动作用(王毓军和阎荣泽，2000)。其中在"六五"期间，进行了水环境容量、污染负荷总量分配的研究和水环境承载力的定量评价(李明顷和区宇波，1998；张相如和朱坦，1997)；"七五"期间，陆续在长江、黄河、淮河的一些河段和白洋淀、胶州湾、泉州湾等水域，以总量控制规划为基础，对水环境功能区划和排污许可证发放、水环境容量的影响因素、类型等进行了深入的研究(田良等，1998)。

1.2.3 用水效率控制指标

1. 国外

国外对用水效率的评价相对较早，Batchelor(1999)认为通过对综合流域的管理可以提高用水效率。Deason 等(2001)和 Lagunes 等(1998)分别研究了美国和墨西哥水资源政策演变过程中的用水效率，并认为实现水资源持续利用的重要途径是提高管理效率。Rogers 等(2002)认为用水效率受到水价变化的影响。Mo 等(2002)对比了农业用水效率的异同，并认为农业用水效率受自然因素的影响，呈现出很强的地理特征。

节约用水管理方面，基于各国的国情不同，水资源条件也千差万别，在长期的水资源管理和节水工作中，各国建立了一系列的节水管理体系和相应的措施，主要包括：建立全国性、地区性和流域性的水管理机构，加强节水管理；强化立法工作，依法管水；制定合理的节水型水价；调整产业结构；开发节水新技术；开发替代水源；加强节水宣传(Green et al., 2000)。

2. 国内

国内的节水运动始于 20 世纪 80 年代初期，经过近 20 年努力取得较大进展。谢高地等(1998)用单位资源所形成的产量来衡量某种农业资源的利用效率；陈素景等(2007)采用人均耗水量、万元 GDP 耗水量等指标，分析了不同时段不同地区的节水潜力；徐强和夏晖(2007)采用万元农业增加值用水量、万元工业增加值用水量、万元 GDP 用水量等指标评价了宁波市的用水效率及变化规律。

近年来，中央要求全国落实最严格的水资源管理制度，落实"三条红线"(孙宇飞等，2010)，把实行最严格水资源管理制度作为转变经济发展方式的战略性措施。因此无论国内还是国外，严格水资源管理、遏制用水浪费、提高用水效率，已成必然。

1.2.4　基于"三条红线"的水资源配置

国内水资源配置方面的研究起步较晚，但发展很快。1949 年以来，我国水资源配置大致经历了三个阶段：第一阶段(1949~1965 年)是供水不收费，水资源由国家按需无偿配置；第二阶段(1965~1978 年)是计划经济下的水资源低价配置模式，仅在水资源所有权益和经营权益方面有所体现；第三阶段(1978 年至今)是我国水资源产权和配置制度变迁的时期，经济杠杆成为主要调控手段之一，多元化配置机制逐渐发挥效应(王浩等，2010)。

1978 年至今的第三阶段是我国水资源配置理论及方法研究的重要发展阶段，其中，水资源配置理论经历了"以需定供"、"以供定需"、"基于宏观经济系统的配置理论"、"可持续发展的配置理论"和"基于'三条红线'的配置理论"等过程，这一过程不仅体现了人们对水资源特性和规律认识的不断深化，同时也体现了水资源配置理论的与时俱进。配置方法从线性规划、动态规划发展到多目标及大系统协调配置。优化配置的求解算法也从一般的优化算法到采用进化算法或模拟计算的方法。由此可见，国内学者对水资源配置在理论、模型，以及求解算法等方面都进行了许多研究，并取得了不少成果。

20 世纪 80 年代，区域水资源的优化配置问题在我国开始引起重视。郭元裕等(1984)在湖北江汉平原的四湖地区建立了除涝排水系统的规划模型，利用线性规划模型对全系统总除涝水量进行最优分配。张玉新等(1986)在丹江口水库建立了多目标动态规划模型，针对水库的发电与供水进行了研究。茹履绥等(1986)在石津地区建立了按时间和地域重叠分解的大系统模型，该数学模型运用了模拟技术和大系统分析两种方法。同年，程玉慧(1988)研究了河北省岗南黄壁庄水库与石津灌区的多目标最优化联合调度问题。贺北方(1988)提出区域水资源优化分配问题，并建立了大系统序列优化模型，采用大系统分解协调技术进行求解，又于次年建立了二级递阶分解协调模型，运用目标规划进行产业结构调整，并将该优化模型应用到郑州市水资源系统分析与最优决策研究中。吴泽宁等(1989)以经济区社会经济效果最大为目标，建立了经济区水资源优化分配的大系统多目标模型及其二阶分解协调模型，采用多目标线性规划技术求解，并以三门峡市为实例进行验证。

进入 20 世纪 90 年代，随着计算机的发展，水资源优化配置模型的求解方法得到了进一步发展，水资源合理配置及承载能力的研究课题也开始逐渐提出研究。程吉林和孙学花(1990)采用模拟技术和正交设计对灌区进行优化规划，利用层次分析法扩大了优化范围。翁文斌和惠士博(1992)利用动态模拟方法对区域水资源规划的供水可靠性进行了分析研究。中国科学技术出版社出版的《水资源大系统优化规划及优化调度经验汇编》(1995 年)一书就是总结我国近年来在供水、水电、灌溉与围垦、防洪与治涝，以及综合利用方面的实践经验,介绍这方面的新理论和新技术。1996 年由黄委会勘测规划设计研究院(常丙炎等,1998)主持的"黄河流域水资源合理分配和优化调度研究",开发了由数据库、模拟模型、优化模型等组成的决策支持系统,并初步研究了黄河干流多库水利联合调度模型。卢华友和文丹(1997)以跨流域水资源系统中各子系统的供水量和蓄水量最大,污水量和弃水量最小为目标,建立了基于多维动态规划和模拟技术相结合的大系统分解协调实时调度模型,该成果将污水量最小作为目标之一,是水资源优化配置研究的一大进步。

进入 21 世纪以来,国内水资源优化配置研究得到迅猛发展。水资源优化配置开始更多地考虑环境的影响,以兼顾水量和水质的水资源可持续发展为目标。吴险峰、王丽萍等(2000)探讨了北方缺水城市枣庄市在水库、地下水、外调水等复杂水源下的优化供水模型,从社会、经济、生态综合效益考虑,建立了水资源优化配置模型。贺北方和周丽(2002)运用遗传模拟退火算法,对河南济源市水资源优化配置进行了研究。冯耀龙、韩文秀等(2003)分析了面向可持续发展的区域水资源优化配置的内涵与原则,建立了多目标优化配置模型,并以天津市为对象进行了研究。水资源配置理论和方法研究在近几年得到快速发展,如基于净效益最大的水资源优化配置(邵东国等,2005)、基于承载条件的水资源优化配置(左其亭,2005)、基于广义水资源概念的合理配置(裴源生等,2007)、基于协同学原理的水资源合理配置(刘丙军和陈晓宏,2009)和基于低碳发展模式的水资源合理配置(严登华等,2010)。尤其是 2009 年中央 1 号文件"关于推进最严格水资源管理制度的实施"出台后,以"三条红线"作为约束条件的水资源优化配置逐渐被研究,如基于"三条红线"的水资源优化配置(畅建霞等,2012)和基于"三条红线"约束的滨海区多水源联合调度模型(王偲等,2012;魏钰洁等,2012)等。

国外最早涉及水资源优化配置的研究是 20 世纪 40 年代 Messe 提出的以水资源优化配置为目的的水库优化调度问题(竹磊磊,2006)。

20 世纪 50 年代以来,随着系统分析与优化技术的引入,国外对水资源配置方面的研究迅速发展。1950 年美国总体水资源政策委员会的报告里最早论述了水资源开发利用方面的问题,进一步推动了水资源调查研究工作的发展(李雪萍,2002)。1953 年,美国陆军工程师兵团(USACE)在美国密苏里河流域研究 6 座水库的运行调度问题时设计了最早的水资源模拟模型,模拟目标是使整个系统的发电量最大,同时又能满足防洪、灌溉、航运在不同时期的要求(李杰友,2013)。

20 世纪 60 年代初期,国外对水资源优化配置的研究逐渐深入。1960 年科罗拉多的几所大学对计划需水量的估算及满足未来需水量的途径进行了研讨,体现了水资源优化配置的思想(吴泽宁和索丽生,2004)。1961 年 Castll 和 Imdebory 首次把线性规划方法运用到水资源分配中,成功地解决了两个农业用户之间的水量分配(郭胜,2010)。1962 年美国哈佛大学 Maass 教授等(1962)研制了单目标非线性静态规划模型,目标函数为流域水资源开发治理总净效益最大。

20 世纪 70 年代后,伴随计算机性能和技术的发展及其在水资源领域的应用,水资源优化配置的应用对象和范围得到快速扩大,水资源优化配置由单一目标发展到多目标,应用范围由水库群优化调度到流域多水源联合配置,各种水资源管理系统模型应运而生。

Mulvihill 和 Dracup(1971)用非线性规划方法建立了城市供水和污水处理的联合规划模型。Dudley 和 Burt(1973)把动态规划应用于灌溉水库的管理上,利用马尔可夫链的转移概率对递推动态方程加权。同年 Meredith 和 Wong(1973)给出了关于灌溉配水系统的两个初步而又具有启发性的动态规划的例子。Halmes(1974)对地表水库、地下含水层的联合调度的多层次管理技术使模拟模型技术向前迈进了一步。Rogers 和 Ramaseshan(1976)在对印度南部 Cauvery 河进行规划时,以流域上游地区农作物总净经济效益极大和灌溉面积极大为目标函数建立了多目标优化模型。1979 年美国麻省理工学院(MIT)完成的阿根廷河 Rio Colorado 流域的水资源开发规划,以模拟模型技术对流域水量的利用进行了研究,提出了多目标规划理论、水资源规划的数学模型方法(Kozlowski,1986)等。

　　20 世纪 80 年代后,水资源配置的研究范围不断扩大,深度不断加深,二次规划、层次分析、利益协商、决策合作等方法或思想应用到水资源优化配置领域。Pearson(1982)利用多个水库的控制曲线,以产值最大为目标,输水能力和预测的需求值作为约束条件,用二次规划方法对英国 Nawwa 区域的用水量优化分配问题进行了研究;荷兰学者 Romijn 和 Taminga(1983)考虑了水的多功能性和多种利益的关系,强调决策者和决策分析者间的合作,建立了 Gelderlandt Doenthe 的水资源量分配问题的多层次模型,体现了水资源配置问题的多目标和层次结构的特点。Willis(1987)应用线性规划方法求解了 1 个地表水库与 4 个地下水含水单元构成的地表水、地下水运行管理问题并用 SUMT 法进行求解。

　　20 世纪 90 年代以来,由于水质污染加重,水危机加剧,国外在水资源优化配置中开始加入水质约束、环境效益及水资源可持续利用等研究,水资源优化配置的发展进入了一个相对成熟的阶段。Afzal 和 Noble(1992)针对 Pakistan 的某地区的灌溉系统建立了线性规划模型,对不同水质的水量使用问题进行优化。Wakins 等(1995)介绍了一种伴随风险和不确定性的可持续水资源规划模型框架,建立了有代表性的水资源联合调度模型。Wong 和 Sun(1997)提出支持地表水、地下水联合运用的多目标多阶段优化管理的原理和方法,在需水预测中考虑了当地地表水、地下水、外调水等多种水源的联合运用,并考虑了地下水恶化的防治措施。这段时期水资源优化配置模型有较大的发展,在模型求解方面,遗传算法(GA)、粒子群算法(PSO)、模拟退火算法(SA)等新的优化算法被引入。

　　进入 21 世纪以后,随着计算机技术的发展,水资源配置模型的优化算法不断得到改进和发展。此外,国外水资源优化配置研究开始考虑气候变化、水权、水市场、水资源经济效益评估、管理政策和体制等影响。Wang 等(2008)、Hipel(2011)等建立了由初始水权分配、水量及净效益再分配模型集成的综合水资源优化配置模型。Murray 等(2012)针对美国西南部的菲尼克斯(Phoenix)地区,研究了气候变化影响下的多区域水资源再分配优化模型,并对未来的水资源供需配置进行了预测。Biju George 等(2011)建立了整合的水文-经济水资源优化配置模型,重点分析了水资源在不同用途中的效益评估。伊朗的 Abed-Elmdoust 和 Kerachian(2013)提出一种全新的经济-政治系统水资源耦合配置模型应用到跨流域调水优化配置问题,对涉及的经济和政治因素均进行了量化考虑。

　　根据对国内外水资源优化配置模型及方法的理解，可以看出大部分水资源优化配置模型是以"年"为单位进行整体配置，对于水资源的年内分配问题提及较少，故本书在借鉴前人理论方法的基础上，以"三条红线"为约束条件，以"月"为调节单位，建立基于"三条红线"的水资源优化配置模型。

1.2.5　水资源综合利用与管理效果评价

　　水资源综合利用与管理效果评价只是水资源评价的一个方面，国外关于这方面的专门研究较少，但学者从不同角度展开了相关研究，在可持续发展的要求下，国外的研究主要集中在水资源可持续发展(Tomas et al., 2001; Daniel et al., 1999; Flures, 1998)和水资源可持续管理(Slobodan, 2001; Danie, 2000)评价指标体系的建立和评价模型的选择上。

　　1. 可持续发展评价指标体系

　　评价指标体系是指由表征评价对象各方面特性及其相互联系的多个指标所构成的具有内在结构的有机整体。Loucks(2000)研究了区域可持续发展理论，并建立了水资源可持续利用的评价指标体系；Vicente(1998)通过比较各流域水的潜在量、需水量及可利用量来确定可持续利用评价指标；Kondratyev 等应用可持续发展指标，包括在可持续发展委员会上提出的各项指标(驱动指标、反应指标和状态指标)和新指标(外部和临界负荷、水量参数、临界浓度、水生态系统状况指标和化学沉积物指标)对 Ladoga 湖水质和该地区经济发展生态系统综合评价分析(胡芳芳，2012)；Palme 和 Tillman(2008)研究了可持续利用指标体系(SDIs)这一有效工具在瑞典水资源可持续利用中的应用，并开展了文献调查 SDIs 在各个领域和组织结构中的应用，调查结果表明如果应用 SDIs 指标体系来提高城市水资源系统可持续利用应将这一指标体系应用于水资源规划和决策中。

　　2. 可持续发展评价模型

　　从评价模型方面，评价方法主要有多目标决策(Haimes, 2009; Hipel, 2009)、模糊理论算法(Hipel, 2011)及人工神经网络法(Bowden et al., 2002; Babovie et al., 2001)等。Hwang 和 Yoon 提出了逼近理想点的排序方法，后来 Lai 等将该方法应用于多目标决策问题上(候伟，2011)；L.A.Z.adeh 发表论文《模糊集合》，标志着模糊数学理论的诞生，并很快在模糊理论的基础上产生了模糊综合评价法(胡金辉，2009)。模糊综合评价方法是模糊数学中应用的比较广泛的一种方法。在对某一事务进行评价时常会遇到这样一类问题，由于评价事务是由多方面的因素所决定的，因而要对每一因素进行评价；Bossel(1996)提出了以定向指标星图法来进行可持续评价的方法，按水资源社会经济环境复合系统，建立区域水资源可持续利用指标体系，分别定量计算水资源、社会经济和环境子系统的生存、能效、自由、安全、适应、共存六个基本定向指标指数。以发展态势来进行水资源可持续评价，衡量与水资源有关的可持续性特点，它的特点是直观、量化标准统一；Noaman 和 Abdulla(2009)提出了水评价和规划体系(WEAP)，这项研究的结果协助也门及相似国家的决策者寻求更好的水资源管理办法。

3. 协调性的研究

协调性是度量系统或系统内部要素之间在发展过程中彼此和谐一致的程度，体现了系统由无序走向有序的趋势，是协调状况好坏程度的评价指标。国外关于系统协调性的研究，从最初的定性分析，到现在的以定量评估为主，在研究过程中涉及生态足迹评价模型、承载力评价模型、数理统计分析法、灰色系统模型和模糊数学模型等(钟世坚，2013)。生态足迹分析法是由加拿大生态经济学家 Willian Rees 和其博士生 Wackernagel 提出的一种度量生态容量、生态承载和可持续发展状态的一种方法，通过测度人类为维持自身生存对自然生态服务的需求和自然生态系统所能提供的生态服务之间的差距，来定量揭示人类对生态系统的影响；Belouso(2000)重点研究了区域系统的协调发展(生态环境与区域可持续发展的关系)。

水资源系统是一个庞大复杂的系统，要对水资源利用效果进行全面的综合评价，就必须制定出一套完善的评价指标体系。由于水资源利用效果评价的专门研究较少，其研究方向主要集中在水资源可持续开发利用评价指标体系、水资源承载力评价指标体系以及其他相关评价指标体系等方面。其中水资源可持续利用主要强调的是一种水资源的合理利用方式；水资源承载力主要指水资源在某一阶段某一条件下对地区社会经济发展的最大支撑能力；其他相关评价指标体系包括水资源潜力、水权分配和水资源保护等方面。因此水资源利用效果评价指标体系应建立在对这几个研究方向的评价指标体系研究的基础上，以下将对此作详细阐述。

1) 评价指标体系

在水资源可持续开发利用评价指标体系(王茹雪，2008；夏军，2000；陈宁和张彦军，1998；刘求实，1997；吴以鳌等，1989)研究上，穆广杰(2011)从微观和宏观两个方面完整地描述了水资源可持续利用的状态，涵盖了社会、经济、资源和环境保护等领域，在全面分析河南省水资源可持续利用现状的基础上构建了河南省水资源可持续利用指标体系，衡量与考核河南省在水资源可持续利用方面的不足，为有关部门制定相关政策提供决策依据；张桂芳(2013)根据现有水资源可持续利用综合评定指标的原则、方法和分类进行了归纳，对在建区域水资源可持续利用评价指标体系中可能出现的问题和现状做出分析，提出了相应的解决方法和对策；孙淑侠等(2014)等从理论上研究了水资源管理中的基于群体决策者的水资源可持续发展指标体系的构建方法，对于提升水资源管理的科学水平，保障水资源可持续发展有重要的理论意义和实用价值。

在水资源承载力评价指标体系(惠泱河，2001；李丽娟等，2000)研究上，宰松梅等(2011)根据指标选取的 SMART 原则，结合河南省新乡市的实际情况兼顾社会、经济、技术和生态等因素，考虑了水资源系统、经济系统、社会系统，以及水环境系统之间的相互协调与制约的关系确定了水资源承载力评价指标；崔岩等(2012)根据水资源承载力理论，构建了区域水资源承载力综合评价指标体系；康艳和宋松柏(2013)在阐述水资源承载力概念的基础上构建了三江平原水资源承载力评价指标体系。

从其他相关评价指标体系研究上，贾嵘和沈冰(2001)在分析水资源潜力内涵和水资源开发利用阶段的基础上，建立了水资源潜力评价指标体系；裴源生等(2003)针对黄河置换水量的分配问题，从水权分配的角度，依据有效性、公平性、可持续性的分配原则构建了用于黄河置换水量分配的一整套水权分配指标体系；刘颖秋(2013)对区域水资源保护评价指标体系进行讨论，并利用灰色关联度法对省区水资源保护状况进行试评价，为有关部门加强水资源保护宏观管理提供参考。

2) 评价模型

从评价模型方面，评价方法主要有灰色关联分析法(吴雅琴，1998)、多目标决策法、模糊综合评价法(王华和苏春海，2003；柴成果和杨向辉，2003；韩宇平和阮本清，2003)、主成分分析法(principal component analysis)等，研究主要集中在优化配置本身的算法及算法的改进上。

灰色关联分析法，它善于处理贫信息系统(部分信息已知，部分信息未知的灰色系统)，注重动态研究、定性与定量紧密结合，能在短资料、少信息条件下建模、预测和决策。对于简单系统评价常用灰色关联度达到评价目的(翟国静，1996)，复杂系统则利用灰色聚类分析及灰色局势决策(冯玉国，1994)。魏光辉(2011)运用建立的基于熵权和灰色关联度的水资源承载力综合评价模型，通过在新疆水资源综合评价中的应用，表明该模型计算简便，结果客观可靠；朱金峰等(2013)通过建立湖南省农村水资源保护评价指标体系，采用基于最优组合权重的灰色关联度分析法对湖南省2010年农村水资源保护现状进行评价，最后采用GM(1.1)改进模型预测了指标体系中10个主要评价指标在2011～2016年的变化趋势，模型检验参数达到合格等级，预测结果可以为农村水资源保护提供决策依据；尚尔君(2014)以灰色关联法建立评价模型，并以浑河流域为例结合社会经济发展与生态环境保护等准则，对该流域水资源可持续利用进行评价。

由于评价对象的多样性及评价的决策作用，多目标决策方法也融入综合评价中来，简单的如胡飞明(1998)直接采用求解多目标问题的方法即功效系数法和文献(周科平，1997)提到的密切值法(或距离法)，但是更常用的是将多目标决策与其他数学方法、评价模型联合应用，如多目标层次分析法评价模型(厉红梅等，2004；王研和何士华，2004)、多目标模糊评价模型(王延红和郭莉莉，2001)、多目标灰色关联度评价模型(许开立等，2001)、多目标模糊灰色评价模型(李正最，1997)、基于神经网络的多目标综合评价方法(祝世京和陈挺，1994)等，开阔了评价方法的思路。王良建(2000)采用多目标线性加权函数模型首次对区域可持续发展进程进行系统的综合评估，评估方法具有可操作性和推广应用价值；张海斌(2011)在阐述河流流域水系统承载力的内涵及衡量指标，分析河流流域水系统承载关系的基础上，以人口、经济和环境为目标，以供水量、污染容量及人口规划和工农业产值规划为约束，建立了基于多目标决策的流域水系统资源承载力优化模型；卢兴旺等(2012)利用多目标决策中TOPSIS方法的原理及计算步骤，对区域水资源配置的不同方案进行综合评价，得出最优配置方案，通过TOPSIS方法与FS-BP-ANN评价方法的结果对比表明，此法能够客观、准确地选择出最优方案，具有实用性。

自20世纪60年代模糊数学产生以来，在综合评价中得到了较为成功的运用，它的形成与发展不是想放弃数学的准确性和严格性，而是使客观存在的一些模糊性的事物和现象能够用数学方法来研究和处理，因此产生了特别适合于对主观或定性指标进行评价的模糊综合评价方法(陈守煜，2006)。刘剑(2011)以实行最严格的水资源管理制度要求为核心，基于"三条红线"的基本原则，建立了天津市水资源承载力评价指标体系和指标分级标准，采用可变模糊集合评价法和投影评价法分别对天津市 2015 年和 2020 年水资源配置的最佳方案作承载力评价和分析；张锐等(2013)以内蒙古鄂尔多斯市乌审旗乌审召地区的地下水水质为例，分别采用三种定权法的可变模糊评价法对其地下水水质进行评价，结果表明，基于不同定权法的可变模糊评价法的评价结果与研究区实际情况较符合，可见可变模糊评价法评价结果可信度强、可行性高。

主成分分析法能客观地反映不同水资源评价指标之间的结构关系，并通过相互独立主成分计算，维度大大降低，可以较好地进行分析计算并最终得到区域水资源综合评价结果。汪天祥等(2012)针对传统主成分法的逆指标化、无量纲化和构建综合指标三方面的问题进行改进，将指标特征值变换为指标相对隶属度，同步解决逆指标和无量纲化问题，改进特征向量方向选取方法，据此构建的综合指标解决了传统主成分分析法可能出现的指标相悖问题，并将其应用于南淝河水质综合评价中，计算效率高，评价合理；巩嘉誉(2013)利用主成分分析法对山东省水资源承载能力进行了研究，揭示了水资源流域经济及人口的关系；周莨棋等(2014)采用改进的极差正规方法对数据进行规格化，用规格化后的数据加入了主观重要性权进行协方差计算，对协方差特征向量采用正负理想点进行检验，在计算综合评价值时对特征向量中正负效益分别取极值求得评价值的范围，解决了无法体现评价指标主观重要性及评价范围无法确定等问题。

3) 协调性的研究

系统协调性定量评估方法包括主成分分析法、距离协调度模型和可变模糊识别模型等。吕王勇等(2011)利用主成分分析法，针对四川各地级市的发展情况，科学地给出各地级市水资源与社会经济发展的协调程度及排名，并对各区域发展存在的不足之处及其未来的发展提出建议；陈西蕊(2013)基于距离协调度，构建了区域社会经济与环境系统协调度及协调发展度评价模型，对陕西省社会经济发展与环境之间的协调性及其协调发展水平作了定量评价；刘洋和徐长乐(2014)利用可变模糊识别模型方法对社会经济和环境进行协调性定量评估。

1.3 研究内容、方法及技术路线

1.3.1 研究内容及方法

本书研究内容主要包括以下三方面。

1. 水资源管理"三条红线"确定理论与方法

1) 用水总量控制指标确定方法

基于最严格水资源管理制度的要求，强化水资源管理的约束力，促进水资源优化配置，提高用水效率，确保水资源可持续利用。本书认为用水总量控制指标的确定应取决于两个方面：一是当地水资源(包含可用的客水资源，以下同)的特性，反映当地自然因素，即客观条件；二是当地社会经济及生态环境对水的需求，反映当地人为因素，即主观条件。用水总量控制指标的确定应是主观与客观相协调的结果。

本书讨论了狭义、广义及严格意义地表(地下)水资源可利用量的概念,提出了确定用水总量控制指标的方法体系。以山东省胶南市和乳山市用水总量控制为例,给出了两市规划年的用水总量控制指标,为两市用水总量控制制度建设和控制指标分配提供了依据。

2) 纳污总量控制指标确定方法

本书认为,在社会经济目前的发展阶段,纳污总量控制指标的确定应取决于两个方面:一是当地水环境容量;二是现状条件下当地污染物的排放总量。当地水环境容量反映当地自然因素,即主要反映当地水资源状况等客观条件,是我们要实现的污染物允许排放总量的目标值;当地污染物排放量反映当地人为因素,即主要反映社会经济发展水平等主观条件,是污染物排放总量的现状值。纳污总量控制指标的确定应主观与客观相协调,既要考虑未来的目标要求,但同时要尊重目前的现实情况。

本书对单位 GDP 的污染物排放量(处理前)、污染物排放总量(处理前)和污染物削减量进行了预测,结合规划年 COD 和 NH_3 的水环境容量制定了不同年份胶南市和乳山市的纳污总量控制指标。

3) 用水效率控制指标确定方法

用水效率控制指标的制定,应综合考虑当地水资源条件和经济社会发展状况。制定的控制指标应既能反映当地水资源条件的限制,又能反映经济社会发展的水资源需求,在用水总量控制约束下,以各部门水资源基本需求为基础,大力提高水资源利用效率和效益,促进水资源的可持续利用,保障经济社会的可持续发展。

2. 建立基于"三条红线"的水资源优化配置模型

以"三条红线"控制指标作为约束条件,构建基于"三条红线"的水资源优化配置模型,并给出求解方法。

提出水资源优化配置方案:对水库和地下水源地时段初可供水量、补给量、损失量和需水量等配置变量进行分析、计算,制订不同变量组合情景下的水资源优化配置方案集。

给出研究区水资源优化配置结果:将基于"三条红线"的水资源优化配置模型应用到研究区,得到优化配置方案结果。

3. 水资源综合利用与管理效果评价

建立评价指标体系,选择科学合理的权重确定方法;构建水资源配置方案效果评价模型,给出评价模型的求解步骤;确定系统的协调指数,对系统的协调发展程度进行判断;结合研究区的实际情况,用本书所建立的评价指标体系和评价模型对研究区进行评价,从而确定出水资源配置效果最优方案,进而对研究区水资源系统与社会经济生态系统,以及供水系统与需水系统的协调性定量评估。

1.3.2 技术路线

用水总量控制指标、纳污总量控制指标、用水效率控制指标确定和基于"三条红线"的水资源优化配置技术及水资源综合利用与管理效果评价等研究技术路线简图见图 1.1～图 1.5。

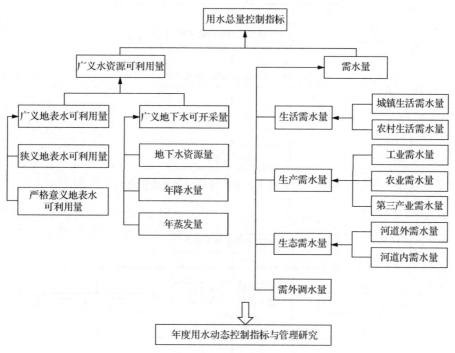

图 1.1 用水总量控制指标确定技术路线简图

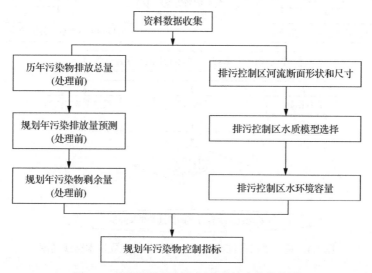

图 1.2 纳污总量控制指标确定技术路线简图

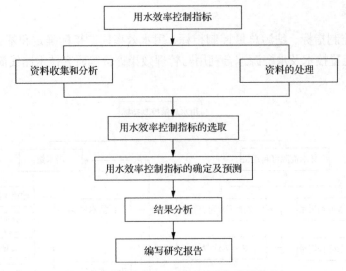

图 1.3 用水效率控制指标确定技术路线简图

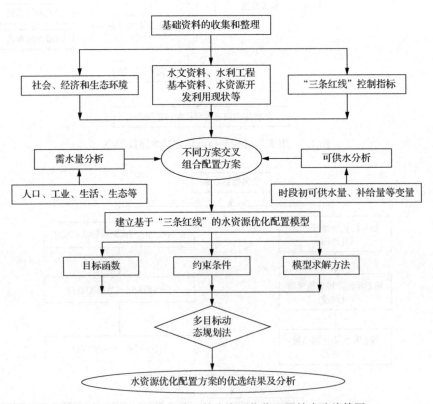

图 1.4 基于"三条红线"的水资源优化配置技术路线简图

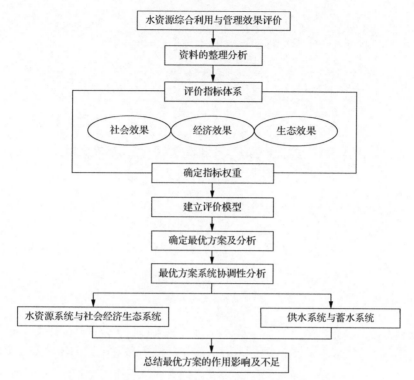

图 1.5   水资源综合利用与管理效果评价技术路线简图

第一篇　水资源管理"三条红线"确定理论方法及其应用

第2章　用水总量控制指标确定方法及其应用

2.1　用水总量控制指标确定方法

2.1.1　用水总量控制指标确定的技术思路

实行最严格的水资源管理制度的核心就是围绕水资源的配置、节约和保护建立水资源管理的"三条红线",即用水总量红线、用水效率红线和排污总量红线。用水总量控制"红线"位于"三条红线"之首,其目标是以流域生态保护为前提强化水资源管理的约束力,促进水资源优化配置,提高用水效率。因此,用水总量控制指标的合理确定是水资源可持续利用、区域社会经济可持续发展的根本保障。本书拟对确定用水总量控制"红线"的相关理论和方法进行探讨,提出相应的理论体系。

本书认为,用水总量控制指标的确定应取决于两个方面:一是当地水资源(包含可用的客水资源,以下同)的特性,反映当地自然因素,即客观条件;二是当地社会经济及生态环境对水的需求,反映当地人为因素,即主观条件。用水总量控制指标的确定应是主观与客观相协调的结果。

用水总量控制指标确定技术路线如图 1.1 所示,其基本含义简要说明如下。

第一层:区域用水总量控制指标是由当地广义水资源可利用量和当地社会经济及生态环境需水量综合确定。

第二层:可利用量和需水量。可利用量包括广义地表水资源可利用量和广义地下水资源可利用量。需水量包括生活、生产、生态和外调水量 4 个方面。

第三层分为可利用量和需水量两大分支。以广义地表水资源可利用量为例,它由狭义地表水资源可利用量(指通常意义下的地表水资源可利用量,是为了与本书中其他可利用量相区别)和严格意义的地表水资源可利用量综合确定。严格意义的地表水资源可利用量的影响因素包括河川年径流量、年降水量和年蒸发量。

第四层:年度用水动态控制指标与管理研究。首先年降水量与地表、地下水动态控制指标关系,然后确定不同频率年降水量对应的地表、地下水动态控制指标,以此年度用水动态控制指标进行动态管理。具体定义、计算方法见相关小节中的介绍。

2.1.2　狭义地表水资源可利用量的确定

1. 狭义地表水资源可利用量确定方法简介

狭义地表水资源可利用量是指通常意义下的地表水资源可利用量。地表水资源量包括不可以被利用水量和不可能被利用的水量。

不可以被利用水量是指不允许利用的水量,以免造成生态环境恶化及被破坏的严重后果,即必须满足的河道内生态环境用水量。

不可能被利用水量是指受种种因素和条件的限制，无法被利用的水量。主要包括：超出工程最大调蓄能力和供水能力的洪水量；在可预见时期内受工程经济技术性影响不可能被利用的水量，以及在可预见的时期内超出最大用水需求的水量等。

2. 计算方法

多年平均水资源可利用量计算可采用倒算的方法或正算的方法。

所谓倒算法是用多年平均水资源量减去不可以被利用水量和不可能被利用水量中的汛期下泄洪水量的多年平均值，得出多年平均水资源可利用量。可用式(2.1)表示：

$$W_{狭义地表水可利用量} = W_{地表水资源量} - W_{河道内最小生态环境需水量} - W_{洪水弃水} \tag{2.1}$$

所谓正算法是根据工程最大供水能力或最大用水需求的分析成果，以用水消耗系数(耗水率)折算出相应的可供河道外一次性利用的水量。可用式(2.2)或式(2.3)表示：

$$W_{狭义地表水可利用量} = k_{用水消耗系数} \times W_{最大供水能力} \tag{2.2}$$

或

$$W_{狭义地表水可利用量} = k_{用水消耗系数} \times W_{最大用水需求} \tag{2.3}$$

3. 适应条件

倒算法一般用于北方水资源紧缺地区。正算法用于南方水资源较丰沛的地区及沿海独流入海河流，其中式(2.2)一般用于大江大河上游或支流水资源开发利用难度较大的山区，以及沿海独流入海河流，式(2.3)一般用于大江大河下游地区。

对于大江大河及其支流采用倒扣计算法，从多年平均地表水资源量中扣除非汛期河道内最小生态环境用水和生产用水，以及汛期难于控制利用的洪水量，剩余的水量可供河道外用水户利用，该部分水量即为地表水资源可利用量。

图 2.1、图 2.2 分别为北方、南方地表水资源可利用量计算示意图。

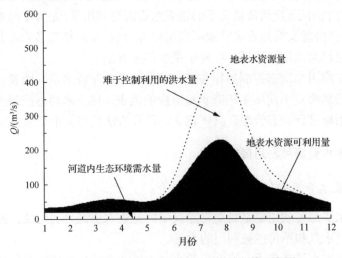

图 2.1　北方河流地表水资源可利用量计算示意图

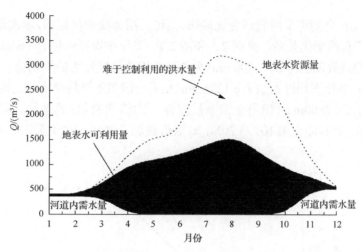

图 2.2　南方河流地表水资源可利用量计算示意图

对于独流入海诸河及长江、珠江上游部分支流，由于建设控制工程的难度较大，水资源的利用主要受制于供水工程的建设及其供水能力的大小。可利用量计算一般采用正算的方法，通过对现有工程和规划工程供水能力及水资源开发利用程度的分析，估算地表水资源可利用量。

2.1.3　严格意义的地表水资源可利用量计算方法

国际上普遍认可的地表水资源可利用量是以河川径流量的 40% 为上限。本书认为，地表水资源可利用量除了考虑国际普遍认可的 40% 的标准外，还应考虑河流所处的自然地理条件，主要包括降水(反映系统输入，即来水量)和蒸发(反映系统输出，即去水量)两大因素。由此确定的地表水资源可利用量即定义为严格意义的地表水资源可利用量。具体计算公式见式(2.4)：

$$W_{严格意义地表水可利用量}=40\%\alpha_1\alpha_2 W_{河川径流量} \tag{2.4}$$

式中，α_1 为年降水量 P 的修正系数，反映当地降水对水资源可利用量影响；α_2 为年蒸散发能力 E 的修正系数，即当地蒸发对水资源可利用量的影响。

对于多年平均降水量较多的地区，由于河流周边生态环境较好，可适当提高地表水资源可利用量，即可以大于 40%；对于多年平均降水量较少的地区，由于河流周边生态环境较差，可适当降低河道内河川径流利用量，即地表水资源可利用量应小于 40%。

对于多年平均蒸散发能力较大的地区，由于河流本身及周边生态环境较差，河道内、外生态需水量均较大，应适当减少河道内河川径流利用量，即地表水资源可利用量应小于 40%；对于多年平均蒸散发能力较小的地区，由于河流本身及周边生态环境较好，河道内、外生态需水量均较小，可适当提高地表水资源可利用量，即可大于 40%。

也就是说，在降水量较大和蒸散发量较小的地区(如我国南方大部分地区)，α_1 和 α_2 可大于 1.0，在降水量较小和蒸散发量较大的地区(如我国北方大部分地区)，α_1 和 α_2 应小于 1.0。

α_1-P 与 α_2-E 之间可采用直线变化规律,也可采用曲线变化规律,本次研究中 α_1-P 与 α_2-E 均选用了直线变化关系,见图 2.3 和图 2.4。多年平均降水量 $P = 648mm$(全国平均值)和多年平均蒸散发能力 $E = 1400mm$(大约为全国蒸散发能力的平均值)的地区, α_1 和 α_2 均取值 1.0;多年平均降水量 $P = 1296mm$(相当全国多年平均降水量的两倍)和多年平均蒸散发能力 $E = 2800mm$(相当全国蒸散发能力均值的两倍)的地区, α_1 取值建议在 110%~120% 范围内,即上调 10%~20%; α_2 取值建议在 80%~90% 范围内,即下调 10%~20%。

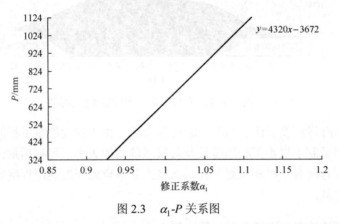

图 2.3　α_1-P 关系图

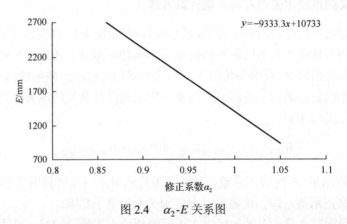

图 2.4　α_2-E 关系图

2.1.4　广义地表水资源可利用量的计算方法

广义地表水资源可利用量是在狭义地表水资源可利用量与严格意义下地表水资源可利用量的基础上提出的。前面分别介绍了两种地表水资源可利用量的计算方法(狭义与严格意义)。前一种方法的计算结果受人为因素影响较大,而后一种方法的计算结果主要受控于自然因素。本书认为,地表水资源可利用量应是一个客观存在的量,主要由自然因素决定。但是考虑到我国北方地区普遍缺水严重的实际,以及第一种方法的计算结果一般都明显偏大于第二种方法计算结果的情况,可将第二种方法计算结果作为远期的目标值,而近期采用两种结果的综合值。因此,广义地表水资源可利用量的计算公式如下:

$$W_{\text{地表水资源可利用量}} = \lambda_1 W_1 + \lambda_2 W_2 \tag{2.5}$$

式中，W_1 为狭义地表水资源可利用量计算方法的计算结果，万 m^3；W_2 为严格意义的地表水资源可利用量计算方法的计算结果，万 m^3；λ_1，λ_2 分别为 W_1 和 W_2 的权重系数。

目前国内在水资源综合规划中，规划的现状年一般选为 2010 年，2020 年作为规划的中期年，2030 年作为规划的远期年。因此，在本次研究中，建议采用两种方案。

方案一：以 2010 年作为起始年，该年 λ_1 和 λ_2 的权重均取 0.5；2030 年作为终止年，该年 λ_1 的权重均取 0，λ_2 的权重取值 1.0；2010～2030 年，两者的权重按直线变化，如图 2.5 所示。

方案二：以 2010 年作为起始年，该年 λ_1 和 λ_2 的权重分别取 1.0 和 0；2030 年作为终止年，该年 λ_1 的权重均取 0，λ_2 的权重取值 1.0；2010～2030 年，两者的权重按直线变化，如图 2.6 所示。

方案一表示，在起始年(2010 年)，广义地表水资源可利用量是由狭义地表水资源可利用量与严格意义的地表水资源可利用量等权重(各占 50%)确定；到终止年(2030 年)，广义地表水资源可利用量完全由严格意义的地表水资源可利用量确定，即广义地表水资源可利用量就等于严格意义的地表水资源可利用量；在起始年(2010 年)与终止年(2030 年)之间，广义地表水资源可利用量是由狭义地表水资源可利用量与严格意义的地表水资源可利用量综合确定，狭义地表水资源可利用量的权重由大变小(由 0.5 变为 0)，而严格意义的地表水资源可利用量的权重由小变大(由 0.5 变为 1.0)。

方案二表示，在起始年(2010 年)，广义地表水资源可利用量完全由狭义地表水资源可利用量确定，即广义地表水资源可利用量就等于狭义地表水资源可利用量；到终止年(2030 年)，广义地表水资源可利用量完全由严格意义的地表水资源可利用量确定，即广义地表水资源可利用量就等于严格意义的地表水资源可利用量；在起始年(2010 年)与终止年(2030 年)之间，广义地表水资源可利用量是由狭义地表水资源可利用量与严格意义的地表水资源可利用量综合确定，狭义地表水资源可利用量的权重由大变小(由 1.0 变为 0)，而严格意义的地表水资源可利用量的权重由小变大(由 0 变为 1.0)。

方案一与方案二可根据需要选择。

应用式 (2.5) 及图 2.5 或者图 2.6 可求得不同水平年的广义地表水资源可利用量。

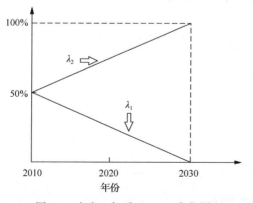

图 2.5　方案一权重 λ_1、λ_2 变化图

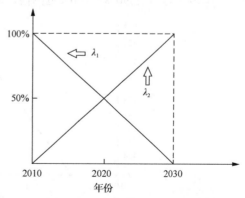

图 2.6　方案二权重 λ_1、λ_2 变化图

2.1.5 广义地下水可开采量的确定

地下水可开采量指在可预见的时期内，通过经济合理、技术可行的措施，在不引起生态环境恶化的条件下，允许从含水层中获取的最大水量。为了与下述研究相区别，将地下水可开采量定义为狭义地下水可开采量，而广义地下水可开采量是指：在目前地下水可开采量计算方法(可开采系数)的基础上，综合考虑降水和蒸发两大因素后，确定的地下水可开采量。具体计算公式见式(2.6)：

$$W_{\text{广义地下水可开采量}} = \rho\beta_1\beta_2 W_{\text{地下水总量}} \tag{2.6}$$

式中，ρ 为地下水可开采系数；β_1 为年降水量 P 的修正系数，反映当地降水对地下水可开采量影响；β_2 为年蒸散发能力 E 的修正系数，反映当地蒸发对地下水可开采量的影响。

对于多年平均降水量较多的地区，由于水源地自身生态环境较好，可适当提高水源地的可开采量；对于多年平均降水量较少的地区，由于水源地自身生态环境较差，可适当减少地下水源地的可开采量。

对于多年平均蒸散发能力较大的地区，由于水源地自身及周边生态环境较差，生态需水量较大，且蒸发损失较大，应适当减少水源地的可开采量；对于多年平均蒸散发能力较少的地区，由于水源地自身及周边生态环境较好，生态需水量较小，且蒸发损失较小，应适当提高水源地的可开采量。也就是说，在降水量较大和蒸散发量较小的地区(如我国南方大部分地区)，β_1 和 β_2 可大于 1.0，在降水量较小和蒸散发量较大的地区(如我国北方大部分地区)，β_1 和 β_2 应小于 1.0。

$\beta_1 - P$ 与 $\beta_2 - E$ 之间可采用直线变化规律，也可采用曲线变化规律，本次研究中 $\beta_1 - P$ 与 $\beta_2 - E$ 均选用直线变化关系，见图 2.7 和图 2.8。在图 2.7 和图 2.8 中，对于多年平均降水量 $P = 648\text{mm}$(全国平均值)和多年平均蒸散发能力 $E = 1400\text{mm}$(大约为全国蒸散发能力的平均值)的地区，β_1 和 β_2 均取值 1.0；对于多年平均降水量 $P = 1296\text{mm}$(相当全国多年平均降水量的两倍)和多年平均蒸散发能力 $E = 2800\text{mm}$(相当全国蒸散发能力均值的两倍)的地区，初步分析研究认为 β_1 取值建议在 100%～110% 范围内，即上调 0～10%；β_2 取值建议在 90%～100% 范围内，即下调 0～10%。

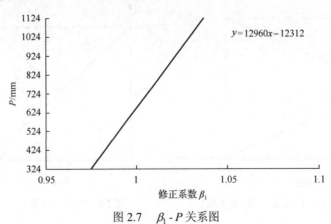

图 2.7 $\beta_1 - P$ 关系图

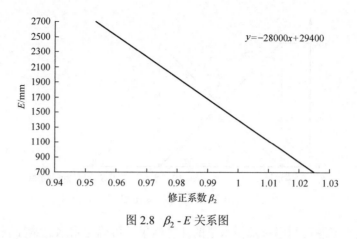

图 2.8　β_2 - E 关系图

2.1.6　用水总量控制指标的确定

由前述可求得多年平均条件下广义水资源可利用量，其计算公式为

$$W_{广义水资源可利用量}=W_{广义地表水可利用量}+W_{广义地下水可开采量} \tag{2.7}$$

用水总量控制指标应由广义水资源可利用量和需水量综合确定，其计算公式为

$$W_{用水总量控制指标}=k_1W_{需水量}+k_2W_{广义水资源可利用量} \tag{2.8}$$

式中，k_1 和 k_2 为 $W_{需水量}$ 和 $W_{广义水资源可利用量}$ 的权重系数。

下面分不同情况给予讨论：

（1）当广义水资源可利用量明显大于需水量时（本书指广义水资源可利用量是需水量的 1.2 倍及其以上），则以需水量作为用水总量控制指标，此时 k_1 取 1.0，k_2 取 0.0，即可完全满足其需水量，其表达式为

$$W_{用水总量控制指标}=W_{需水量} \tag{2.9}$$

（2）当广义水资源可利用量明显小于需水量时（本书指广义水资源可利用量是需水量的 0.8 倍及其以下），则以广义水资源可利用量作为用水总量控制指标，此时 k_1 取 0.0，k_2 可取为 1.0，其表达式为

$$W_{用水总量控制指标}=W_{水资源可利用量} \tag{2.10}$$

（3）当广义水资源可利用量介于上述两种情况之间时，则用水总量控制指标应同时考虑广义水资源可利用量和需水量，此时 $0<k_1<1$，$0<k_2<1$，其表达式为

$$W_{用水总量控制指标}=k_1W_{需水量}+k_2W_{水资源可利用量} \tag{2.11}$$

k_1、k_2 的变化如图 2.9 所示。

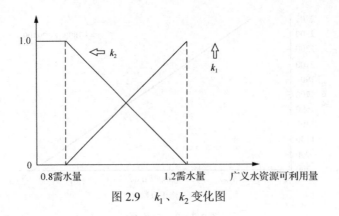

图 2.9　k_1、k_2 变化图

根据广义水资源可利用量及需水量的计算结果，可确定用水总量控制指标。

2.2　胶南市用水总量控制指标的确定

2.2.1　胶南市基本概况

1. 自然地理

胶南市地处山东半岛西南隅，胶州湾畔，地理坐标为东经 119°30′~120°11′，北纬 35°35′~36°08′。南临黄海，北靠胶州市，东接青岛经济技术开发区，西及西南，与诸城市、日照市为邻。东北西南斜长 79.25km，东西宽 62.36km，总面积 1846km²，海岸线长 156km。胶南市现辖 23 个园区、镇、街道办事处，1016 个行政村和居委会。

胶南市属鲁中南低山丘陵地区。漫长的地质构造作用形成了本市连绵起伏、蜿蜒曲折的现代地貌状况，地势呈西高东低，北高南低，自西北向东南倾斜入海，中部成东北、西南走向隆起。全市共有大小山头 500 个，小珠山为群山之首，海拔 724.9m。铁橛山、藏马山山峦起伏于市域中部，加上大珠山等共同组成胶南低山群。位于市区东部海域的灵山岛为一孤岛，海拔 513m，是全市第一高海岛，全国第三高海岛。

胶南市境内的河流属沿海独立入海的诸小河水系。河流均为季风区雨源型河流，其特点是自成流域体系，源短流急，单独入海。全市共有大小河流 35 条，其中较大河流 10 条，分属风河、洋河、白马-吉利河和南胶莱河四大流域。

2. 水文气象

胶南市属华北暖温带沿海湿润季风区，面临黄海，其特点是：空气湿润，气候温和，雨量较多，四季分明，具有春迟、夏凉、秋爽、冬长的气候特点。

胶南市多年平均气温为 12.0℃，极端最高气温为 41.0℃，极端最低气温为–16.3℃；无霜期 202d；多年平均有雾日数为 14.7d；多年平均相对湿度为 74%；多年平均日照 2507h。

胶南市多年平均降水量为 746.2mm。降水量年内分布不均，年降水量多集中于汛期 6~9 月，占年降水量的 71.1%。降水量年际变化大，年最大降水量 1294.5mm(1964 年)

是年最小降水量 451.3mm(1988 年)的 2.9 倍，且丰、枯水段交替出现，连丰期降水量偏丰程度和连枯期降水量偏枯程度都比较严重，丰、枯年降水量变化幅度大。

胶南市多年平均年径流量 3.25 亿 m³，折合面平均年径流深为 181.0mm。胶南市河川径流量以降水补给为主，径流量年内变化十分剧烈，汛期洪水暴涨暴落，易形成水灾，枯水期径流量很小，甚至断流。从胶南市代表站多年平均天然径流量月分配情况看，多年平均汛期(6~9 月)的径流量占多年平均年径流量的 81%，最大月径流一般出现在 7、8 月，多年平均 7~8 月径流量占多年平均年径流量的 63%，枯水期(10 月至次年 5 月)的径流量仅占多年平均年径流量的 19%。年径流量的年际变化特点与降水量的年际变化特点相似，甚至更为剧烈，如胶南站最大年径流量为 0.79 亿 m³(1985 年)，最小年径流量 0.04 亿 m³(1983 年)，最大年径流量与最小年径流量的差值(极差)为 0.75 亿 m³，极值比为 20.3。

胶南市多年平均年水面蒸发量在 1000mm 左右，最大年蒸发量为 1981 年 1198.5mm，最小年蒸发量为 1964 年 795.8mm，最大年蒸发量比最小年蒸发量大 51%，年际变化幅度比降水量和径流量的年际变化幅度小得多。胶南市 5 月平均水面蒸发量最大，为 122.7mm，1 月最小，为 30.5mm。春季(3~5 月)平均水面蒸发量为 296.2mm，占全年蒸发量的 30.3%，夏季(6~8 月)平均水面蒸发量为 321.8mm，占全年蒸发量的 33.0%，秋季(9~11 月)平均水面蒸发量为 260.2mm，占全年蒸发量的 26.8%，冬季(12 月至次年 2 月)平均水面蒸发量为 94.4mm，占全年蒸发量的 9.9%。

3. 河流水系

胶南市境内的河流属沿海独流入海的诸小河水系，河流源头为季风区雨源型河流，其特点是自成流域体系，源短流急，单独入海，全市共有大小河流 35 条，其中较大河流 10 条，分属四大流域。

(1)风河流域：主要有风河、横河及支流构成，总面积 1020.4km²。

风河：发源于胶南市西北部宝山南麓，全长 31.8km，流域面积 315.5km²，该河在宝山、铁山境内由北向南流，至孟家庄附近折向东南入黄海，上游河段常年有水，下游在枯水期断流，其 5km 以上支流共有 22 条，主要支流有石沟河和溧水河，其长度分别为 14.5km 和 11.5km，上游建有铁山中型水库一座。

横河：发源于张家楼西北部铁橛山南麓，全长 24km，流域面积 158.37km²，中部建有陡崖子中型水库一座，长度在 5km 支流共有 9 条，泊里东河为最大支流，全长 10km，上游建有孙家屯中型水库一座。

(2)洋河流域：分布于胶南市东北部，总面积 141.8km²，主要有三条河流组成。

洋河：发源于胶南市宝山镇高城岘北麓，由南向北进入胶州，向东至柳圈，又进入胶南市境内，于五河头入胶州湾，全长 45.5km，流域面积 254km²，在胶南市境内长 7km，流域面积 7.15km²，该河为胶南市和胶州市的分界河。

巨洋河：发源于胶南市黄山镇南部山区，由西南向东北至西漕汶一带，向东流入胶州湾，全长约 25km，流域面积 128.75km²，其中胶南境内 95.01km²，其下游建橡胶坝一座。

错水河：发源于黄山镇东南，小珠山北麓，流经黄山镇、王台镇、红石崖镇于五河头入胶州湾，全长约 25km，流域面积 86.12km²，其中胶南境内 66.71km²，上游建有小珠山中型水库一座。

(3)白马-吉利河流域：位于本市西南部，总面积 50.27km²，主要包括 4 条河流。

白马河：发源于诸城市的鲁山东麓，流经胶南市的大村。

吉利河：发源于诸城市鲁东山西麓千秋岭，流经本市的理务关镇、大场镇，于河崖村以南与白马河汇流后在马家滩村入黄海，全长 30.85km，汇水面积 300.1km²，其中胶南境内 114.72km²，20 年一遇洪峰流量为 2074.4m³/s，上游建有吉利河中型水库一座。

甜水河：发源于海青镇后河西村北大缀骨山南麓，纵贯海青镇，于宋家岭东南入海，全长 20km，汇水面积 109.9km²。

潮河：发源于五莲县的九泉，流经胶南市海青镇，于秋七元村东南入日照市，该河为过境河流，胶南市境内河段长 6.8km，面积 34.1km²。

(4)南胶莱河流域：位于胶南市西北部，总面积 131.3km²，由胶河及其支流组成。

胶河：发源于六汪镇的孙家沟南岭，流经六汪镇、胶河经济区，为胶莱河上游，胶南市境内长 16km，汇水面积 124.63km²，胶南段 20 年一遇洪峰流量为 639.76m³/s。

4. 胶南市水资源概况

根据《胶南市水供求中长期规划》可知，胶南市多年平均降水量 746.2mm，多年平均蒸发量 1000mm，多年平均地表水资源量 3.2515 亿 m³，多年平均地下水资源量 1.6399 亿 m³，地表水资源与地下水资源重复量为 0.7124 亿 m³，多年平均水资源总量 4.179 亿 m³；多年平均地表水可利用量 1.7710 亿 m³，多年平均地下水可利用量 0.8638 亿 m³。根据《胶南市水供求中长期规划》报告，该市 2010 年需水量为 2.50125 亿 m³，2020 年需水量为 2.85803 亿 m³，2030 年需水量为 4.1288 亿 m³。

根据胶南市水供求中长期规划报告可得胶南市不同规划年的用水总量控制指标。本次计算胶南市用水总量控制指标分两种方案：方案一，根据胶南市水资源规划报告中胶南市不同规划年的地表水资源可利用量资料求得胶南市不同规划年的用水总量控制指标；方案二，本书认为地表水可利用量变化范围不是很大，不同规划年的地表水可利用量相同(取 2030 年地表水可利用量值)，求得胶南市不同规划年的用水总量控制指标。

5. 胶南市水资源开发利用情况

1)水资源量及其变化情势

根据《青岛市水资源开发利用调查评价》中 1956～2000 年水资源量的评价成果，胶南市现状水资源总量为 41789.94 万 m³，水资源可利用量为 24148 万 m³，其中，地表水水资源总量为 32516.7 万 m³，可利用量为 17710 万 m³，地下水水资源总量为 16399.71 万 m³，可利用量为 8638 万 m³，胶南市多年平均地表水水资源总量与地下水水资源总量之间的重复计算量为 7126.47 万 m³，胶南市多年平均地表水水资源可利用量与地下水水资源可开采量之间的重复计算量为 2200 万 m³。

受地理、地形、地质、气候等条件的影响，胶南市水资源在时空上分布不均，水利基础比较薄弱，水少、水浑、水脏和供水保证率低、防灾减灾能力差、水生态环境差的问题在部分区域还在一定程度上存在，资源性缺水、工程性缺水和水质性缺水并存，水的供需矛盾日趋尖锐。目前的城镇缺水区域是城区和工业较发达的镇（街道办事处），主要集中在东部和东北部地区；农村和农业缺水区主要集中在山丘区和原中型水库灌区，主要集中在西和西北部；水资源较丰富的区域是客水入境较多的区域，主要集中在西南部。

全市地表水和地下水的水质普遍较好，农村个别果园、蔬菜等农业种植区内水中的氨氮、硝酸盐含量超标，市区和部分工业较发达的镇（街道办事处）水的 pH、挥发酚、硝酸盐、氯化物、锰和总硬度、COD、BOD_5、悬浮物等超标，超标的原因主要是化肥与农药的过量使用和工业与生活污水的超标排放所致。

2）地表水

胶南市境内无天然湖泊，境内水域除河流及近河流的小湾塘外，基本都是人工建设与开挖的水库、塘坝、谷坊及平塘。目前全市有 5 座中型水库，179 座小型水库，1012 座塘坝。水库、塘坝总库容 35281 万 m^3，总兴利库容 22667 万 m^3。全市现有固定式扬水站 295 座，引水工程 144 处。全市地表水水资源总量为 3.25167 亿 m^3，已建地表水水利工程所提供的地表水水资源可利用量约为 2.1168 亿 m^3。胶南市东部为城区和工业较发达镇，用水量较大，而降水量相对较小，因而，水资源紧缺，城市用水需从其他区域调水来满足；西部主要为农业区，降水量相对较大，相对水资源较丰富；西南部因有客水流入，水源最丰富。

3）地下水

全市地下水多为松散岩类孔隙水，其次为基岩裂隙水，岩溶水极少。地下水多赋存于较大河流中下游两岸的冲积平原中的第四系地层中，基岩裂隙水则广泛分布于山丘中的风化岩石及岩石裂隙中。根据《青岛市水资源开发利用调查评价》结果，胶南市地下水总量为 16399.71 万 m^3，可利用量为 8638 万 m^3。全市现有机井、大口井 5888 眼，已配套 2218 眼。地下水供水范围涵盖城乡各区域和领域，现状年供水量约为 7113 万 m^3。目前，山丘区基岩裂隙水主要用于农村人畜用水和农业灌溉用水，平原区孔隙水则是城市和镇驻地供水的主要水源和农业灌溉的主要水源，其中风河沿岸地下水源是城区工业、居民生活及公共事业用水的主要水源之一，而错水河和巨洋河下游沿岸地下水则是黄岛电厂的主要供水水源之一。地下水水量区域分布与地表水水量区域分布基本一致，东部较少，西南部较丰富。

4）水资源量变化及其情势分析

从胶南市水资源量历史变化情况看，水资源总量变化较小，水资源可利用量自 1956～1980 年增长较快，自 1980～2010 年增长较慢；1980 年以前，水资源可利用量和用水总量逐年增多，主要是地表水水资源可利用量增加较快，主要用水为农业用水；1980 年以后，用水总量仍然是逐年增加，主要是城镇及工业用水量增长较快，农业用水量相对减少；全市年实际总用水量逐步接近总水资源可利用量，部分区域实际用水量已超过水资源可利用量；城镇及工业用水的过快增长，挤占了农业灌溉用水，加大了水资源的供需矛盾；外供水量的不断增加，造成胶南市境内用水紧张，更加剧了胶南市水资源的供需矛盾。缺水将成为胶南市今后经济和社会发展的主要影响因素。

6. 水功能区概况

根据《山东省水功能区划》(鲁政字【2006】22 号)，全市共划分水功能一级区 4 个，总区划河长 92.1km。其中保护区 1 个，区划河长 14.4km，占总区划河长的 15.6%，开发利用区 3 个，区划河长 77.7km，占总河长的 84.4%。

全市共划分水功能二级区 6 个，总区划河长 77.7km。其中饮用水源区 5 个，区划河长 72.2km，占开发利用区河长的 92.9%；排污控制区 1 个，区划河长 5.5km，占开发利用区河长的 7.1%，全市水功能区划统计情况见表 2.1。各水功能区概况详见表 2.2。

表 2.1 胶南市水功能区划统计

水功能区类型及个数				区划河长/km
一级区	区划个数	二级区	区划个数	
保护区	1	饮用水源区	5	72.2
开发利用区	3	排污控制区	1	5.5
合计	4	合计	6	77.7

表 2.2 胶南市水功能区概况

水功能一级区	水功能二级区	河流	起始断面	终止断面	控制断面	水质目标	长度/km
风河胶南开发利用区	铁山水库胶南饮用水源区	风河	源头	铁山	铁山水库	III	14.4
	风河胶南饮用水源区	风河	铁山	大哨头橡胶坝	胶南	III	9.2
	风河胶南排污控制区	风河	大哨头橡胶坝	入海口		V	5.5
吉利河胶南源头水保护区		吉利河	源头	吉利河水库大坝	吉利河水库	II	14.4
白马河胶南开发利用区	白马河胶南饮用水源区	白马河	白马河源头	入吉利河口	大村	III	25.2
吉利河胶南开发利用区	吉利河饮用水源区 1	吉利河	吉利河水库下坝	白马河入吉利河口	后河岔	III	20
	吉利河饮用水源区 2	吉利河	白马河入吉利河口	入海口	白马河大桥	III	3.4

依据《山东省水功能区划》，胶南市有 2 个跨(市)县的水功能区，分别为褚家王吴水库饮用水源区和洋河胶州保留区。各跨界水功能区概况见表 2.3。

表 2.3 胶南市跨界水功能区概况

水功能一级区	水功能二级区	河流	起始断面	终止断面	控制断面	水质目标	长度/km
胶河青岛潍坊开发利用区	褚家王吴水库饮用水源区	胶河	源头	褚家王吴水库坝下	王吴水库	III	40
洋河胶州保留区		洋河	山洲水库坝下	入海口	洋河崖	III	27

2.2.2 胶南市用水总量控制指标的确定

1. 方案一

根据胶南市供需水预测，2010 年胶南市地表水资源可利用量为 2.3763 亿 m^3，地下水资源可利用量为 0.8638 亿 m^3；2020 年胶南市地表水资源可利用量为 2.7040 亿 m^3，地下水资源可利用量为 0.95 亿 m^3；2030 年胶南市地表水资源可利用量为 2.7040 亿 m^3，地下水资源可利用量为 0.95 亿 m^3。

1) 多年平均广义地表水可利用量

根据胶南市多年平均降水量 P、多年平均蒸发量 E，通过图 2.3、图 2.4 和图 2.7、图 2.8，可查得 $\alpha_1 = 1.023$，$\alpha_2 = 1.043$，$\beta_1 = 1.008$，$\beta_2 = 1.014$，取 $\rho = 0.503$（胶南市水资源规划报告中的选用值），代入有关公式。

2) 多年平均广义地表水可利用量

$$W_1 = 1.6948 \text{ 亿 } m^3$$

$$W_2 = 40\% \alpha_1 \alpha_2 W_{河川径流量} = 1.7836 \text{亿} m^3$$

即胶南市严格意义下地表水可利用量为 1.7836 亿 m^3。

将 W_1 和 W_2 代入式(2.5)，并取等权重，可求得多年平均情况下胶南市广义地表水可利用量为

$$W_{多年平均广义地表水可利用量} = k_1 W_1 + k_2 W_2 = 0.5 \times 1.6948 + 0.5 \times 1.7836 = 1.7392 \text{亿} m^3$$

3) 多年平均广义地下水可开采量

由式(2.6)可求得多年平均情况下胶南市广义地下水可利用量为

$$W_{多年平均广义地下水可开采量} = \rho \beta_1 \beta_2 W_{地下水总量} = 0.8431 \text{亿} m^3$$

4) 广义水资源可利用量

由式(2.7)可求得多年平均情况下胶南市广义水资源可利用量为

$$W_{广义水资源可利用量} = W_{广义地表水可利用量} + W_{广义地下水可开采量} = 2.5823 \text{亿} m^3$$

根据胶南市水资源规划报告，利用有关计算公式，选择相应的权重系数，可分别确定 2010 年、2020 年和 2030 年胶南市用水总量控制指标。说明如下：

(1) 2010 年胶南市用水总量控制指标计算：

$$W_{广义地表水可利用量, 2010} = k_1 W_1 + k_2 W_2 = 0.5 \times 2.3763 + 0.5 \times 1.7836 = 2.080 \text{ 亿} m^3$$

$$W_{广义水资源可利用量, 2010} = W_{广义地表水可利用量, 2010} + W_{广义地下水可开采量, 2010} = 2.9141 \text{亿} m^3$$

由于，$W_{需水量,2010} < W_{水资源可利用量,2010} < 1.2W_{需水量,2010}$，由图 2.9 可得，$k_1 = 0.9125$，$k_2 = 0.0875$，则有：

$$W_{用水总量控制指标,2010} = k_1 W_{需,2010} + k_2 W_{水资源可利用量,2010} = 2.5374 亿 \text{ m}^3$$

(2) 2020 年胶南市用水总量控制指标计算：

$$W_{广义地表水可利用量,2020} = k_1 W_1 + k_2 W_2 = 0.25 \times 2.7040 + 0.75 \times 1.7836 = 2.0137 亿 \text{ m}^3$$

$$W_{广义水资源可利用量,2020} = W_{广义地表水可利用量,2020} + W_{广义地下水可开采量,2020} = 2.8478 亿 \text{ m}^3$$

由于，$0.8W_{需水量,2020} < W_{广义水资源可利用量,2020} < W_{需水量,2020}$，由图 2.9 可得，$k_1 = 0.491$，$k_2 = 0.509$，则有：

$$W_{用水总量控制指标,2020} = k_1 W_{需,2020} + k_2 W_{水资源可利用量,2020} = 2.8528 亿 \text{ m}^3$$

(3) 2030 年胶南市用水总量控制指标计算：

$$W_{广义地表水可利用量,2030} = k_1 W_1 + k_2 W_2 = 0 + 1 \times 1.7836 = 1.7836 亿 \text{ m}^3$$

$$W_{广义水资源可利用量,2030} = W_{广义地表水可利用量,2030} + W_{广义地下水可开采量,2030} = 2.6177 亿 \text{ m}^3$$

由于，$W_{广义水资源可利用量,2030} < 0.8W_{需水量,2030}$

则有：

$$W_{用水总量控制指标,2030} = W_{广义水资源可利用量,2030} = 2.6177 亿 \text{ m}^3$$

胶南市不同规划年用水总量控制指标如表 2.4 所示。

表 2.4　方案一：胶南市用水总量控制指标

年份	用水总量控制指标/亿 m³
2010	2.5374
2020	2.8528
2030	2.6177

2. 方案二

本书认为该市 2010 年、2020 年、2030 年水资源可利用量可用《胶南市供需水预测》2030 年资料，地表水资源可利用量均为 2.7040 亿 m³，地下水资源可利用量均为 0.95 亿 m³。

1) 胶南市多年平均情况下广义水资源可利用量

根据胶南市多年平均降水量 P、多年平均蒸发量 E 资料，通过图 2.3、图 2.4 和图 2.7、图 2.8，可得 $\alpha_1 = 1.023$，$\alpha_2 = 1.043$，$\beta_1 = 1.008$，$\beta_2 = 1.014$，取 $\rho = 0.503$（胶南市水资源规划报告中的选用值），代入有关公式有：

$$W_1 = 2.7040 \text{ 亿 m}^3 ; \quad W_2 = 40\%\alpha_1\alpha_2 W_{河川径流量} = 1.7836 \text{ 亿 m}^3$$

即胶南市严格意义下地表水可利用量为 1.7836 亿 m³。

将 W_1 和 W_2 代入式 (2.5)，并取等权重，可求得多年平均情况下胶南市广义地表水可利用量为

$W_{多年平均广义地表水可利用量} = k_1 W_1 + k_2 W_2 = 0.5 \times 2.7040 + 0.5 \times 1.7836 = 2.2438$ 亿 m³，由式 (2.6) 可求得多年平均情况下胶南市广义地下水可开采量为

$$W_{多年平均广义地下水可开采量} = \rho\beta_1\beta_2 W_{地下水总量} = 0.8431 \text{ 亿 m}^3$$

由式 (2.7) 可求得多年平均情况下胶南市广义水资源可利用量为

$$W_{广义水资源可利用量} = W_{广义地表水可利用量} + W_{广义地下水可开采量} = 3.0869 \text{ 亿 m}^3$$

2) 胶南市规划年用水总量控制指标

根据胶南市水资源规划报告，利用有关计算公式，选择相应的权重系数，可分别确定 2010 年、2020 年和 2030 年胶南市用水总量控制指标。说明如下：

(1) 2010 年胶南市用水总量控制指标计算：

$$W_{广义地表水可利用量,2010} = k_1 W_1 + k_2 W_2 = 0.5 \times 2.7040 + 0.5 \times 1.7836 = 2.2438 \text{ 亿 m}^3$$

$$W_{广义水资源可利用量,2010} = W_{广义地表水可利用量,2010} + W_{广义地下水可开采量,2010} = 3.0869 \text{ 亿 m}^3$$

由于，$W_{广义水资源可利用量,2010} > 1.2 W_{需水量,2010}$，由图 2.9 可得，$k_1 = 1.0$，$k_2 = 0$，则有：

$$W_{用水总量控制指标,2010} = k_1 W_{需,2010} + k_2 W_{水资源可利用量,2010} = 2.50125 \text{ 亿 m}^3$$

(2) 2020 年胶南市用水总量控制指标计算：

$$W_{广义地表水可利用量,2020} = k_1 W_1 + k_2 W_2 = 0.25 \times 2.7040 + 0.75 \times 1.7836 = 2.0137 \text{ 亿 m}^3$$

$$W_{广义水资源可利用量,2020} = W_{广义地表水可利用量,2020} + W_{广义地下水可开采量,2020} = 2.8568 \text{ 亿 m}^3$$

由于，$0.8 W_{需水量,2020} < W_{广义水资源可利用量,2020} < W_{需水量,2020}$，由图 2.9 可得，$k_1 = 0.5$，$k_2 = 0.5$，则有：

$$W_{用水总量控制指标,2020} = k_1 W_{需,2020} + k_2 W_{水资源可利用量,2020} = 2.8574 \text{ 亿 m}^3$$

(3) 2030 年胶南市用水总量控制指标计算：

$$W_{广义地表水可利用量,2030} = k_1 W_1 + k_2 W_2 = 0 + 1 \times 1.7836 = 1.7836 \text{ 亿 m}^3$$

$W_{广义水资源可利用量,2030}=W_{广义地表水可利用量,2030}+W_{广义地下水可开采量,2030}=2.6177\ 亿\ m^3$

由于，$W_{广义水资源可利用量,2030}<0.8W_{需水量,2030}$

则有：$W_{用水总量控制指标,2030}=W_{广义水资源可利用量,2030}=2.6177\ 亿\ m^3$

胶南市用水总量控制指标如表 2.5 所示。

表 2.5　方案二：胶南市用水总量控制指标

年份	用水总量控制指标/亿 m³
2010	2.50125
2020	2.8574
2030	2.6177

2.3　乳山市用水总量控制指标的确定

2.3.1　乳山市基本概况

1. 自然地理

素有"金岭银滩"之称的乳山市位于山东半岛东南端，北纬 36°41′～37°08′，东经 121°11′～121°51′。地处威海、青岛、烟台三市的中间地带，东邻文登市，西毗海阳市，北接烟台市牟平区，南濒黄海，309 国道和青威一级公路穿境而过。东西最大横距 60km，南北最大纵距 48km，总面积 1665km²，是著名的"水产之乡"、"水果之乡"和"黄金之乡"。乳山市经济发达，是中国最早的沿海对外开放城市之一。

乳山市属胶东低山丘陵区。北部和东、西两侧多低山，中南部多丘陵，中间有低山。地势呈簸箕状由北向南台阶式下降。乳山河、黄垒河两大河流向南分别流经两侧低山与中部丘陵之间入海，沿岸形成冲积小平原。南部沿海除丘陵外，有零星海积平原分布，境内山地平均海拔 300m 以上，面积占全市总面积的 22.4%；丘陵海拔 100～300m，面积占全市总面积的 50.3%；平原面积占全市总面积的 27.3%。

2. 水文气象

乳山市属暖温带东亚季风型大陆性气候，四季变化和季风进退都较明显，但与同纬度的内陆相比，具有气候温和、温差较小、雨水丰沛、光照充足、无霜期长的特点。历年平均日照数为 2572.7 小时，平均气温 11.8℃，平均气压 1013hPa，平均无霜期 206 天，平均相对湿度为 70%。秋、冬季以北风、西北风为主，春、夏季以南风、东南风或西南风为主，历年平均风速为 3.2m/s。

乳山市境内水资源主要由大气降水形成的地表径流和地下潜水组成。多年平均降水量 756.8mm，多年平均水资源总量 4.88 亿 m³，地表水径流量 4.3 亿 m³，地下水储量 1.47 亿 m³。乳山是水资源较贫乏的地区，人均水资源占有量为全国人均量的 1/3，合理利用和有效保护水资源是非常重要的工作。

3. 河流水系

乳山市境内河流属半岛边沿水系，为季风区雨源型河流，河床比降大、源短流急、暴涨暴落，径流量受季节影响差异较大，枯水季节多断流。全市共有大小河流 393 条，其中 2.5km 以上的 71 条。河流分属黄垒河、乳山河两大水系和南部沿海直接入海河流。乳山河为境内第一大河，发源于马石山南麓的垛鱼顶，全长 64km，流域面积 1015.8km²；黄垒河(全长 69km)发源于牟平区曲家口，境内长 48.6km，流域面积 651km²。

4. 水资源概况

乳山市多年平均降水量为 756.8mm，多年平均蒸发量为 1019.3mm；多年平均径流深 278.7mm，多年平均地表水资源量 4.30 亿 m³，多年平均地下水资源量 1.47 亿 m³，重复计算量为 0.89 亿 m³，多年平均水资源总量为 4.88 亿 m³；乳山市多年平均地表水资源可利用总量为 1.0009 亿 m³，多年平均地下水资源可利用总量为 0.59 亿 m³，多年平均水资源可利用总量为 1.59 亿 m³。

根据《乳山市水资源规划报告》，该市 2010 年、2015 年、2020 年地表水资源可利用量均为 1.0009 亿 m³，地下水资源可开采量均为 0.87 亿 m³。乳山市 2010 年需水量为 1.1682 亿 m³，2015 年需水量为 1.7073 亿 m³，2020 年需水量为 1.8353 亿 m³。

5. 水资源及其开发利用情况

1)水资源总量计算

一定区域内的水资源总量是指当地降水形成的地表和地下产水量，即地表产水量与降水入渗补给地下水量之和。将全市年水资源总量系列分别进行频率计算，全市年系列多年平均水资源总量为 4.88 亿 m³。各分区不同频率水资源总量成果见表 2.6。

表 2.6　水资源总量频率计算成果

面积/km²	系列	均值/万 m³	不同保证率水资源总量/万 m³			
			20%	50%	75%	95%
1665	1956～2010 年	48761	70206	43056	27257	12395

2)水资源特点

乳山市多年平均降水量为 756.8mm，多年平均径流深 278.7mm，多年平均地表水资源量 4.30 亿 m³，多年平均地下水资源量 1.47 亿 m³，多年平均水资源总量为 4.88 亿 m³，受各种自然因素影响，乳山市水资源具有以下特点。

(1)年际变幅大，丰枯悬殊。乳山市境内水资源主要由大降水形成的地表径流和地下潜水组成，所以当地水资源总量与时空分布也因大气降水的变化幅度大而丰枯悬殊。最大年份 1964 年降水量为 1506.7mm，是最小年份 1999 年 354.1mm 的 4.26 倍；降水还有连丰连枯的特点，所以水资源量也出现连续丰枯的交替变化，使水资源年际间余缺调剂更加困难，如 1959～1965 年连续七年丰水，平均年降水量达 993.94mm，其中三年超过 1100mm，而 1980～1983 年连续四年枯水，平均年降水量仅为 510.2mm，其中两年降水量低于 500mm，连丰连枯两年以上的机会多次出现，水资源的年际变化幅度大，连丰连枯明显。

(2)年内分配不均，旱涝并存。由于受季风影响，降水量随季节变化很大，年内分配不均匀。汛期 6~9 月降水量占全年降水总量的 73.7%，春灌期 3~5 月降水量仅占全年的 13.7%，降水的年内分配不均，决定了本市季节性干旱严重。季节性干旱主要表现为春旱，达到十年九遇的程度，前几年夏旱频发，造成当地水资源缺乏。特别是 2011 年，春季发生严重干旱，而 7 月 25 日发生近五百年一遇特大暴雨，17 个小时平均降水量为 179.4mm，最大降水量为 360mm，造成部分河段漫堤、决口，桥涵冲毁，农田受淹、交通中断，严重影响了当地农业生产和人民的正常生活。

(3)地域分布不均。由于受地形影响，乳山市降水量在空间分布上也有较大差异，造成水资源地区间分布不平衡。由于境内多山区、丘陵，沟谷密布，给水资源的地区调配增加了困难。

(4)开发难度大，利用率低。乳山市地表水和地下水均来自大气降水，无客水补充。由于境内山地丘陵众多，河谷密度大，径流不集中，地表水拦蓄困难，拦蓄利用率仅达到 36%。

3)降水量分析计算

对各计算分区选择典型雨量站，逐年统计 1956~2010 年的年降水量，采用算术平均法计算逐年的面平均年降水量，得到各分区的面平均年降水量系列，进行频率分析计算，得到不同频率的面平均年降水量，成果见表 2.7。

表 2.7 年降水量频率计算成果

面积/km²	系列	均值/mm	不同保证率降水量/mm			
			20%	50%	75%	95%
1665	1956~2010 年	756.8	938.2	734.3	593.8	425.8

4)地表水资源量分析计算

地表水资源量是指江河、湖泊等地表水体中由当地降水形成的、可以逐年更新的动态水量，用天然河川径流量表示。将全市天然年径流系列分别进行频率计算。经计算得到全市天然年径流深统计参数及不同设计保证率的年径流深及地表水资源量。地表水资源量成果见表 2.8。

表 2.8 地表水资源量计算成果

面积/km²	系列	均值/万 m³	不同保证率地表水资源量/万 m³			
			20%	50%	75%	95%
1665	1956~2010 年	43040	63853	36630	21528	8392

5)地下水资源量分析计算

地下水是指赋存于饱水带岩土空隙中的重力水。地下水资源量是指地下水体中参与水循环且可以逐年更新的动态水量。本次评价主要对近期下垫面条件下多年平均浅层地下水资源量进行评价，乳山市地下水类型主要为基岩裂隙水和第四系孔隙水。

通过计算，全市山丘区多年平均地下水资源量为 0.94 亿 m³，平原区多年平均地下水资源量为 0.56 亿 m³，重复计算量为 0.03 亿 m³，全市多年平均地下水资源量为 1.47 亿 m³。多年平均地下水资源量及可开采量成果见表 2.9。

表 2.9　多年平均地下水资源量及可开采量成果

计算面积/km²	山丘区/亿 m³	平原区/亿 m³	重复量/亿 m³	水资源总量/亿 m³	可开采量/亿 m³
1665	0.94	0.56	0.03	1.47	0.87

2.3.2　多年平均情况下乳山市用水总量控制指标的确定

1. 乳山市多年平均情况下广义水资源可利用量

根据乳山市多年平均降水量 P，多年平均蒸发量 E 资料，通过图 2.3、图 2.4 和图 2.7、图 2.8，可得 $\alpha_1 = 1.025$，$\alpha_2 = 1.041$，$\beta_1 = 1.008$，$\beta_2 = 1.014$，取 $\rho = 0.592$（乳山市水资源规划报告中的选用值），代入有关公式有：

$$W_1 = 1.0009 \text{ 亿 m}^3; \quad W_2 = 40\% \alpha_1 \alpha_2 W_{河川径流量} = 1.8353 \text{ 亿 m}^3$$

即乳山市严格意义下地表水可利用量为 1.8353 亿 m³。

将 W_1 和 W_2 代入式 (2.5)，并取等权重，可求得多年平均情况下乳山市广义地表水可利用量为

$W_{多年平均广义地表水可利用量} = k_1 W_1 + k_2 W_2 = 0.5 \times 1.0009 + 0.5 \times 1.8353 = 1.4181 \text{ 亿 m}^3$，由式 (2.6) 可求得多年平均情况下乳山市广义地下水可开采量为

$$W_{多年平均广义地下水可开采量} = \rho \beta_1 \beta_2 W_{地下水总量} = 0.8895 \text{ 亿 m}^3$$

由式 (2.7) 可求得多年平均情况下乳山市广义水资源可利用量为

$$W_{广义水资源可利用量} = W_{广义地表水可利用量} + W_{广义地下水可开采量} = 2.3076 \text{ 亿 m}^3$$

2. 乳山市规划年用水总量控制指标

根据乳山市水资源规划报告，利用有关计算公式，选择相应的权重系数，可分别确定 2010 年、2015 年和 2020 年乳山市用水总量控制指标。说明如下：

1) 2010 年乳山市用水总量控制指标计算

$$W_{地表水可利用量, 2010} = k_1 W_1 + k_2 W_2 = 0.5 \times 1.0009 + 0.5 \times 1.8353 = 1.4181 \text{ 亿 m}^3$$

$$W_{广义水资源可利用量, 2010} = W_{广义地表水可利用量, 2010} + W_{广义地下水可开采量, 2010} = 2.3076 \text{ 亿 m}^3$$

由于，$W_{广义水资源可利用量, 2010} > 1.2 W_{需水量, 2010}$，由图 1.9 可得，$k_1 = 1.0$，$k_2 = 0$，则有：

$$W_{用水总量控制指标, 2010} = k_1 W_{需, 2010} + k_2 W_{广义水资源可利用量, 2010} = 1.1682 \text{ 亿 m}^3$$

2) 2015 年乳山市用水总量控制指标计算

$$W_{广义地表水可利用量,2015} = k_1 W_1 + k_2 W_2 = 0.375 \times 1.0009 + 0.625 \times 1.8353 = 1.5224\ 亿\ m^3$$

$$W_{广义水资源可利用量,2015} = W_{广义地表水可利用量,2015} + W_{广义地下水可开采量,2015} = 2.4119\ 亿\ m^3$$

由于，$W_{广义水资源可利用量,2015} > 1.2 W_{需水量,2015}$，由图 2.9 可得，$k_1 = 1.0$，$k_2 = 0$，则有：$W_{用水总量控制指标,2015} = k_1 W_{需,2015} + k_2 W_{广义水资源可利用量,2015} = 1.7073\ 亿\ m^3$

3) 2020 年乳山市用水总量控制指标计算

$$W_{广义地表水可利用量,2020} = k_1 W_1 + k_2 W_2 = 0.25 \times 1.0009 + 0.75 \times 1.8353 = 1.6267\ 亿\ m^3$$

$$W_{广义水资源可利用量,2020} = W_{广义地表水可利用量,2020} + W_{广义地下水可开采量,2020} = 2.5162\ 亿\ m^3$$

由于，$W_{广义水资源可利用量,2020} > 1.2 W_{需水量,2020}$，由图 2.9 可得，$k_1 = 1.0$，$k_2 = 0$，则有：

$$W_{用水总量控制指标,2020} = k_1 W_{需,2020} + k_2 W_{广义水资源可利用量,2020} = 1.8353\ 亿\ m^3$$

乳山市用水总量控制指标如表 2.10 所示。

表 2.10 乳山市用水总量控制指标

年份	用水总量控制指标/亿 m³
2010	1.1682
2015	1.7073
2020	1.8353

2.3.3 乳山市不同频率、不同水平年用水总量控制指标

不同频率下乳山市降水量、地表水资源量、地下水资源量、水资源总量、地表水可利用量、地下水可利用量及现状年、规划年需水量见表 2.11 所示。

表 2.11 不同频率下乳山市水资源量

频率		50%	75%	95%
降水量/mm		734.3	593.8	425.8
地表水资源量/亿 m³		3.663	2.1528	0.8392
地下水资源量/亿 m³		1.47	1.47	1.47
水资源总量/亿 m³		4.3056	2.7257	1.2395
地表水可利用量/亿 m³		0.9341	0.7023	0.3994
地下水可开采量/亿 m³		0.87	0.87	0.87
不同年份需水量/亿 m³	2010 年	1.1682	1.3682	1.3682
	2015 年	1.7073	1.9157	1.9157
	2020 年	1.8436	2.0477	2.0477

1. 50%频率下乳山市用水总量控制指标计算

1) 2010 年乳山市用水总量控制指标计算

根据乳山市多年平均降水量 P，多年平均蒸发量 E 资料，查图 2.3、图 2.4 和图 2.7、图 2.8，可得 $\alpha_1 = 1.02$，$\alpha_2 = 1.041$，$\beta_1 = 1.007$，$\beta_2 = 1.014$，取 $\rho = 0.592$（乳山市水资源规划报告中的选用值），代入有关公式有：

$$W_{1,50\%} = 0.9341 \text{亿 m}^3; \quad W_{2,50\%} = 40\%\alpha_1\alpha_2 W_{河川径流量} = 1.5558 \text{亿 m}^3$$

即乳山市严格意义下地表水可利用量为 1.5558 亿 m³。

将 W_1 和 W_2 代入式(2.5)，并取等权重，可求得多年平均情况下乳山市广义地表水可利用量为

$$W_{广义地表水可利用量,2010,50\%} = k_1 W_1 + k_2 W_2 = 0.5 \times 0.9341 + 0.5 \times 1.5558 = 1.245 \text{亿 m}^3$$

$$W_{广义地下水可开采量,50\%} = \rho\beta_1\beta_2 W_{地下水资源量,50\%} = 0.8886 \text{亿 m}^3$$

$$W_{广义水资源可利用量,2010,50\%} = W_{广义地表水可利用量,2010,50\%} + W_{广义地下水可开采量,2010,50\%} = 2.1336 \text{亿 m}^3$$

由于，$W_{广义水资源可利用量,2010,50\%} > 1.2W_{需水量,2010,50\%}$，由图 2.9 可得，$k_1 = 1.0$，$k_2 = 0$，则有：

$$W_{用水总量控制指标,2010,50\%} = k_1 W_{需,2010,50\%} + k_2 W_{广义水资源可利用量,2010,50\%} = 1.1682 \text{亿 m}^3$$

2) 2015 年乳山市用水总量控制指标计算

$$W_{广义地表水可利用量,2015,50\%} = k_1 W_1 + k_2 W_2 = 0.375 \times 0.9341 + 0.625 \times 1.5558 = 1.3227 \text{亿 m}^3$$

$$W_{广义水资源可利用量,2015,50\%} = W_{广义地表水可利用量,2015,50\%} + W_{广义地下水可开采量,2015,50\%} = 2.2113 \text{亿 m}^3$$

由于，$1.2W_{需水量,2015,50\%} < W_{广义水资源可利用量,2015,50\%}$，由图 2.9 可得，$k_1 = 1.0$，$k_2 = 0$，则有：

$$W_{用水总量控制指标,2015,50\%} = k_1 W_{需,2015,50\%} + k_2 W_{广义水资源可利用量,2015,50\%} = 1.7073 \text{亿 m}^3$$

3) 2020 年乳山市用水总量控制指标计算

$$W_{广义地表水可利用量,2020,50\%} = k_1 W_1 + k_2 W_2 = 0.25 \times 0.9341 + 0.75 \times 1.5558 = 1.4004 \text{亿 m}^3$$

$$W_{广义水资源可利用量,2020,50\%} = W_{广义地表水可利用量,2020,50\%} + W_{广义地下水可开采量,2020,50\%} = 2.289 \text{亿 m}^3$$

由于，$W_{\text{广义水资源可利用量},2020,50\%} > 1.2 W_{\text{需水量},2020,50\%}$，由图 2.9 可得，$k_1 = 1.0$，$k_2 = 0$，则有：

$$W_{\text{用水总量控制指标},2020,50\%} = k_1 W_{\text{需},2020,50\%} + k_2 W_{\text{广义水资源可利用量},2020,50\%} = 1.8436 \text{亿 m}^3$$

2. 75%频率下乳山市用水总量控制指标计算

1）2010 年乳山市用水总量控制指标计算

根据乳山市多年平均降水量 P，多年平均蒸发量 E 资料，查图 2.3、图 2.4 和图 2.7、图 2.8，可得 $\alpha_1 = 0.9875$，$\alpha_2 = 1.041$，$\beta_1 = 0.9958$，$\beta_2 = 1.014$，取 $\rho = 0.592$（乳山市水资源规划报告中的选用值），代入有关公式有：

$$W_{1,75\%} = 0.7023 \text{亿 m}^3; \quad W_{2,75\%} = 40\% \alpha_1 \alpha_2 W_{\text{河川径流量}} = 0.8852 \text{亿 m}^3$$

即乳山市严格意义下地表水可利用量为 0.8852 亿 m³。

将 W_1 和 W_2 代入式（2.5），并取等权重，可求得多年平均情况下乳山市广义地表水可利用量为

$$W_{\text{广义地表水可利用量},2010,75\%} = k_1 W_1 + k_2 W_2 = 0.5 \times 0.7023 + 0.5 \times 0.8852 = 0.7938 \text{亿 m}^3$$

$$W_{\text{广义地下水可开采量},75\%} = \rho \beta_1 \beta_2 W_{\text{地下水资源量},75\%} = 0.8787 \text{亿 m}^3$$

$$W_{\text{广义水资源可利用量},2010,75\%} = W_{\text{广义地表水可利用量},2010,75\%} + W_{\text{广义地下水可开采量},2010,75\%} = 1.6725 \text{亿 m}^3$$

由于，$W_{\text{广义水资源可利用量},2010,75\%} > 1.2 W_{\text{需水量},2010,75\%}$，由图 2.9 可得，$k_1 = 1.0$，$k_2 = 0$，则有：

$$W_{\text{用水总量控制指标},2010,75\%} = k_1 W_{\text{需},2010,75\%} + k_2 W_{\text{广义水资源可利用量},2010,75\%} = 1.3682 \text{亿 m}^3$$

2）2015 年乳山市用水总量控制指标计算

$$W_{\text{广义地表水可利用量},2015,75\%} = k_1 W_1 + k_2 W_2 = 0.375 \times 0.7023 + 0.625 \times 0.8852 = 0.8166 \text{亿 m}^3$$

$$W_{\text{广义水资源可利用量},2015,75\%} = W_{\text{广义地表水可利用量},2015,75\%} + W_{\text{广义地下水可开采量},2015,75\%} = 1.6953 \text{亿 m}^3$$

由于，$0.8 W_{\text{需水量},2015,75\%} < W_{\text{广义水资源可利用量},2015,75\%} < W_{\text{需水量},2015,75\%}$，由图 2.9 可得，$k_1 = 0.2125$，$k_2 = 0.7875$，则有：

$$W_{\text{用水总量控制指标},2015,75\%} = k_1 W_{\text{需},2015,75\%} + k_2 W_{\text{广义水资源可利用量},2015,75\%} = 1.7421 \text{亿 m}^3$$

3）2020 年乳山市用水总量控制指标计算

$$W_{\text{广义地表水可利用量},2020,75\%}=k_1W_1+k_2W_2=0.25\times0.7023+0.75\times0.8852=0.8395\text{亿 m}^3$$

$$W_{\text{广义水资源可利用量},2020,75\%}=W_{\text{广义地表水可利用量},2020,75\%}+W_{\text{广义地下水可开采量},2020,75\%}=1.7182\text{亿 m}^3$$

由于，$0.8W_{\text{需水量},2020,75\%}<W_{\text{广义水资源可利用量},2020,75\%}<W_{\text{需水量},2020,75\%}$，由图 2.9 可得，$k_1=0.0978$，$k_2=0.9022$，则有：

$$W_{\text{用水总量控制指标},2020,75\%}=k_1W_{\text{需},2020,75\%}+k_2W_{\text{广义水资源可利用量},2020,75\%}=1.7504\text{亿 m}^3$$

3. 95%频率下乳山市用水总量控制指标计算

1）2010 年乳山市用水总量控制指标计算

根据乳山市多年平均降水量 P，多年平均蒸发量 E 资料，查图 2.3、图 2.4 和图 2.7、图 2.8，可得 $\alpha_1=0.9486$，$\alpha_2=1.041$，$\beta_1=0.9829$，$\beta_2=1.014$，取 $\rho=0.592$（乳山市水资源规划报告中的选用值），代入有关公式有：

$$W_{1,95\%}=0.3994\text{亿 m}^3\text{；}\quad W_{2,95\%}=40\%\alpha_1\alpha_2W_{\text{河川径流量}}=0.3315\text{亿 m}^3$$

即乳山市严格意义下地表水可利用量为 0.3315 亿 m³。

将 W_1 和 W_2 代入式(2.5)，并取等权重，可求得多年平均情况下乳山市广义地表水可利用量为

$$W_{\text{广义地表水可利用量},2010,95\%}=k_1W_1+k_2W_2=0.5\times0.3994+0.5\times0.3315=0.3655\text{亿 m}^3$$

$$W_{\text{广义地下水可开采量},95\%}=\rho\beta_1\beta_2W_{\text{地下水资源量},95\%}=0.8673\text{亿 m}^3$$

$$W_{\text{广义水资源可利用量},2010,95\%}=W_{\text{广义地表水可利用量},2010,95\%}+W_{\text{广义地下水可开采量},2010,95\%}=1.2328\text{亿 m}^3$$

由于，$0.8W_{\text{需水量},2010,95\%}<W_{\text{广义水资源可利用量},2010,95\%}<W_{\text{需水量},2010,95\%}$，由图 2.9 可得，$k_1=0.2525$，$k_2=0.7475$，则有：

$$W_{\text{用水总量控制指标},2010,95\%}=k_1W_{\text{需},2010,95\%}+k_2W_{\text{广义水资源可利用量},2010,95\%}=1.267\text{亿 m}^3$$

2）2015 年乳山市用水总量控制指标计算

$$W_{\text{广义地表水可利用量},2015,95\%}=k_1W_1+k_2W_2=0.375\times0.3994+0.625\times0.3315=0.357\text{亿 m}^3$$

$$W_{\text{广义水资源可利用量},2015,95\%}=W_{\text{广义地表水可利用量},2015,95\%}+W_{\text{广义地下水可开采量},2015,95\%}=1.2243\text{亿 m}^3$$

由于，$W_{\text{广义水资源可利用量},2015,95\%}<0.8W_{\text{需水量},2015,95\%}$，由图 2.9 可得，$k_1=0$，$k_2=1.0$，则有：

$$W_{用水总量控制指标,2015,95\%}=k_1W_{需,2015,95\%}+k_2W_{广义水资源可利用量,2015,95\%}=1.2243 \text{亿 m}^3$$

3) 2020 年乳山市用水总量控制指标计算

$$W_{广义地表水可利用量,2020,95\%}=k_1W_1+k_2W_2=0.25\times0.3994+0.75\times0.3315=0.3485 \text{亿 m}^3$$

$$W_{广义水资源可利用量,2020,95\%}=W_{广义地表水可利用量,2020,95\%}+W_{广义地下水可开采量,2020,95\%}=1.2158 \text{亿 m}^3$$

由于，$W_{广义水资源可利用量,2020,95\%}<0.8W_{需水量,2020,95\%}$，由图 2.9 可得，$k_1=0$，$k_2=1.0$，则有：

$$W_{用水总量控制指标,2020,95\%}=k_1W_{需,2020,95\%}+k_2W_{广义水资源可利用量,2020,95\%}=1.2158 \text{亿 m}^3$$

不同频率下乳山市现状年、规划年用水总量控制指标见表 2.12 所示。

表 2.12　不同频率下乳山市用水总量控制指标

年份	不同频率用水总量控制指标/亿 m³		
	50%	75%	95%
2010	1.1682	1.3682	1.267
2015	1.7073	1.7421	1.2243
2020	1.8436	1.7504	1.2158

2.4　年度用水控制指标确定方法及应用

前面研究的用水总量控制指标是一个静态指标，由水行政部门通过平水年分配的水量和政府部门发布的水量分配方案来综合确定，而年度用水控制指标是一个动态指标，是以用水总量控制指标作为基础，结合区域年降水丰枯情况、实际水资源开发利用量、水功能区水质、地下水监测结果和用水效率评估结果等因素综合确定。本书在阅读大量文献及总结分析当前的成果的基础上，考虑到区域年降水丰枯情况的不确定性，提出了确定不同频率年降水量对应的年度用水控制指标的方法。下面将分别讨论地表水年度用水控制指标和地下水年度用水控制指标的确定方法。

2.4.1　地表水年度用水控制指标的确定方法

1. 年降水量与地表水资源量关系

地表水资源量的多少主要取决于年降水量的大小，而地表水年度用水控制指标应以地表水资源量为基础。考虑到降水量的年际差异，丰水年时，降水量大，对应的地表水资源量多，则地表水年度用水控制指标理论上应大一些；枯水年时，降水量小，对应的地表水资源量少，则地表水年度用水控制指标理论上应小一些。

首先分析年降水量与地表水资源量的关系。利用年降水量序列，用适线法确定年降水量频率曲线，进而确定不同频率年降水量。根据统计资料及阅读大量文献发现，各地区年降水量与地表水资源量存在着线性关系，因此建立年降水量与地表水资源量的相关方程见式(2.12)，并推求不同频率年降水量对应的地表水资源量：

$$W_{地表水} = a_1 P_{年} + b_1 \tag{2.12}$$

式中，$W_{地表水}$ 为地表水资源量，亿 m^3；$P_{年}$ 为年降水量，mm；a_1、b_1 为该地区年降水量与地表水资源量相关关系式的参数。

2. 年降水量与地表水年度用水控制指标关系

年降水量与地表水年度用水控制指标关系的确定方法如下：

(1)本书认为年降水频率为50%(平水年)时的降水量对应分配的地表水控制指标，见图 2.10 中点 c_2。

(2)年降水频率小于 50%(丰水情况)时，地表水年度控制指标由地表水可利用量确定。以年降水频率 5%(丰水年上限值)时对应的地表水资源量的 40%为地表水年度控制指标的上限值，见图 2.10 中点 c_1。

(3)年降水频率在 5%~50%时，地表水年度控制指标呈线性变化，起点为 c_2，终点为 c_1。

(4)年降水频率大于 50%(枯水情况)时，地表水年度控制指标由地表水可供水量确定。分别确定年降水频率为 75%(偏枯年降水量)和 95%(枯水年下限值)时的可供水量，作为年降水频率 75%和 95%时对应的地表水年度控制指标，见图 2.10 中点 c_3 和 c_4。

(5)年降水频率在50%~75%和75%~95%时，地表水年度控制指标同样呈线性变化。50%~75%，直线的起点为 c_3，终点为 c_2；75%~95%，直线的起点为 c_4，终点为 c_3。

因此，降水频率从 95%下降到 5%，年降水量与地表水年度控制指标的关系为三段分段函数，图 2.10 中，a_1、a_2、a_3 和 a_4 分为年降水频率 5%、50%、75%和95%时对应的年降水量；b_1 为年降水频率 5%时对应的地表水可利用量，b_2 为分配的地表水控制指标，b_3、b_4 为年降水频率 75%、95%时对应的地表水可供水量。

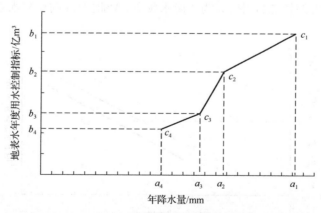

图 2.10　年降水量与地表水年度用水控制指标关系示意图

2.4.2 地下水年度用水控制指标的确定方法

1. 年降水量与地下水资源量关系

地下水资源量(扣除与地表水重复量，下同)也与年降水量密切相关，地下水年度用水控制指标以地下水资源量为基础。考虑到降水量年际差异，丰水年时，降水量大，对应的地下水资源量多，则地下水年度用水控制指标理论上应大一些；枯水年时，降水量小，对应的地下水资源量少，则地下水年度用水控制指标理论上应小一些。

首先分析年降水量与地下水资源量的关系。利用年降水量序列，用适线法确定年降水量频率曲线，进而确定不同频率年降水量。分析发现，各地区年降水量与地下水资源量同样也有着明显的线性关系，因此建立年降水量与地下水资源量的相关方程见式(2.13)，并推求不同频率年降水量对应的地下水资源量：

$$W_{地下水} = a_2 P_年 + b_2 \tag{2.13}$$

式中，$W_{地下水}$ 为地下水资源量，亿 m^3；a_2、b_2 为该地区年降水量与地下水资源量模型的参数；其他符号含义同前。

2. 年降水量与地下水年度用水控制指标关系

地下水年度用水控制指标是由地下水可开采量来确定。在不影响地下水生态环境的基础上确定可开采量的上限值，地下水年度用水控制指标不能超过该值。由式(2.13)可知，年降水量与地下水资源量为线性关系，因此本书认为年降水量与地下水年度用水控制指标也为线性关系，且两者的斜率相同。

年降水量与地下水年度用水控制指标关系的确定方法如下：

(1)由式(2.13)点绘出年降水量与地下水资源量的关系图，见图 2.11 中线 1。

(2)年降水频率为 50%(平水年)时的降水量对应分配的地下水控制指标，见图 2.11 中点 c。

(3)以点 c 为控制条件，平移线 1 即可得到年降水量与地下水年度用水控制指标关系图，见图 2.11 中线 2(图 2.11 中，a 为年降水频率 50%时对应的年降水量；b 为分配的地下水控制指标)。

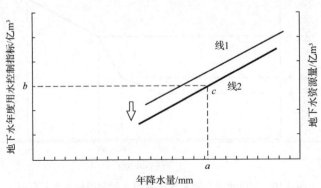

图 2.11　年降水量与地下水年度用水控制指标关系示意图

2.4.3　年度用水控制指标确定方法应用实例

1. 山东省及各地市用水控制指标概况

1) 山东省及各地市用水总量控制指标制定过程

2010 年,水利厅在鲁水资字【2010】9 号文中制定了区域当地地表水(以下简称为地表水)、地下水和外调水量(引黄引江水)的控制"红线"。在此基础上,分别确定了全省 17 个城市的用水总量控制指标。地表水的控制指标以其可利用量为控制条件,由 2015 年平水年地表水的配置水量来确定;地下水的控制指标以其可开采量为控制条件,由 2015 年平水年的地下水配置水量来确定;引黄水量的控制指标依照(鲁水资字【2010】3 号)文来执行;引江水量的控制指标按照《南水北调工程规划》来确定。

2013 年,国办发【2013】2 号文中明确了山东省 2015 年、2020 年、2030 年用水总量控制目标分别为 250.6 亿 m³、276.59 亿 m³、301.84 亿 m³。

鲁水资字【2010】9 号文中的用水指标已经超过了国办发【2013】2 号文中 2015 年、2020 年的用水指标。水利厅对山东省及各地市的指标进行了调整。确定引黄引江水量的控制指标方法不变;考虑到生活用水等可适量使用地下水,各市 2015 年、2020 年和 2030 年地下水的控制目标可在 2012 年地下水用水量(89.57 亿 m³)的基础上分别增加 5%、10%、17%,但不能超过鲁水资【2010】9 号文中规定的"红线";地表水的控制指标则由山东省的用水总量控制目标,扣减上述确定的引黄引江水和地下水的控制指标后,按 2012 年地表水实际用水量同比例增大,也不能超过鲁水资【2010】9 号文中确定的"红线"。

2) 山东省及各地市用水总量控制指标

鲁水资字【2010】9 号文中规定的山东省及各地市 2011~2015 年用水总量控制指标的具体数值见表 2.13。

表 2.13　山东省各地市 2011~2015 年用水总量控制指标　　　　(单位:亿 m³)

行政区	2011 年	2012 年	2013 年	2014 年	2015 年
济南市	16.99	16.92	16.81	17.01	17.31
青岛市	14.83	14.83	11.93	12.19	12.58
淄博市	11.89	11.87	12.62	12.72	12.87
枣庄市	10.89	10.69	7.55	7.73	8.00
东营市	10.92	10.89	11.43	11.83	12.43
烟台市	16.03	15.83	12.39	12.59	12.87
潍坊市	23.05	22.75	19.03	19.23	19.53
济宁市	24.99	24.89	25.23	25.32	25.45
泰安市	13.03	12.98	13.34	13.34	13.34
威海市	6.33	6.33	5.17	5.27	5.42
日照市	7.84	7.79	6.41	6.41	6.41

续表

行政区	2011 年	2012 年	2013 年	2014 年	2015 年
莱芜市	3.36	3.36	3.54	3.55	3.54
临沂市	27.45	27.05	20.76	20.76	20.76
德州市	21.33	21.13	19.44	19.84	20.44
聊城市	19.00	18.80	18.99	19.35	19.89
滨州市	15.53	15.50	14.25	14.55	15.00
菏泽市	23.69	23.39	24.38	24.53	24.75
全省	267.15	265.00	243.26	246.20	250.60

鲁政办发【2013】14 号中各地市 2015 年、2020 年和 2030 年用水总量控制指标的具体数值见表 2.14。

表 2.14　山东省各地市用水总量控制指标　　　　　　（单位：亿 m³）

行政区	2015 年	2020 年	2030 年
济南市	17.31	17.64	19.01
青岛市	12.58	14.73	19.67
淄博市	12.87	12.87	14.57
枣庄市	8.00	10.12	11.28
东营市	12.43	13.02	14.83
烟台市	12.87	16.33	17.73
潍坊市	19.53	24.01	25.79
济宁市	25.45	26.17	27.01
泰安市	13.34	13.59	14.80
威海市	5.42	6.52	7.87
日照市	6.41	7.27	7.39
莱芜市	3.54	3.56	3.56
临沂市	20.76	27.32	27.50
德州市	20.44	21.70	22.68
聊城市	19.89	20.74	23.17
滨州市	15.00	16.26	19.89
菏泽市	24.75	24.75	25.10
全省	250.60	276.59	301.84

由线性内插法可以得到山东省各地市 2015～2020 年的用水总量控制指标,具体数值见表 2.15。

由上述的山东省及各地市用水总量控制指标制定过程及相关数据,结合线性内插法可确定山东省及各设区市 2017 年地表水、地下水、引黄水和引江水水量指标,具体数值见表 2.16。

表 2.15　山东省各地市 2015～2020 年用水总量控制指标　　　（单位：亿 m³）

行政区	2015 年	2016 年	2017 年	2018 年	2019 年	2020 年
济南市	17.31	17.38	17.44	17.51	17.57	17.64
青岛市	12.58	13.01	13.44	13.87	14.30	14.73
淄博市	12.87	12.87	12.87	12.87	12.87	12.87
枣庄市	8.00	8.42	8.85	9.27	9.70	10.12
东营市	12.43	12.55	12.67	12.78	12.90	13.02
烟台市	12.87	13.56	14.25	14.95	15.64	16.33
潍坊市	19.53	20.43	21.32	22.22	23.11	24.01
济宁市	25.45	25.59	25.74	25.88	26.03	26.17
泰安市	13.34	13.39	13.44	13.49	13.54	13.59
威海市	5.42	5.64	5.86	6.08	6.30	6.52
日照市	6.41	6.58	6.75	6.93	7.10	7.27
莱芜市	3.54	3.54	3.55	3.55	3.56	3.56
临沂市	20.76	22.07	23.38	24.70	26.01	27.32
德州市	20.44	20.69	20.94	21.20	21.45	21.70
聊城市	19.89	20.06	20.23	20.40	20.57	20.74
滨州市	15.00	15.25	15.50	15.76	16.01	16.26
菏泽市	24.75	24.75	24.75	24.75	24.75	24.75
全省	250.60	255.80	261.00	266.19	271.39	276.59

表 2.16　山东省各地市 2017 年分水源水量控制指标　　　（单位：亿 m³）

行政区	地表水	地下水	引黄水	引江水	总计
济南市	3.40	7.36	5.68	1.00	17.44
青岛市	6.08	3.73	2.33	1.30	13.44
淄博市	2.00	6.37	4.00	0.50	12.87
枣庄市	3.45	4.50	0	0.90	8.85
东营市	2.49	0.90	7.28	2.00	12.67
烟台市	7.38	4.53	1.37	0.97	14.25
潍坊市	7.95	9.30	3.07	1.00	21.32
济宁市	10.85	10.44	4.00	0.45	25.74
泰安市	5.42	6.81	1.21	0	13.44
威海市	3.91	0.93	0.52	0.50	5.86
日照市	4.90	1.85	0	0	6.75
莱芜市	1.95	1.60	0	0	3.55
临沂市	18.07	5.31	0	0	23.38
德州市	1.58	7.59	9.77	2	20.94
聊城市	1.19	9.32	7.92	1.80	20.23
滨州市	3.37	2.05	8.57	1.51	15.50
菏泽市	1.94	12.75	9.31	0.75	24.75
全省	85.98	95.32	65.03	14.67	261.00

3) 山东省及代表市地表、地下水用水控制指标

山东省及代表市 2017 年地表水、地下水用水控制指标具体数值见表 2.17。

表 2.17 山东省及代表市 2017 年地表水、地下水用水控制指标 （单位：亿 m³）

行政区	地表水	地下水	总计
济南市	3.4	7.36	10.76
青岛市	6.08	3.73	9.81
潍坊市	7.95	9.3	19.94
滨州市	3.37	2.05	5.42
临沂市	18.07	5.31	23.38
日照市	4.9	1.85	6.75
全省	85.98	95.32	181.3

2. 山东省年降水量与地表、地下水资源量关系分析

山东省 2000～2016 年年降水量、地表水资源量、地下水资源量(指地下水与地表水不重复量，以下同)及水资源总量见表 2.18。

表 2.18 山东省 2000～2016 年年降水量与地表水资源量、地下水资源量、水资源总量

年份	年降水量 /mm	地表水资源量 /亿 m³	地下水资源量 /亿 m³	水资源总量 /亿 m³
2000	607.3	175.77	76.32	252.09
2001	600.7	168.59	70.22	238.81
2002	420.2	53.71	44.43	98.14
2003	936.3	349.29	140.40	489.69
2004	769.7	234.52	114.94	349.46
2005	810.7	295.85	120.01	415.86
2006	570.1	109.56	90.22	199.78
2007	773.0	280.19	106.93	387.11
2008	711.8	228.96	99.75	328.71
2009	689.3	173.80	111.16	284.95
2010	696.3	199.08	110.04	309.12
2011	747.9	237.49	110.12	347.61
2012	650.8	182.17	91.90	274.08
2013	681.7	191.07	100.64	291.70
2014	518.8	76.61	71.83	148.44
2015	575.7	84.30	84.15	168.44
2016	658.3	121.18	99.14	220.32

　　由表 2.18 中的数据，可点绘出山东省年降水量与地表水资源量和地下水资源量关系图，分别见图 2.12 和图 2.13。由图 2.12 和图 2.13 可推求出年降水量与地表水资源量、地下水资源量的回归方程，分别见式 (2.14) 和式 (2.15)：

$$y_1 = 0.6376x - 242.26 \tag{2.14}$$

$$y_2 = 0.1775x - 22.631 \tag{2.15}$$

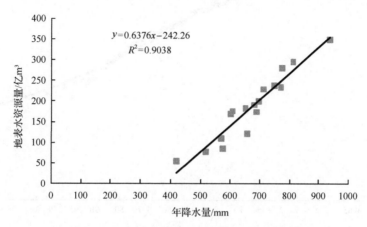

图 2.12　山东省年降水量与地表水资源量关系图

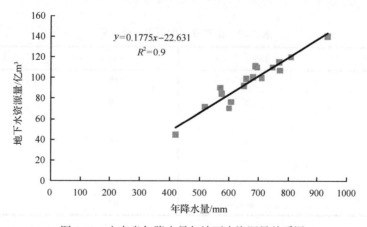

图 2.13　山东省年降水量与地下水资源量关系图

3. 山东省不同频率年降水量与地表、地下水资源量的确定

利用山东省 1956～2016 年降水量序列，确定降水量频率曲线，适线结果见图 2.14。

由图 2.14，可得到山东省不同频率的年降水量见表 2.19。

由式 (2.14)、式 (2.15) 及表 2.19，可求得山东省不同频率年降水量与地表、地下水资源量见表 2.20。

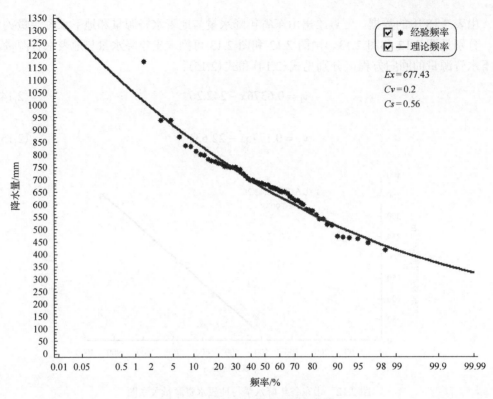

图 2.14 山东省年降水量频率曲线

表 2.19 山东省不同频率年降水量

频率/%	年降水量/mm	频率/%	年降水量/mm
5	919.7	60	631.9
10	857.2	70	598.3
20	786.2	75	580.5
25	760.7	80	561.3
30	738.3	85	539.8
40	699.5	90	513.9
50	664.9	95	478.1

表 2.20 山东省不同频率年降水量与地表、地下水资源量关系

频率/%	降水量/mm	地表水资源量/亿 m³	地下水资源量/亿 m³
5	919.7	344.13	140.61
25	760.7	242.74	112.39
50	664.9	181.65	95.38
75	580.5	127.87	80.41
95	478.1	62.59	62.24

4. 山东省年降水量与地表、地下水年度用水控制指标关系推求

山东省地表、地下水年度用水控制指标的推求过程如下：

1) 山东省年降水量与地表水年度用水控制指标关系

(1) 由表 2.16 可知，山东省 2017 年地表水的控制指标为 85.98 亿 m^3，本书认为该指标与平水年对应，即与年降水频率为 50% 时的地表水资源量对应。

(2) 当年降水频率小于等于 50% 时，地表水年度用水控制指标原则上由地表水可利用量确定，将年降水频率 5% 时对应的地表水资源量的 40%(考虑国际惯例)作为地表水年度用水控制指标的上限值。

(3) 当年降水频率为 5%～50%，地表水年度用水控制指标呈直线变化，起点为山东省 2017 年地表水的控制指标，终点为地表水年度用水控制指标的上限值。

(4) 当年降水频率大于 50% 时，地表水年度用水控制指标原则上由地表水可供水量确定。利用线性内插法分别确定山东省 2017 年年降水频率 75% 和 95% 时的可供水量，即年降水频率为 75% 和 95% 时对应的地表水年度用水控制指标。

(5) 当年降水频率在 50%～75% 和 75%～95% 时，地表水控制指标呈直线变化。起点为山东省 2017 年降水频率 95% 和 75% 时的可供水量，终点分别为 2017 年降水频率 75% 时可供水量和 2017 年地表水的控制指标。

由表 2.20 得，降水频率为 5% 时，地表水资源量为 344.13 亿 m^3，对应的可利用量为 137.65 亿 m^3；参照"山东省水资源综合利用规划(2014～2030 年)"，山东省及代表地市 2014 年和 2020 年地表水在降水频率 75% 和 95% 时的可供水量见表 2.21。通过线性内插法可计算山东省 2017 年地表水在降水频率为 75% 时的可供水量为 57.60 亿 m^3，见表 2.22；山东省 2017 年地表水在降水频率为 95% 时的可供水量为 48.95 亿 m^3，见表 2.23。

表 2.21　山东省及代表地市枯水年地表水可供水量

行政区	水平年	降水频率/亿 m^3	
		75%	95%
济南	2014 年	2.18	1.75
	2020 年	2.39	1.92
青岛	2014 年	4.15	3.64
	2020 年	4.17	3.62
潍坊	2014 年	5.32	4.62
	2020 年	5.60	4.86
滨州	2014 年	2.16	1.61
	2020 年	2.20	1.64
临沂	2014 年	11.35	9.85
	2020 年	13.22	11.86
日照	2014 年	2.87	2.49
	2020 年	3.13	2.71
山东省	2014 年	55.35	46.84
	2020 年	59.86	51.05

表 2.22　山东省及代表市年降水频率为 75%时地表水可供水量　　（单位：亿 m³）

行政区	2015 年	2016 年	2017 年	2018 年	2019 年
济南	2.21	2.25	2.28	2.32	2.36
青岛	4.16	4.16	4.16	4.16	4.17
潍坊	5.36	5.41	5.46	5.50	5.55
滨州	2.17	2.17	2.18	2.19	2.19
临沂	11.66	11.97	12.28	12.59	12.90
日照	2.91	2.96	3.00	3.04	3.08
山东省	56.10	56.85	57.60	58.35	59.10

表 2.23　山东省及代表市年降水频率为 95%时地表水可供水量　　（单位：亿 m³）

行政区	2015 年	2016 年	2017 年	2018 年	2019 年
济南	1.77	1.80	1.83	1.86	1.89
青岛	3.64	3.63	3.63	3.63	3.62
潍坊	4.66	4.70	4.74	4.78	4.82
滨州	1.62	1.62	1.63	1.63	1.64
临沂	10.19	10.52	10.86	11.19	11.53
日照	2.53	2.57	2.60	2.64	2.68
山东省	47.55	48.25	48.95	49.65	50.35

根据上述约束条件，可得到山东省年降水量与地表水年度用水控制指标关系图和表达式，见图 2.15 和式 (2.16)。

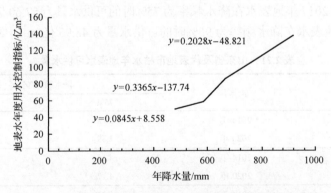

图 2.15　山东省年降水量与地表水年度用水控制指标关系图

$$\begin{cases} y_1 = 0.0845x + 8.558 & (478 < x \leqslant 580.5) \\ y_2 = 0.3365x - 137.74 & (580.5 < x \leqslant 664.9) \\ y_3 = 0.2028x - 48.821 & (664.9 < x \leqslant 919.7) \end{cases} \tag{2.16}$$

2) 山东省年降水量与地下水年度用水控制指标关系

(1) 由表 2.15 可知，山东省 2017 年地下水的控制指标为 95.32 亿 m³，本书认为该指标与平水年对应，即与年降水频率为 50%时的地下水资源量对应。

(2) 让年降水频率为 50%时地下水年度用水控制指标为 95.32 亿 m³，以该点为控制

条件，平移年降水量与地下水资源量关系线，得到年降水量与地下水年度用水控制指标
关系图。

根据上述条件，可得到山东省年降水量与地下水年度用水控制指标关系图和表达式，
见图 2.16 和式(2.17)。

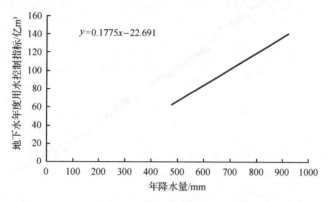

图 2.16　山东省年降水量与地下水年度用水控制指标关系图

$$y = 0.1775x - 22.691 \quad (478.1 < x \leqslant 919.7) \tag{2.17}$$

5. 济南市年降水量与地表、地下水年度用水控制指标关系

依据上述同样的办法可得出济南市年降水量与地表、地下水年度用水控制指标关系，
具体如下：

1)济南市年降水量与地表、地下水资源量关系分析

济南市年降水量与地表、地下水资源量关系图，分别见图 2.17 和图 2.18。由图 2.17
和图 2.18 可推求出年降水量与地表、地下水资源量的回归方程，分别见式(2.18)和式(2.19)。

$$y_1 = 0.0285x - 10.622 \tag{2.18}$$

$$y_2 = 0.0126x - 0.4813 \tag{2.19}$$

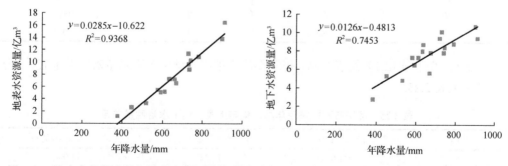

图 2.17　济南市年降水量与地表水资源量关系图　图 2.18　济南市年降水量与地下水资源量关系图

2)济南市不同频率年降水量对应地表、地下水资源量的确定

利用济南市 1956～2016 年降水量序列，确定降水量频率曲线，适线结果见图 2.19。

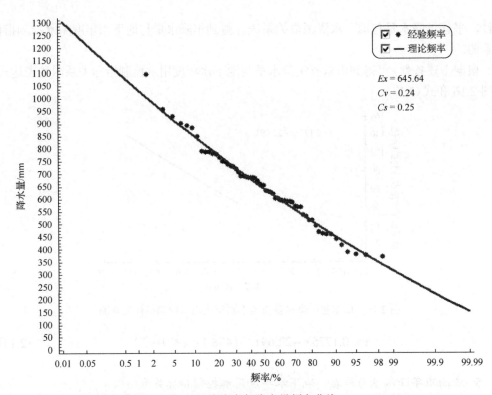

图 2.19　济南市年降水量频率曲线

由图 2.19 可得到济南市不同频率的年降水量见表 2.24。

表 2.24　济南市不同频率的年降水量

频率/%	年降水量/mm	频率/%	年降水量/mm
5	911.0	60	600.5
10	847.9	70	559.9
20	773.8	75	537.9
25	746.3	80	513.7
30	722.0	85	485.9
40	678.7	90	451.7
50	639.2	95	402.2

由式 (2.18) 和式 (2.19) 及表 2.24，可求得济南市不同频率年降水量对应的地表、地下水资源量见表 2.25。

表 2.25　济南市不同频率年降水量与地表、地下水资源量关系

频率/%	降水量/mm	地表水资源量/亿 m^3	地下水资源量/亿 m^3
5	911.0	15.34	11.00
25	746.3	10.65	8.92
50	639.2	7.59	7.57
75	537.9	4.71	6.30
95	402.2	1.92	4.59

3) 济南市年降水量与地表、地下水年度用水控制指标关系推求

济南市地表、地下水年度用水控制指标的推求过程如下：

A. 济南市年降水量与地表水年度用水控制指标关系

由表 2.16 可知，济南市 2017 年地表水的控制指标为 3.40 亿 m^3；由表 2.25 可知，降水频率为 5% 时，地表水资源量为 15.34 亿 m^3，对应的可利用量为 6.14 亿 m^3；由表 2.22 可知，济南市的地表水在年降水频率 75% 时对应的可供水量为 2.28 亿 m^3，由表 2.23 可知，济南市的地表水在年降水频率 95% 时对应的可供水量为 1.83 亿 m^3。从而，可得到济南市年降水量与地表水年度用水控制指标关系图和表达式，见图 2.20 和式（2.20）。

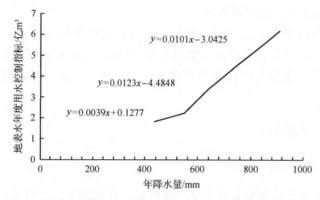

图 2.20　济南市年降水量与地表水年度用水控制指标关系图

$$\begin{cases} y_1 = 0.0039x + 0.1277 & (402.2 < x \leqslant 537.9) \\ y_2 = 0.0123x - 4.4848 & (537.9 < x \leqslant 639.2) \\ y_3 = 0.0101x - 3.0425 & (639.2 < x \leqslant 911.0) \end{cases} \qquad (2.20)$$

B. 济南市年降水量与地下水年度用水控制指标关系

由表 2.16 可知，济南市 2017 年地下水的控制指标为 7.36 亿 m^3，可得到济南市年降水量与地下水年度用水控制指标关系图和表达式，见图 2.21 和式（2.21）。

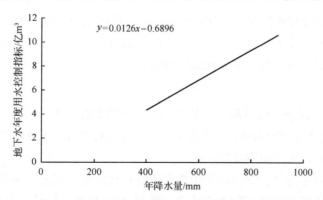

图 2.21　济南市年降水量与地下水年度用水控制指标关系图

$$y = 0.0126x - 0.6896 \qquad (402.2 < x \leqslant 911.0) \qquad (2.21)$$

2.5 年度用水控制指标的动态管理方法

2.5.1 年度用水控制指标动态管理的基本思路

由 2.4 节可知通过某地区当年的年降水量可确定当地当年的地表水与地下水年度控制指标。然而年度用水控制指标是在年降水量未知的情况下确定的，如山东省 2017 年的年度用水控制指标是在 2017 年之前确定的，而在确定控制指标时 2017 年的降水量是未知的。因此在制定年度用水控制指标时首先需要对该年的降水情况进行预测，进而确定当年的地表水与地下水年度控制指标。

确定地表水与地下水年度控制指标后，再对该指标进行调整。本书认为年度用水控制指标的确定不应仅考虑年降水量的影响，而且应反映年初(1 月 1 日)蓄水量的作用。其中地表水蓄水量用水库与湖泊的蓄水量来表示，地下水蓄水量则通过地下水埋深来反映。

2.5.2 年降水量的预测方法

1. 降水丰枯状态的划分方法

常用的水文序列丰枯划分方法有集对分析法、要素距平值法和均值标准差法等。各方法的划分标准及适用性简要说明如下：

1) 集对分析法

集对分析法是将多年逐月资料整理成矩阵，按照常规方法对月资料进行丰枯划分并与各类标准值比较，统计各年同一值、差异值及对立值，选取联系度最大的标准作为某一年的水平年状态。该方法除考虑均值外，还兼顾了水文数据在不同月份的分配特点，但对于资料要求较为严格，需要长期月资料作为支撑。

2) 要素距平值法

要素距平值法是根据距平百分比进行划分，其通用划分的标准为：$a\bar{x}$，其中 a 为距平百分比、$\bar{x}$ 为水文序列均值。该方法只考虑了均值影响，适用于离散程度较小的水文序列，对于离散程度较大的水文序列适应性较差。

3) 均值标准差法

均值标准差法兼顾了均值和方差的影响，常用的划分标准为：$\bar{x} \pm bs$，其中 $\bar{x}$ 为水文序列均值、s 为水文序列标准差、b 为系数。该方法同时适用于离散程度较小和离散程度较大的水文序列，应用范围比较广。

考虑各丰枯划分方法优缺点、适用性及现有资料的实际情况，本次对年降水序列的丰枯划分选取均值标准差法。降水丰枯状态按五分法(枯水、偏枯、平水、偏丰、丰水)来划分，划分标准见表 2.26。

表 2.26　均值标准差法划分标准

枯水	偏枯	平水	偏丰	丰水
$\leqslant \bar{x} - 0.75s$	$(\bar{x} - 0.75s, \quad \bar{x} - 0.25s]$	$(\bar{x} - 0.25s, \quad \bar{x} + 0.25s)$	$(\bar{x} + 0.25s, \quad \bar{x} + 0.75s]$	$> \bar{x} + 0.75s$

2. 马尔可夫过程的介绍

年降水量序列不是独立的序列，存在一定的相依性，也就是说下一年的降水年型与前一年甚至前若干年的降水年型存在一定关系。可通过多元线性回归、灰色系统、人工神经网络、马尔可夫法、模糊理论等方法来预测降水丰枯情况。根据现有数据情况，本书采用了马尔可夫法预测降水。

马尔可夫法是一种基于随机过程理论和概率论的方法，运用数学模型来分析客观对象的演化过程。"无后效性"是它最主要的特点，即通过现在的状态可对将来的情况进行确定。下面介绍马尔可夫过程、转移概率和马尔可夫链的基本概念。

若随机过程 $X(t)$ 满足：

$$F(x_{n+k} \quad t_{n+k} \,|\, x_n, x_{n-1}, \cdots, x_1 \quad t_n, t_{n-1}, \cdots, t_1) = F(X_{n+k} \quad t_{n+k} \,|\, X_n \quad t_n) \quad (k > 0) \tag{2.22}$$

则 $X(t)$ 被称为马尔可夫过程。式 (2.22) 右端的分布函数：

$$F(X_{n+k};\ t_{n+k} \,|\, X_n;\ t_n) = P\big[X(t_{n+k}) = X_{n+k} \,|\, X(t_n) = X_n\big] \tag{2.23}$$

称为马尔可夫过程从时刻 t_n 状态 X_n 转移到时刻 t_{n+k} 状态 X_{n+k} 的概率，简称转移概率。

时间和状态均离散的马尔可夫过程称为马尔可夫链。设马尔可夫链有 m 个状态 $a_1, a_2, \cdots, a_m$，即转移时刻为 $t_1, t_2, \cdots, t_n$，某一转移时刻的状态为 m 个状态之一。

$$p_{ij}(n,k) = P(X_{n+k} = a_j \,|\, x_n = a_i) \tag{2.24}$$

式中，$i, j = 1, 2, \cdots, m$；n，k 为正整数。

式 (2.24) 为经过 k 步，从状态 a_i 到 a_j 的概率。一般而言，$p_{ij}(n,k)$ 与 i，j，k 和 n 有关。当 $p_{ij}(n,k)$ 与 n（初始时刻）无关时，为其次马尔可夫链。取 $k=1$，则式 (2.24) 变为

$$p_{ij} = P(X_{n+k} = a_j \,|\, x_n = a_i) \tag{2.25}$$

式中，p_{ij} 称为一步转移概率。

一步转移概率矩阵为

$$p(1) = \begin{bmatrix} p_{11} & p_{12} & \cdots & p_{1m} \\ p_{21} & p_{22} & \cdots & p_{2m} \\ \vdots & \vdots & & \vdots \\ p_{m1} & p_{m2} & \cdots & p_{mm} \end{bmatrix} \tag{2.26}$$

式中，$0 \leqslant p_{ij} \leqslant 1$，$\sum\limits_{j=1}^{m} p_{ij} = 1$。

实际中通常用到多步转移矩阵，记 n 步转移矩阵为 $p^{(n)}$，则有：

$$p^{(n)} = p^{(n-1)} p = p^n \tag{2.27}$$

3. 加权马尔可夫模型预测年降水量的基本步骤

1) 区间的划分及丰枯状态确定

利用均值标准差法将降水序列分为五个(枯水、偏枯、平水、偏丰、丰水)标准，分别对应状态 1、2、3、4、5。

2) 转移矩阵的确定

确定各年份的降水量所对应的状态，通过式(2.26)和式(2.27)对所得的结果进行统计计算，得到不同步长下的转移概率矩阵。

3) 计算各阶自相关系数 r_k 及各步长的权重 w_k

自相关系数 r_k 采用式(2.28)计算：

$$r_k = \frac{\sum\limits_{t=1}^{n-k}(x_t - \overline{x})(x_{t+k} - \overline{x})}{\sum\limits_{t=1}^{n-k}(x_{t+k} - \overline{x})^2} \tag{2.28}$$

式中，x_t 为第 t 年的降水量；$\overline{x}$ 为降水量序列的均值；n 为降水量序列的长度；k 为步长，$k = 1, 2, \cdots, m$；m 为预测的最大阶数。

归一化处理各阶的自相关系数，将其作为各步长的权重 w_k。权重采用式(2.29)计算：

$$w_k = |r_k| \Big/ \sum\limits_{k=1}^{m} |r_k| \tag{2.29}$$

式中，r_k 为 k 阶自相关系数；其他符号含义同上。

4) 预测概率的计算

通过状态转移概率矩阵，以及前面若干时段的年降水量为初始状态，即可预测该时段的降水量状态概率 $p_i^{(k)}$，k 为步长($k = 1, 2, \cdots, m$)。对同一状态下的各项预测概率加权和，得到预测概率 p_i，见式(2.30)：

$$p_i = \sum\limits_{k=1}^{m} w_k p_i^{(k)} \tag{2.30}$$

式中，$p_i^{(k)}$ 为降水量状态概率；w_k 为 k 步长的权重；i 为状态空间，$i = 1, 2, 3, 4, 5$；其他符号含义同上。

5) 预测状态的确定

比较各 p_i 值获得 $\max\{p_i\}$，i 就是预测时段年降水量的状态。当预测状态为平水年时，取降水频率 50%时对应的降水量为预测值；当预测状态为偏枯、偏丰年时，取区间的中点值为预测值；当预测状态为枯水、丰水年时，取区间内年降水量的多年平均值作为预测值。

2.5.3　年度用水控制指标的动态管理

通过 2.5.2 节可以得到预测的降水状态，结合不同频率的降水与地表、地下水年度控制指标的关系即可得到该降水情况下地表、地下水的年度控制指标。下面将详细介绍对得到的地表水与地下水年度控制指标进行动态管理的方法。

1. 地表水控制指标的动态管理方法

分析地表水蓄水量长序列资料，确定年初地表水合理的蓄水量值(可采用地表水年初蓄水量的多年平均值)。当年初的地表水蓄水量小于合理的蓄水量时，应减少当年的地表水年度控制指标；当年初的地表水蓄水量大于合理的蓄水量时，可适当增加当年的地表水年度控制指标。减少(或者增大)的具体值应以年初地表水蓄水量对应的可利用量为基础综合确定。

2. 地下水控制指标的动态管理方法

分析平原区地下水埋深的长序列数据，确定年初地下水合理的埋深(可采用年初地下水多年平均埋深)。调控年年末的地下水埋深(调控年下一年的年初地下水埋深)应不小于合理埋深。首先预测调控年下一年的年初地下水埋深，预测的埋深大于合理埋深时，应适当减少当年地下水年度控制指标；预测的埋深小于合理的埋深时，可适当增加当年地下水年度控制指标。减少(或增加)的具体值应根据地下水埋深变化量对应的地下水可开采量综合确定。

下面介绍预测年初地下水埋深的方法。

1) 回归方程的建立

对研究区而言，地下水埋深的变化主要取决于降水入渗补给和地下水开采(包括自然排泄，下同)两个因素。降水入渗补给量取决于年降水量。一般而言，年降水量越大，补给量越大，地下水埋深则越小；相反，年降水量越小，补给量越小，地下水埋深则越大。地下水的开采量越大，地下水埋深则越大；相反，地下水的开采量越小，地下水埋深则越小。当年年末的地下水埋深同时也受到当年年初(即前一年年末)地下水埋深值的影响。在前一年开采量不变的情况下，前一年年降水量越大，地下水埋深则越小，前一年年降水量越小，地下水埋深则越大。由此可知地下水埋深变化量(即前一年年末地下水埋深与当年年末地下水埋深的差值)与前一年降水量、当年降水量和当年地下水开采量三个因素相关。因此本次研究选择这三个因素为自变量，建立埋深的变化量拟合方程，见式(2.31)：

$$\Delta H = \alpha P_1 + \beta P_2 + \gamma W \tag{2.31}$$

式中，ΔH 为埋深变化量，m；P_1 为前一年的降水量，mm；P_2 为当年的降水量，mm；W 为当年的地下水开采量，亿 m³；α、β、γ 为相关系数。

2) 有效降水的确定

降水入渗补给量不仅取决于年降水量的大小，还取决于降水强度、时空分布及土壤特性等因素。当该时期降水量较小时(低于下限阈值)，考虑到蒸发损失等因素，此时对地下水的补给可以忽略，认为是无效降水；当该时期降水量较大时(高于上限阈值)，受土壤下渗能力的限制，部分降水无法补给地下水，即高于该上限阈值也为无效降水。因此对地下水起补给作用的降水范围在上下限阈值之间，称为有效降水，计算公式见式(2.32)：

$$P' = \begin{cases} 0 & P - P_{\min} < 0 \\ P - P_{\min} & 0 \leqslant P \leqslant P_{\min} \\ P_{\max} - P_{\min} & P > P_{\max} \end{cases} \tag{2.32}$$

式中，P 为年降水量，mm；P' 为有效年降水量，mm；$P_{\min}$ 为有效年降水对应的下限阈值，mm；$P_{\max}$ 为有效年降水对应的上限阈值，mm。

考虑有效降水的影响，埋深的变化量拟合方程见式(2.33)：

$$\Delta H = \alpha P_1' + \beta P_2' + \gamma W \tag{2.33}$$

式中，P_1' 为前一年的有效降水量，mm；P_2' 为当年的有效降水量，mm；其他符号含义同上。

3) 回归方程的求解

利用 SPSS 19.0 软件，选取多组自变量和因变量，建立多元回归模型，通过计算参数 α、β、γ，得到埋深的变化量拟合方程。针对不同的回归模型，通过最小二乘法的因变量拟合残差平方和最小这一原则来选择最优多元回归拟合模型。根据得到的模型和预测的年降水量、前一年降水量、地下水开采量(采用近五年地下水平均开采量)数据即可预测地下水埋深的变化量，再根据年初地下水埋深来确定下一年的年初地下水埋深。

2.5.4　年度用水控制指标的动态管理应用实例

以济南市为例进行年度用水控制指标的动态管理分析。

1. 济南市 2017 年降水量预测及控制指标的确定

1) 区间的划分及丰枯状态确定

分析济南市 1956～2016 年年降水量序列，计算年降水量序列均值 $\bar{x} = 645.64$ mm，标准差 $s = 153.64$ mm。用均值标准差法进行区间划分，划分结果见表 2.27；降水丰枯情况状态划分结果见表 2.28。

表 2.27　济南市 1956～2016 年年降水量区间划分结果

状态	1	2	3	4	5
级别	枯水	偏枯	平水	偏丰	丰水
区间/mm	530.41	[530.41, 607.23]	[607.23, 684.05]	[684.05, 760.87]	>760.87

表 2.28　济南市 1956～2016 年降水丰枯状态划分结果

年份	1956	1957	1958	1959	1960	1961	1962	1963	1964
状态	4	2	3	2	1	5	5	5	5
年份	1965	1966	1967	1968	1969	1970	1971	1972	1973
状态	1	1	2	1	3	2	4	1	5
年份	1974	1975	1976	1977	1978	1979	1980	1981	1982
状态	4	2	3	3	4	2	3	1	2
年份	1983	1984	1985	1986	1987	1988	1989	1990	1991
状态	2	3	3	1	4	1	1	5	4
年份	1992	1993	1994	1995	1996	1997	1998	1999	2000
状态	1	5	5	3	3	2	5	1	3
年份	2001	2002	2003	2004	2005	2006	2007	2008	2009
状态	1	1	5	5	4	2	3	2	4
年份	2010	2011	2012	2013	2014	2015	2016		
状态	5	3	3	4	1	2	4		

2) 转移矩阵的确定

1 步转移矩阵为：

$$P_1 = \begin{bmatrix} 0.2143 & 0.2143 & 0.1429 & 0.0714 & 0.3571 \\ 0.1667 & 0.0833 & 0.4167 & 0.2500 & 0.0833 \\ 0.2500 & 0.2500 & 0.2500 & 0.1667 & 0.0833 \\ 0.4444 & 0.4444 & 0 & 0 & 0.1111 \\ 0.1538 & 0.0769 & 0.1538 & 0.2308 & 0.3846 \end{bmatrix}$$

3) 各阶自相关系数和各步长的权重的计算

济南市的年降水量序列通过式(2.28)计算各阶自相关系数 r_k，式(2.29)计算各步长权重 w_k。计算结果见表 2.29。

表 2.29　各阶自相关系数及各步长权重结果

状态	1	2	3	4	5
自相关系数	0.1164	−0.0344	0.0864	−0.2124	−0.0865
权重	0.2172	0.0642	0.1612	0.3962	0.1614

4) 预测概率的计算

以济南市 2012～2016 年的年降水量作为初始状态，来预测济南市 2017 年的降水丰枯状态。预测概率的计算结果见表 2.30。

表 2.30　济南市 2017 年降水状态预测结果

初始年	状态	步长	状态转移权重	状态转移概率				
				1	2	3	4	5
2016	4	1	0.2172	0.4444	0.4444	0	0	0.1111
2015	2	2	0.0642	0.2777	0.2643	0.1755	0.1214	0.1610
2014	1	3	0.1612	0.2393	0.2068	0.1866	0.1474	0.2199
2013	4	4	0.3962	0.2322	0.1984	0.2021	0.1502	0.2171
2012	3	5	0.1614	0.2334	0.2002	0.2004	0.1499	0.2161
		加权和		0.2826	0.2577	0.1538	0.1153	0.1908

5) 预测状态及控制指标的确定

由表 2.30 可知 $\max\{P_{i,i} \in E\} = 0.2826$，此时 $i = 1$，即预测济南市 2017 年为枯水年。枯水年对应降水量为 445.87mm(枯水年多年平均值)。根据济南市年降水量与地表、地下水年度用水控制指标关系(2.4.3 第 5 节)，对应地表水年度用水控制指标为 1.87 亿 m^3，地下水年度用水控制指标为 4.93 亿 m^3。

2. 济南市 2017 年地表水年度用水控制指标的动态管理

对济南市 2001～2017 年年初水库与湖泊的蓄水量序列(表 2.31)计算，均值为 0.90 亿 m^3；济南市 2017 年年初水库与湖泊的蓄水量为 1.42 亿 m^3，考虑蒸发与渗漏的影响(系数 $\mu = 0.8$)，地表水年度用水控制指标可增加 0.42 亿 m^3。因此，最终确定济南市 2017 年地表水年度用水控制指标为 2.29 亿 m^3。

表 2.31　济南市 2001～2017 年年初水库与湖泊蓄水量　　　(单位：亿 m^3)

年份	2001	2002	2003	2004	2005	2006
年初蓄水量	0.88	0.53	0.16	1.40	1.35	1.26
年份	2007	2008	2009	2010	2011	2012
年初蓄水量	0.97	0.92	0.65	0.27	1.04	0.91
年份	2013	2014	2015	2016	2017	均值
年初蓄水量	1.16	1.28	0.64	0.45	1.42	0.90

3. 济南市 2017 年地下水年度用水控制指标的动态管理

分析济南市平原区地下水埋深长序列资料,确定年初地下水合理的埋深值(可采用地下水年初埋深的多年平均值)。济南市 2000～2017 年年初地下水埋深序列见表 2.32,确定济南市年初地下水合理的埋深值为 5.36m。

表 2.32　济南市 2000～2017 年年初地下水埋深　　　　　（单位：m）

年份	2000	2001	2002	2003	2004	2005
年初地下水埋深	7.02	6.85	6.94	8.26	6.39	5.52
年份	2006	2007	2008	2009	2010	2011
年初地下水埋深	4.93	4.79	4.08	5.04	4.65	4.54
年份	2012	2013	2014	2015	2016	2017
年初地下水埋深	4.84	3.95	3.57	4.96	5.28	4.80

对济南市 2018 年年初地下水埋深进行确定。本次研究选择济南市前一年的年降水量、当年的年降水量及当年的地下水取水量为自变量，选择济南市相邻年份年初埋深的变化量为因变量。

济南市 2000～2015 年地下水取水量序列见表 2.33，济南市 1999～2016 年年降水量序列见表 2.34。

表 2.33　济南市 2000～2015 年地下水取水量　　　　　（单位：亿 m³）

年份	2000	2001	2002	2003	2004	2005
地下水取水量	11.05	10.63	9.14	8.64	9.70	7.74
年份	2006	2007	2008	2009	2010	2011
地下水取水量	7.55	7.68	7.15	6.56	7.44	6.73
年份	2012	2013	2014	2015		
地下水取水量	6.69	6.68	6.59	5.70		

表 2.34　济南市 1999～2016 年年降水量　　　　　（单位：mm）

年份	1999	2000	2001	2002	2003	2004
年降水量	466.1	652.7	512.2	375.5	888.0	898.6
年份	2005	2006	2007	2008	2009	2010
年降水量	728.6	567.7	656.5	600.4	717.5	783.0
年份	2011	2012	2013	2014	2015	2016
年降水量	626.0	623.1	704.1	439.3	588.4	726.9

利用 SPSS 19.0 软件，建立多元回归模型。考虑有效降水的影响，经过多次模拟分析后发现，对于济南市 $P_{min} = 400\,mm$，$P_{max} = 870\,mm$ 时，模型的精度最高，此时组合变量数据见表 2.35。

表 2.35　组合变量数据

组数	ΔH	P_1'	P_2'	W
1	0.17	66.1	252.7	11.05
2	−0.09	252.7	112.2	10.63
3	−1.32	112.2	0.0	9.14
4	1.87	0.0	470.0	8.64
5	0.87	470.0	470.0	9.70

续表

组数	ΔH	P_1'	P_2'	W
6	0.59	470.0	328.6	7.74
7	0.14	328.6	167.7	7.55
8	0.71	167.7	256.5	7.68
9	−0.96	256.5	200.4	7.15
10	0.39	200.4	317.5	6.56
11	0.11	317.5	383.0	7.44
12	−0.30	383.0	226.0	6.73
13	0.89	226.0	223.1	6.69
14	0.38	223.1	304.1	6.68
15	−1.39	304.1	39.3	6.59
16	−0.32	39.3	188.4	5.70

计算得到模型参数为

$$\alpha = -0.002; \quad \beta = 0.005; \quad \gamma = -0.087$$

因此该模型为 $\Delta H = -0.002P_1' + 0.005P_2' - 0.087W$

济南市 2016 年年降水量为 726.9mm，预测济南市 2017 年年降水量为 445.87mm，2017 年地下水取水量为 5.86 亿 m^3，可得到对应 ΔH 为−0.93m。济南市 2017 年年初地下水埋深为 4.80m，则预测济南市 2018 年年初地下水埋深为 5.73m。济南市年初地下水合理的埋深值为 5.36m，应减少当年地下水年度用水控制指标，由表 2.36 可得济南市地下水年度用水控制指标需减少 0.59 亿 m^3。因此，最终确定济南市 2017 年地下水年度用水控制指标为 4.34 亿 m^3。

表 2.36 济南市地下水年度用水控制指标调整表

年初地下水埋深均值/m	预测 2018 年年初地下水埋深/m	差值/m	平原区面积/km^2	平均给水度	地表水控制指标变化量/亿 m^3
5.36	5.73	−0.37	3715	0.043	−0.59

第3章 纳污总量控制指标确定方法及其应用

3.1 纳污总量控制指标确定方法

3.1.1 纳污总量控制指标确定的技术思路

实行最严格的水资源管理制度的核心就是围绕水资源的配置、节约和保护建立水资源管理的"三条红线",即用水总量红线、用水效率红线和排污总量红线。纳污总量控制指标的确定应以流域生态保护为前提,应有利于强化水资源管理的约束力,促进水资源优化配置,提高用水效率。纳污总量控制指标的合理确定是水资源可持续利用、水资源保护的根本保障。本书对纳污总量控制"红线"的科学确定方法进行研究。

本书认为,在社会经济目前的发展阶段(经济社会快速增长、污染负荷十分严重、污染物处理能力相对有限),纳污总量控制指标的确定应取决于两个方面:一是当地水环境容量;二是现状条件下当地污染物的排放总量。当地水环境容量反映当地自然因素,即主要反映当地水资源状况等客观条件,是我们要实现的污染物允许排放总量的目标值;当地污染物排放量反映当地人为因素,即主要反映社会经济发展水平等主观条件,是污染物排放总量的现状值。纳污总量控制指标的确定应主观与客观相协调,即要考虑未来的目标要求,但同时要尊重目前的现实情况。

3.1.2 规划年污染物排放量(处理前)预测

1. 单位 GDP 的污染物排放量预测

从理论上看,一个国家或地区环境影响随着经济发展或时间的演变依次遵循三个"倒 U 形"曲线规律(张桂芳,2013),即该演化过程需要先后经历环境影响强度的"倒 U 形"曲线、人均环境影响量的"倒 U 形"曲线和环境影响总量的"倒 U 形"曲线。

本次研究根据环境演变的三个"倒 U 形"曲线规律中的环境影响强度的"倒 U 形"曲线,来预测不同规划年的污染物排放量。

由于社会经济的发展及人们对水环境质量的要求,目前排放到河流中的污染物基本上都经过了工厂自身及污水处理厂的处理。若以目前排放到河流中的污染物量来预测未来的排放量,可能结果误差较大。其原因是受人为影响因素较大(污水处理厂处理能力等)。为了科学的预测未来不同规划年污染物的排放量,本书以处理前的污染物的排放量(包括工厂自身及污水处理厂)为基础,对未来处理前污染物的排放总量进行预测,并以此为主要依据确定纳污总量控制指标。因为,处理前的污染物的排放总量客观地反映了社会经济发展阶段与污染物排放量的客观规律,较少的受到人为因素的影响,基础数据具有真实性与可靠性。本次研究首先以山东省 COD 排放总量(处理前)为例,分析研究

COD 排放总量的变化规律。

山东省近年来的 COD 排放总量及 GDP 数据见表 3.1。由表 3.1 可求得不同年份的山东省环境影响强度，结果见表 3.1。

表 3.1   山东省环境影响强度变化

年份	COD 总排放量/t	GDP/亿元	单位 GDP 的 COD 排放量/(t/亿元)
2001	2740997.5	9610.3	285.2
2002	2624287.2	10857.3	241.7
2003	2722427.5	12921.0	210.7
2004	2723366.1	15896.9	171.3
2005	2838332.0	19115.9	148.5
2006	2728603.0	22637.2	120.5
2007	2874518.3	26946.1	106.7
2008	3178004.8	32157.0	98.8
2009	3254465.4	34561.9	94.2
2010	3453297.6	39169.9	88.2

根据表 3.1 山东省环境影响强度随时间的变化情况，选取合适的线型，预测山东省不同年份单位 GDP 的 COD 排放总量，本书选用降半哥西分布。降半哥西分布函数表达式见式(3.1)，分布图见图 3.1。

$$u(x) = \begin{cases} 1, & 当 x \leqslant a \\ \dfrac{1}{1+\alpha(x-a)^{\beta}}, & 当 x > a, 其中 \alpha > 0, \beta > 0 \end{cases} \tag{3.1}$$

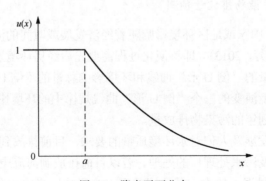

图 3.1   降半哥西分布

在式(3.1)和图 3.1 中，x、α 和 β 为待定参数。

本次采用 2004 年、2006 年及 2010 年单位 GDP 的 COD 排放量，以 $a = 2004$ 为起点，求得降半哥西分布函数，并对山东省不同规划年单位 GDP 的 COD 排放总量进行预测，预测结果见表 3.2 及图 3.2。

表 3.2　山东省不同规划年单位 GDP 的 COD 排放总量预测　　　（单位：t/亿元）

年份	单位 GDP 的 COD 排放量
2010	88.2
2020	57.6
2030	44.8

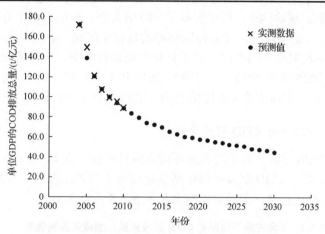

图 3.2　山东省单位 GDP 的 COD 排放总量预测图

2. 污染物排放总量预测

根据山东省发展规划，2010～2015 年山东省生产总值每年保持 9%的增长速度，预测 2015 年山东省 GDP 为 60267.8 亿元，2015～2030 年山东省生产总值增长速度分以下三种方案：方案一，2015～2020 年山东省 GDP 增长速度按 9%增长，2020～2030 年山东省 GDP 增长速度与国家 GDP 增长速度 7%相同；方案二，2015～2030 年山东省 GDP 增长速度与国家 GDP 增长速度 7%相同；方案三，2015～2030 山东省 GDP 增长速度按 9%增长。不同方案下不同年份山东省 GDP 预测值见表 3.3。

表 3.3　不同方案下规划水平年山东省 GDP 预测值　　　（单位：亿元）

年份	方案一	方案二	方案三
2010	39169.9	39169.9	39169.9
2020	92729.4	84528.6	92729.4
2030	182412.8	166280.6	219524.2

根据山东省不同规划年单位 GDP 的 COD 排放总量预测表（表 3.2），可计算出不同方案不同年份下山东省 COD 排放总量，结果见表 3.4。

表 3.4　不同方案下规划水平年山东省 COD 排放总量　　　（单位：t）

年份	方案一	方案二	方案三
2010	3453298	3453298	3453298
2020	5338746	4866600	5338746
2030	8175303	7452299	9838549

3.1.3　削减量预测

按照山东省水功能区纳污控制指标，到规划年山东省纳污指标需要达到山东省水环境容量。由于 COD 的总排放量较大，排放量要达到水环境容量的目标值，需要进行大量削减。因目前处理能力有限，短期内的排放量(处理后)达到水环境容量困难很大。因此，需要分析预测每年削减量(率)。每年削减量(率)的大小，取决于两个方面，一是目前的削减量(率)现状；二是实现纳污能力控制指标的目标年时间。本次研究中，以 2010 年为基准年，根据经济发展水平的不同，对于目标年的选择考虑了三种情况，即目标年分别选取了 2020 年、2025 年和 2030 年。基准年 2010 年 COD 削减率根据实际排放量与实际 COD 入河量的差值与实际排放量的比值求到，削减率为 82.031%。

1. 目标年为 2020 年时 COD 削减量计算

当目标年为 2020 年时，为了达到水环境容量目标值，方案一 COD 削减率每年增长速度为 1.759%，方案二 COD 削减率每年增长速度为 1.734%，方案三与方案一结果一致，不同方案下 COD 排放总量、削减量及剩余量见表 3.5 及图 3.3。

表 3.5　不同方案下山东省 COD 排放总量、削减量及剩余量　　　　　(单位：t)

年份	COD 排放总量(处理前)		COD 削减量		COD 剩余量	
	方案一	方案二	方案一	方案二	方案一	方案二
2010	3453298	3453298	2832766	2832766	620532	620532
2011	3522936	3522936	2940684	2939994	582252	582942
2012	3645212	3645212	3096221	3094768	548991	550444
2013	3787441	3787441	3273562	3271258	513879	516183
2014	3948982	3948982	3473165	3469907	475817	479076
2015	4129705	4129705	3695939	3691605	433765	438099
2016	4329851	4250404	3943159	3865362	386691	385042
2017	4549953	4384514	4216420	4056440	333533	328074
2018	4790784	4531880	4517614	4265458	273170	266422
2019	5053325	4692522	4848924	4493215	204401	199307
2020	5338746	4866600	5212823	4740675	125924	125925

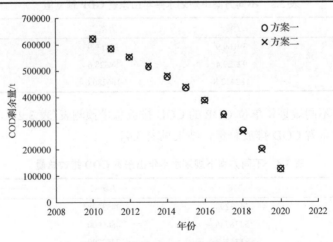

图 3.3　不同方案下 COD 剩余量图

2. 目标年为 2025 年时 COD 削减量计算

当目标年为 2025 年时，为了达到水环境容量目标值，方案一 COD 削减率每年增长速度为 1.1978%，方案二 COD 削减率每年增长速度为 1.1849%，方案三 COD 削减率每年增长速度为 1.2095%，不同方案下 COD 排放总量、削减量及剩余量见表 3.6 及图 3.4。

表 3.6　不同方案下山东省 COD 排放总量、削减量及剩余量　　　　　　（单位：t）

年份	COD 排放总量			COD 削减量			COD 剩余量		
	方案一	方案二	方案三	方案一	方案二	方案三	方案一	方案二	方案三
2010	3453298	3453298	3453298	2832766	2832766	2832766	620532	620532	620532
2011	3522936	3522936	3522936	2924514	2924142	2924853	598422	598794	598083
2012	3645212	3645212	3645212	3062265	3061485	3062974	582947	583727	582238
2013	3787441	3787441	3787441	3219858	3218629	3220978	567583	568812	566463
2014	3948982	3948982	3948982	3397403	3395673	3398978	551580	553310	550005
2015	4129705	4129705	4129705	3595438	3593150	3597521	534267	536555	532183
2016	4329851	4250404	4329851	3814843	3741986	3817496	515008	508418	512355
2017	4549953	4384514	4549953	4056782	3905792	4060073	493171	478722	489880
2018	4790784	4531880	4790784	4322672	4084903	4326680	468112	446978	464104
2019	5053325	4692522	5053325	4614173	4279818	4618987	439152	412705	434338
2020	5338746	4866600	5338746	4933179	4491178	4938898	405567	375422	399848
2021	5544759	5054394	5648399	5184910	4719753	5288560	359849	334640	359839
2022	5766235	5256283	5983810	5456597	4966434	5670366	309638	289849	313444
2023	6003694	5472741	6346681	5749353	5232226	6086972	254340	240515	259709
2024	6257745	5704325	6738895	6064420	5518251	6541308	193325	186074	197587
2025	6529085	5951668	7162521	6403165	5825747	7036604	125920	125922	125918

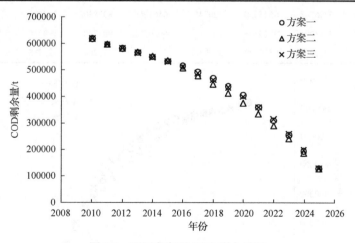

图 3.4　不同方案下 COD 剩余量图

3. 目标年为 2030 年时 COD 削减量计算

当目标年为 2030 年时，为了达到水环境容量目标值，方案一 COD 削减率每年增长速度为 0.9169%，方案二 COD 削减率每年增长速度为 0.9093%，方案三 COD 削减率每年增长速度为 0.9303%，不同方案下 COD 排放总量、削减量及剩余量见表 3.7 及图 3.5。

表 3.7 不同方案下山东省 COD 排放总量、削减量及剩余量 　　　　　（单位：t）

年份	COD 排放总量			COD 削减量			COD 剩余量		
	方案一	方案二	方案三	方案一	方案二	方案三	方案一	方案二	方案三
2010	3453298	3453298	3453298	2832766	2832766	2832766	620532	620532	620532
2011	3522936	3522936	3522936	2916398	2916177	2916784	606538	606759	606153
2012	3645212	3645212	3645212	3045292	3044829	3046096	599920	600383	599116
2013	3787441	3787441	3787441	3193126	3192399	3194391	594315	595043	593050
2014	3948982	3948982	3948982	3359846	3358826	3361622	589136	590157	587361
2015	4129705	4129705	4129705	3545825	3544478	3548167	583880	585226	581538
2016	4329851	4250404	4329851	3751762	3681244	3754736	578089	569160	575115
2017	4549953	4384514	4549953	3978627	3831924	3982308	571326	552590	567645
2018	4790784	4531880	4790784	4227630	3996731	4232100	563154	535149	558684
2019	5053325	4692522	5053325	4500199	4176033	4505551	553126	516489	547774
2020	5338746	4866600	5338746	4797973	4370331	4804314	540773	496269	534432
2021	5544759	5054394	5648399	5028810	4580246	5130255	515949	474148	518145
2022	5766235	5256283	5983810	5277630	4806506	5485456	488605	449777	498354
2023	6003694	5472741	6346681	5545353	5049946	5872230	458341	422795	474452
2024	6257745	5704325	6738895	5833008	5311500	6293127	424737	392825	445769
2025	6529085	5951668	7162521	6141735	5592200	6750953	387350	359468	411568
2026	6818495	6215484	7619823	6472788	5893184	7248789	345708	322300	371034
2027	7126837	6496557	8113269	6827532	6215690	7790008	299306	280867	323262
2028	7455055	6795748	8645550	7207452	6561066	8378302	247603	234682	267248
2029	7804174	7113991	9219586	7614158	6930771	9017709	190015	183220	201877
2030	8175303	7452299	9838549	8049388	7326382	9712640	125915	125917	125909

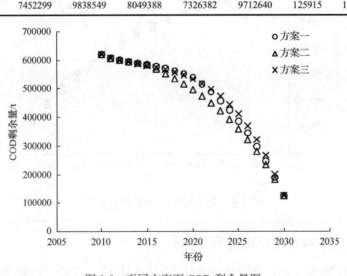

图 3.5 不同方案下 COD 剩余量图

3.1.4　纳污总量控制指标的确定

纳污总量控制指标的确定应取决于两个方面,一是现状条件下当地 COD 排放量;二是当地水环境容量,其计算公式见式(3.2):

$$W = (1-\beta)W_{剩余量} + \beta W_{水环境容量} \tag{3.2}$$

式中,β 为权重系数。β 的具体取值讨论如下:

(1)基准年 2010 年,纳污总量控制指标完全由当地 COD 排放总量及削减量决定,即尊重 2010 年的 COD 的实际排放量(处理后),根据实际排放量制定基准年的纳污控制指标,此时 $\beta=0$。

(2)目标年纳污总量控制指标完全由当地的水环境容量确定,即远期规划目标年 COD 排放总量经处理后,必须达到水环境容量指标,此时 $\beta=1$。

(3)在起始年与终止年之间,纳污总量控制指标遵循式(3.2)的变化,本次研究 β 采用直线变化规律,如图 3.6 所示。

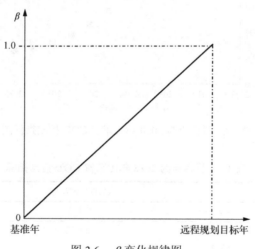

图 3.6　β 变化规律图

山东省 COD 控制指标的确定采用式(3.2)计算,不同目标规划年的 COD 控制指标见表 3.8～表 3.10 及图 3.7～图 3.9。

表 3.8　目标年为 2020 年山东省 COD 控制指标　　　　　　(单位:t)

年份	COD 控制指标	
	方案一	方案二
2010	620532	620532
2011	536621	537242
2012	464381	465543
2013	397497	399110
2014	335866	337821

续表

年份	COD 控制指标	
	方案一	方案二
2015	279853	282020
2016	230241	229581
2017	188218	186580
2018	155386	154036
2019	133786	133277
2020	125052	125656

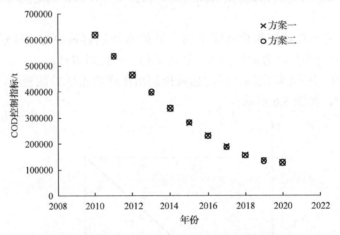

图 3.7 目标年为 2020 年山东省 COD 控制指标图

表 3.9 目标年为 2025 年山东省 COD 控制指标 （单位：t）

年份	COD 控制指标		
	方案一	方案二	方案三
2010	620532	620532	620532
2011	566923	567271	566607
2012	522013	522689	521398
2013	479254	480238	478359
2014	438076	439344	436921
2015	398158	399683	396769
2016	359381	355427	357789
2017	321797	314091	320041
2018	285620	275758	283750
2019	251225	240646	249299
2020	219149	209101	217243
2021	188316	181593	188313
2022	162680	158722	163441
2023	143060	141217	143776
2024	130432	129949	130716
2025	125705	125825	124353

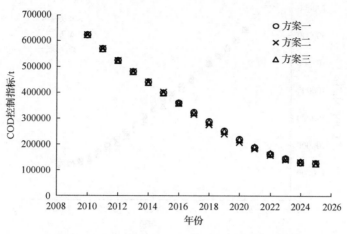

图 3.8　目标年为 2025 年山东省 COD 控制指标图

表 3.10　目标年为 2030 年山东省 COD 控制指标　　　　　　（单位：t）

年份	COD 控制指标		
	方案一	方案二	方案三
2010	620532	620532	620532
2011	582508	582718	582142
2012	552522	552939	551798
2013	524059	524677	522983
2014	496497	497313	495076
2015	469395	470405	467638
2016	442444	436194	440362
2017	415441	403262	413049
2018	388268	371465	385587
2019	360892	340742	357949
2020	333357	311105	330186
2021	301444	282634	302432
2022	271006	255475	274906
2023	242280	229839	247919
2024	215579	206006	221889
2025	191292	184322	197347
2026	169894	165212	174959
2027	151945	149179	155538
2028	138106	136814	140071
2029	129144	128804	129737
2030	125811	125873	125841

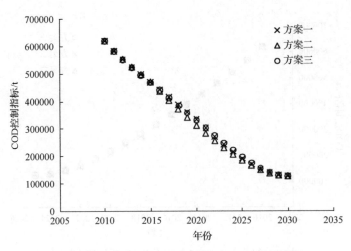

图 3.9　目标年为 2030 年山东省 COD 控制指标图

由图 3.3～图 3.5 可知当目标年为 2020 年时，COD 削减量每年削减比例相对稳定，不会有太大的变化。本书选取目标规划年为 2020 年的 COD 控制指标作为山东省不同年份的 COD 控制指标，结果见表 3.8。

3.2　胶南市纳污总量控制指标确定

3.2.1　胶南市规划年污染物排放量(处理前)预测

1. 胶南市单位 GDP 的 COD、NH₃-N 排放量预测

胶南市近年来的 COD、NH$_3$-N 排放总量及 GDP 数据见表 3.11。由 COD、NH$_3$-N 和 GDP 数据可求得不同年份的胶南市环境影响强度，即单位 GDP 的 COD 排放量和单位 GDP 的 NH$_3$-N 排放量，结果见表 3.11。

表 3.11　胶南市环境影响强度变化

年份	COD 总排放量/t	NH$_3$-N 总排放量/t	GDP /亿元	单位 GDP 的 COD 排放量 /(t/亿元)	单位 GDP 的 NH$_3$-N 排放量 /(t/亿元)
2001	8616.34	443.57	134.81	63.92	3.29
2002	8056.29	455.19	152.30	52.90	2.99
2003	8270.97	463.49	181.25	45.63	2.56
2004	8172.98	487.75	222.99	36.65	2.19
2005	8456.45	524.80	268.15	31.54	1.96
2006	7954.89	513.17	343.37	23.17	1.49
2007	8349.80	558.38	390.12	21.40	1.43
2008	8880.53	600.15	439.63	20.20	1.37
2009	9023.80	615.51	467.55	19.30	1.32
2010	10279.91	704.59	549.46	18.71	1.28

根据降半哥西分布特点,本次计算均用 2005 年、2007 年及 2010 年单位 GDP 的 COD、NH$_3$-N 排放量,以 $a = 2005$ 为起点,求得降半哥西分布函数,并对胶南市不同规划年单位 GDP 的 COD、NH$_3$-N 排放量进行预测,预测结果见表 3.12 及图 3.10、图 3.11。

表 3.12　胶南市不同规划年单位 GDP 的 COD、NH$_3$-N 排放量预测　　（单位：t/亿元）

年份	单位 GDP 的 COD 排放量	单位 GDP 的 NH$_3$-N 排放量
2010	18.7	1.282
2020	15.0	1.049
2030	13.3	0.939

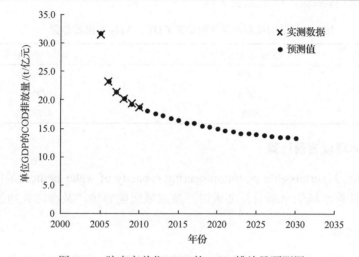

图 3.10　胶南市单位 GDP 的 COD 排放量预测图

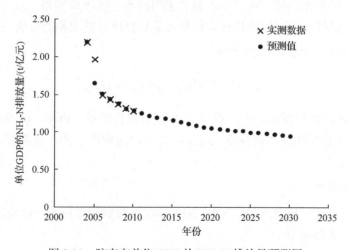

图 3.11　胶南市单位 GDP 的 NH$_3$-N 排放量预测图

2. 污染物排放总量预测

根据胶南市的发展规划,2015～2030 年胶南市国内生产总值采用年均 12%的增长速度，不同年份胶南市 GDP 预测值见表 3.13。

表 3.13　规划水平年胶南市 GDP 预测值　　　　　　　　　　（单位：亿元）

年份	GDP 预测值
2010	549.46
2020	1706.54
2030	5300.25

根据胶南市不同规划年单位 GDP 的 COD 排放量预测表（表 3.13），可计算出不同年份下胶南市 COD 排放量，结果见表 3.14。

表 3.14　不同规划水平年胶南市 COD、NH₃-N 排放总量　　　　（单位：t）

年份	COD 排放总量	NH$_3$-N 排放总量
2010	10279	704.58
2020	25598	1790.97
2030	70493	4979.51

3.2.2　胶南市水环境容量计算

水域纳污能力（permissible pollution bearing capacity of water bodies）是指在设计水文条件下，满足计算水域的水质目标要求时，该水域所能容纳的某种污染物的最大数量。

1. 模型的选择

环境容量的计算通常基于稳态河流水质模型。河流水质模型按维数划分为零维、一维和二维。基于胶南市具体情况，本次研究采用河流一维水质模型。水环境容量的计算采用功能区首段面排污、末段面达标，稀释容量与自净容量求和的方法进行计算。

1）河段稀释容量采用式（3.3）计算

$$E_{稀释} = 31.536 \times \left[C_s (Q_0 + q_w) - Q_0 C_0 \right] \tag{3.3}$$

式中，$E_{稀释}$ 为河段稀释容量，t/a；Q_0 为上游来水设计流量，m^3/s；q_w 为污水设计排放流量，m^3/s；C_s 为控制断面水质标准，mg/L；C_0 为河流中污水的本底浓度，mg/L；31.536 为单位换算系数。

2）河段自净容量

对可降解的有机污染物质（如 COD、NH$_3$-N），其降解速率符合一级反应动力学规律，其自净容量采用式（3.4）计算：

$$E_{自净} = 31.536 \times \left[C_s \exp(Kx / 86.4U) - C_s \right] (Q_0 + q_w) \tag{3.4}$$

式中，$E_{自净}$ 为河段自净容量，t/a；x 为排污口与控制断面间距离，km；K 为污染物综合衰减系数，1/d；其余符号含义同上。

3) 河段理想水环境容量

当同时考虑稀释作用与自净作用时，排污口与控制断面之间水域的理想水环境容量按式(3.5)计算：

$$E = E_{稀释} + E_{自净} = 31.536 \times \left[C_s \exp(Kx / 86.4U)(Q_0 + q_w) - Q_0 C_0 \right] \qquad (3.5)$$

式中，E 为排污口与控制断面之间水域理想水环境容量，t/a；U 为河流断面设计流速，m/s；其余符号含义同上。

鉴于胶南市其他水功能区均作为饮用水源地，不允许排污，故本次仅计算胶南市排污控制区的纳污能力，即风河胶南排污控制区，此排污控制区重点入河排污口仅有 1 处(胶南市污水处理厂风河排污口)，位于胶南市风河北岸滨海大道桥西 200m 处，见图 3.12。

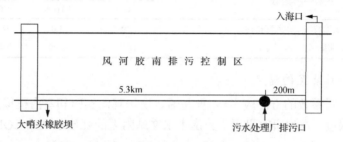

图 3.12 胶南市排污控制区概化图

2. 设计流量与设计流速的确定

在计算水环境容量时，一般采用连续 30 天、10 天或 7 天最小日平均流量作为设计条件。根据《水域纳污能力计算规程》(SL348—2006)，河流设计流量可采用 90%保证率最枯月平均流量或近 10 年最枯月(即 120 个月份中月均流量最小的那个月)平均流量，而河流的设计流速为对应设计流量条件下的流速。

考虑风河流域年径流量资料情况，本次研究采用面积比确定风河流域年径流量，并将风河多年平均年径流量的 10%作为设计流量，即

$$\overline{W}_{风河流域设计流量} = \overline{W}_{胶南} \frac{F_{风河流域}}{F_{胶南}} \times 10\% \qquad (3.6)$$

根据《胶南市水资源保护规划》，胶南市多年平均年径流量为 3.25 亿 m³，胶南市总面积 1846km²，风河流域面积 315.5km²，根据式(3.6)可知设计流量为 0.176m³/s。

一般河道断面流速与断面流量具有正相关关系，可表示为 $u = aQ^b$(杨杰军等，2009)。本次采用胶南市附近水文站——红旗水文站流量流速相关关系，即 $u = 0.3427Q^{0.3514}$(相关系数 $R = 0.97$)，流速 $u = 0.186$ m/s。

3. 模型参数的选择

1) 水质目标的选择

根据胶南市水功能区划，胶南市排污控制区上一断面，即铁山-大哨头橡胶坝断面水

质目标为Ⅲ类，排污控制区水质目标为Ⅴ类。根据《地表水环境质量标准》(GB3838—2002)中不同类别水质 COD 和 NH₃-N 浓度限值，见表 3.15，最终确定研究区内主要控制水功能区段的本底浓度(C_0)和水质目标(C_s)见表 3.16。

表 3.15　不同类别水质 COD 和 NH₃-N 浓度限值　　　　　　(单位：mg/L)

指标	I	II	III	IV	V
COD	15	15	20	30	40
NH₃-N	0.15	0.5	1.0	1.5	2.0

表 3.16　排污控制区本底浓度和水质目标浓度值　　　　　　(单位：mg/L)

排污控制区段	C_0		C_s	
	COD	NH₃-N	COD	NH₃-N
大哨头橡胶坝——入河排污口	20	1.0	18.88	0.99
入河排污口——入海口	18.88	0.99	40	2.0

2) 综合衰减系数 K 的确定

确定综合衰减系数的方法较多，主要是通过现场观测实验和室内模拟试验方法获取。由于实测资料限制，本次研究采用了胶南市水文站附近的红旗水文站 COD、氨氮综合衰减系数计算公式，即 $K_{COD} = 0.05 + 0.68u$，$K_{NH_3-N} = 0.061 + 0.551u$。据此可求得胶南市 COD 的综合衰减系数为 $0.177d^{-1}$，氨氮的综合衰减系数为 $0.164d^{-1}$。

4. 胶南市水环境容量计算结果

根据上述计算模型及各项参数值可以确定胶南市排污控制区的纳污能力。在计算中，由于缺乏 2010 年胶南市主要入河排污口污水年入河量资料，本次研究采用 2012 年胶南市主要入河排污口污水年入河量(0.1067 亿 m³)资料，且根据城区人口与胶南市人口数的比值确定 2010 年胶南市城区主要入河排污口污水年入河量，见式(3.7)：

$$W_{城市污水入河量} = \frac{P_1}{P} W_{胶南市污水入河量} \tag{3.7}$$

2010 年胶南市总人口为 839202 人，其中城区人口数为 390948 人，由此可得胶南市城区污水年入河量为 0.05 亿 m³。

本次研究根据 2010 年胶南市城区主要入河排污口污水年入河量计算结果，考虑未来的情况选用了三种情景，即污水年入河量分别为 0.05 亿 m³、0.06 亿 m³ 及 0.07 亿 m³，相应情景下的污水流量计算结果见表 3.17。

表 3.17　不同情景值下胶南风河排污控制区水环境容量

水环境容量/(t/a)	污水流量/(m³/s)		
	情景一	情景二	情景三
	0.158	0.63	0.95
COD	318.11	358.20	398.29
NH₃-N	15.88	17.89	19.89

3.2.3 胶南市污染物削减量预测

按照胶南市水功能区纳污控制指标，到规划目标年胶南市纳污指标达到胶南市水环境容量。根据 3.1.3 节所述，以 2010 年为基准年，对于目标年分别选取 2020 年、2025 年和 2030 年。基准年 2010 年，即削减率根据实际排放量与实际入河量的差值与实际排放量的比值求到，COD 削减率为 85%，NH$_3$-N 削减率为 80%。

1. 目标年为 2020 年时 COD、NH$_3$-N 削减量计算

当目标年为 2020 年时，为了达到三种情景下的水环境容量目标值，COD 和 NH$_3$-N 的削减率见表 3.18，不同情景水环境容量下 COD、NH$_3$-N 排放总量、削减量及剩余量见表 3.19 和表 3.20。

表 3.18　目标年为 2020 年胶南市 COD 和 NH$_3$-N 削减率

年份	COD 削减率/%			NH$_3$-N 削减率/%		
	情景一	情景二	情景三	情景一	情景二	情景三
2010	85.00	85.00	85.00	80.00	80.00	80.00
2011	86.29	86.27	86.26	81.74	81.73	81.72
2012	87.59	87.56	87.53	83.51	83.49	83.47
2013	88.91	88.87	88.83	85.32	85.29	85.26
2014	90.26	90.20	90.14	87.17	87.13	87.09
2015	91.62	91.54	91.48	89.06	89.01	88.96
2016	93.01	92.91	92.83	90.99	90.93	90.86
2017	94.41	94.30	94.21	92.97	92.89	92.81
2018	95.84	95.71	95.60	94.98	94.89	94.80
2019	97.29	97.14	97.02	97.04	96.94	96.84
2020	98.76	98.59	98.45	99.15	99.03	98.91

表 3.19　目标年为 2020 年不同情景下胶南市 COD 排放总量、削减量及剩余量　（单位：t）

年份	COD 排放总量(处理前)	情景一		情景二		情景三	
		COD 削减量	COD 剩余量	COD 削减量	COD 剩余量	COD 削减量	COD 剩余量
2010	10280	8738	1542	8738	1542	8738	1542
2011	11084	9564	1520	9562	1522	9561	1523
2012	12063	10566	1497	10563	1501	10560	1504
2013	13168	11708	1460	11702	1466	11697	1471
2014	14409	13005	1404	12996	1413	12989	1420
2015	15796	14473	1323	14461	1336	14450	1346
2016	17345	16133	1213	16116	1229	16102	1243
2017	19072	18007	1065	17985	1087	17967	1105
2018	20996	20123	873	20095	900	20072	924
2019	23137	22510	627	22475	661	22446	690
2020	25519	25203	316	25160	359	25124	395

表 3.20　目标年为 2020 年不同情景下胶南市 NH₃-N 排放总量、削减量及剩余量　（单位：t）

年份	NH₃-N 排放总量（处理前）	情景一		情景二		情景三	
		NH₃-N 削减量	NH₃-N 剩余量	NH₃-N 削减量	NH₃-N 剩余量	NH₃-N 削减量	NH₃-N 剩余量
2010	704.58	564	141	564	141	564	141
2011	761.62	623	139	622	139	622	139
2012	832.27	695	137	695	137	695	138
2013	911.53	778	134	777	134	777	134
2014	1000.18	872	128	871	129	871	129
2015	1099.16	979	120	978	121	978	121
2016	1209.50	1101	109	1100	110	1099	110
2017	1332.41	1239	94	1238	95	1237	96
2018	1469.25	1396	74	1394	75	1393	76
2019	1621.54	1574	48	1572	50	1570	51
2020	1790.97	1776	15	1774	17	1772	19

2. 目标年为 2025 年时 COD、NH₃-N 削减量计算

当目标年为 2025 年时，为了达到三种情景下的水环境容量目标值，COD 和 NH₃-N 的削减率见表 3.21，不同情景水环境容量下 COD、NH₃-N 排放总量、削减量及剩余量见表 3.22 和表 3.23。

表 3.21　目标年为 2025 年胶南市 COD、NH₃-N 削减率

年份	COD 削减率/%			NH₃-N 削减率/%		
	情景一	情景二	情景三	情景一	情景二	情景三
2010	85.00	85.00	85.00	80.00	80.00	80.00
2011	86.11	86.11	86.11	81.60	82.00	82.00
2012	87.22	87.22	87.22	83.64	83.62	84.05
2013	88.36	88.36	88.36	85.30	85.28	86.15
2014	89.51	89.51	89.51	86.98	86.97	88.31
2015	90.67	90.67	90.67	88.71	88.69	89.63
2016	91.85	91.85	91.85	90.46	90.45	90.79
2017	93.04	93.04	93.04	91.69	91.40	91.98
2018	94.25	94.25	94.25	92.64	92.37	93.17
2019	95.48	95.48	95.48	93.59	93.35	94.38
2020	96.72	96.72	96.72	94.56	94.34	95.19
2021	97.22	97.20	97.18	95.53	95.34	96.01
2022	97.72	97.69	97.65	96.51	96.35	96.84
2023	98.23	98.18	98.12	97.51	97.37	97.67
2024	98.74	98.67	98.59	98.51	98.41	98.51
2025	99.25	99.16	99.06	99.53	99.45	99.36

表 3.22　目标年为 2025 年时不同情景下胶南市 COD 排放总量、削减量及剩余量　（单位：t）

年份	COD 排放总量（处理前）	情景一		情景二		情景三	
		COD 削减量	COD 剩余量	COD 削减量	COD 剩余量	COD 削减量	COD 剩余量
2010	10280	8738	1542	8738	1542	8738	1542
2011	11084	9544	1540	9544	1540	9544	1540
2012	12063	10522	1541	10522	1541	10522	1541
2013	13168	11635	1533	11635	1533	11635	1533
2014	14409	12897	1512	12897	1512	12897	1512
2015	15796	14322	1474	14322	1474	14322	1474
2016	17345	15931	1414	15931	1414	15931	1414
2017	19072	17745	1327	17745	1327	17745	1327
2018	20996	19789	1207	19789	1207	19789	1207
2019	23137	22091	1046	22091	1046	22091	1046
2020	25519	24682	837	24682	837	24682	837
2021	28169	27386	783	27381	788	27376	793
2022	31116	30408	708	30397	719	30385	731
2023	34394	33785	609	33767	627	33747	647
2024	38039	37559	480	37532	507	37502	536
2025	42092	41776	315	41739	353	41697	394

表 3.23　目标年为 2025 年时不同情景下胶南市 NH$_3$-N 排放总量、削减量及剩余量　（单位：t）

年份	NH$_3$-N 排放总量（处理前）	情景一		情景二		情景三	
		NH$_3$-N 削减量	NH$_3$-N 剩余量	NH$_3$-N 削减量	NH$_3$-N 剩余量	NH$_3$-N 削减量	NH$_3$-N 剩余量
2010	704.58	564	141	564	141	564	141
2011	761.62	621	140	625	137	625	137
2012	832.27	696	136	696	136	700	133
2013	911.53	777	134	777	134	785	126
2014	1000.18	870	130	870	130	883	117
2015	1099.16	975	124	975	124	985	114
2016	1209.50	1094	115	1094	116	1098	111
2017	1332.41	1222	111	1218	115	1225	107
2018	1469.25	1361	108	1357	112	1369	100
2019	1621.54	1518	104	1514	108	1530	91
2020	1790.97	1693	97	1690	101	1705	86
2021	1979.45	1891	88	1887	92	1901	79
2022	2189.11	2113	76	2109	80	2120	69
2023	2422.32	2362	60	2359	64	2366	56
2024	2681.71	2642	40	2639	43	2642	40
2025	2970.26	2956	14	2954	16	2951	19

3. 目标年为 2030 年 COD、NH₃-N 削减量计算

当目标年为 2030 年时，为了达到三种情景下的水环境容量目标值，COD 和 NH₃-N 的削减率见表 3.24，不同情景水环境容量下 COD、NH₃-N 排放总量、削减量及剩余量见表 3.25 和表 3.26。

表 3.24　目标年为 2030 年胶南市 COD、NH₃-N 削减率

年份	COD 削减率/%			NH₃-N 削减率/%		
	情景一	情景二	情景三	情景一	情景二	情景三
2010	85.00	85.00	85.00	80.00	80.00	80.00
2011	86.28	86.19	86.19	81.58	81.84	81.76
2012	87.57	87.40	87.40	83.62	83.72	83.56
2013	88.71	88.62	88.62	85.71	85.65	85.40
2014	89.86	89.77	89.86	87.86	87.10	87.28
2015	90.98	90.76	90.76	89.17	88.58	88.58
2016	92.08	91.76	91.67	90.51	90.09	89.91
2017	93.00	92.77	92.58	91.42	91.62	91.26
2018	93.93	93.70	93.42	92.33	92.54	92.54
2019	94.58	94.17	94.26	93.26	93.46	93.28
2020	95.15	94.64	94.82	94.19	94.40	94.03
2021	95.72	95.11	95.39	95.13	95.00	94.78
2022	96.25	95.59	95.87	95.70	95.61	95.54
2023	96.73	96.07	96.35	96.27	96.22	96.30
2024	97.13	96.55	96.78	96.85	96.71	96.77
2025	97.53	97.04	97.22	97.32	97.19	97.24
2026	97.93	97.52	97.66	97.79	97.68	97.71
2027	98.33	98.01	98.10	98.27	98.17	98.18
2028	98.73	98.51	98.54	98.74	98.67	98.66
2029	99.14	99.00	98.99	99.22	99.16	99.14
2030	99.55	99.50	99.44	99.70	99.66	99.62

表 3.25　目标年为 2030 年不同情景下胶南市 COD 排放总量、削减量及剩余量 （单位：t）

年份	COD 排放总量(处理前)	情景一		情景二		情景三	
		COD 削减量	COD 剩余量	COD 削减量	COD 剩余量	COD 削减量	COD 剩余量
2010	10280	8738	1542	8738	1542	8738	1542
2011	11084	9563	1521	9553	1531	9553	1531
2012	12063	10564	1500	10543	1520	10543	1520
2013	13168	11681	1487	11670	1499	11670	1499
2014	14409	12948	1461	12935	1474	12948	1461
2015	15796	14372	1424	14337	1460	14337	1460
2016	17345	15971	1374	15916	1430	15900	1445

年份	COD 排放总量（处理前）	情景一		情景二		情景三	
		COD 削减量	COD 剩余量	COD 削减量	COD 剩余量	COD 削减量	COD 剩余量
2017	19072	17736	1336	17693	1379	17658	1414
2018	20996	19721	1275	19672	1324	19614	1382
2019	23137	21884	1253	21787	1350	21808	1329
2020	25519	24282	1237	24151	1368	24198	1321
2021	28169	26964	1205	26793	1377	26871	1298
2022	31116	29949	1167	29744	1372	29831	1285
2023	34394	33269	1125	33042	1351	33138	1256
2024	38039	36946	1093	36727	1311	36815	1223
2025	42092	41051	1041	40845	1247	40922	1170
2026	46599	45634	966	45446	1153	45509	1091
2027	51612	50750	862	50587	1025	50632	980
2028	57187	56464	724	56333	854	56354	833
2029	63389	62844	545	62755	633	62748	641
2030	70287	69969	318	69934	353	69890	397

表 3.26　目标年为 2030 年不同情景下胶南市 NH₃-N 排放总量、削减量及剩余量　（单位：t）

年份	NH₃-N 排放总量（处理前）	情景一		情景二		情景三	
		NH₃-N 削减量	NH₃-N 剩余量	NH₃-N 削减量	NH₃-N 剩余量	NH₃-N 削减量	NH₃-N 剩余量
2010	704.58	564	141	564	141	564	141
2011	761.62	621	140	623	138	623	139
2012	832.27	696	136	697	135	695	137
2013	911.53	781	130	781	131	778	133
2014	1000.18	879	121	871	129	873	127
2015	1099.16	980	119	974	125	974	125
2016	1209.50	1095	115	1090	120	1088	122
2017	1332.41	1218	114	1221	112	1216	116
2018	1469.25	1357	113	1360	110	1360	110
2019	1621.54	1512	109	1516	106	1513	109
2020	1790.97	1687	104	1691	100	1684	107
2021	1979.45	1883	96	1881	99	1876	103
2022	2189.11	2095	94	2093	96	2091	98
2023	2422.32	2332	90	2331	92	2333	90
2024	2681.71	2597	84	2593	88	2595	87
2025	2970.26	2891	80	2887	83	2888	82
2026	3291.23	3219	73	3215	76	3216	75
2027	3648.31	3585	63	3582	67	3582	66
2028	4045.59	3995	51	3992	54	3991	54
2029	4487.63	4453	35	4450	38	4449	39
2030	4979.51	4965	15	4963	17	4961	19

3.2.4　胶南市纳污总量控制指标的确定

胶南市 COD、NH₃-N 控制指标的确定采用式(3.2)计算，不同目标规划年的 COD、NH₃-N 控制指标见表 3.27~表 3.32 及图 3.13~图 3.18。

表 3.27　目标年为 2020 年胶南市 COD 控制指标　　　　　（单位：t）

年份	控制指标		
	情景一	情景二	情景三
2010	1542	1542	1542
2011	1400	1405	1411
2012	1261	1272	1283
2013	1117	1134	1149
2014	969	991	1011
2015	821	847	872
2016	676	707	736
2017	542	577	610
2018	429	467	503
2019	349	389	428
2020	318	358	398

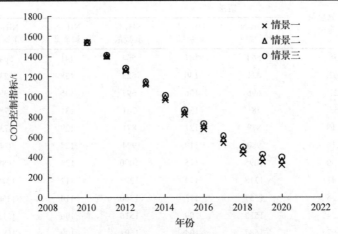

图 3.13　目标年为 2020 年胶南市 COD 控制指标

表 3.28　目标年为 2025 年胶南市 COD 控制指标　　　　　（单位：t）

年份	控制指标		
	情景一	情景二	情景三
2010	1542	1542	1542
2011	1459	1461	1464
2012	1378	1383	1389
2013	1290	1298	1306

续表

年份	控制指标		
	情景一	情景二	情景三
2014	1194	1204	1215
2015	1089	1102	1115
2016	976	992	1008
2017	856	875	893
2018	733	754	776
2019	609	633	657
2020	491	518	545
2021	442	473	504
2022	396	430	465
2023	357	394	431
2024	329	368	407
2025	318	358	398

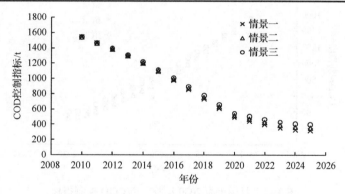

图 3.14　目标年为 2025 年胶南市 COD 控制指标

表 3.29　目标年为 2030 年胶南市 COD 控制指标　　　　　（单位：t）

年份	控制指标		
	情景一	情景二	情景三
2010	1542	1542	1542
2011	1461	1472	1474
2012	1381	1404	1408
2013	1312	1327	1333
2014	1232	1251	1248
2015	1148	1184	1194
2016	1058	1108	1131
2017	980	1022	1059
2018	892	938	989
2019	832	904	910

年份	控制指标		
	情景一	情景二	情景三
2020	778	863	860
2021	717	816	803
2022	658	764	753
2023	600	706	698
2024	550	644	646
2025	499	580	591
2026	448	517	537
2027	400	458	486
2028	359	408	442
2029	329	372	410
2030	318	358	398

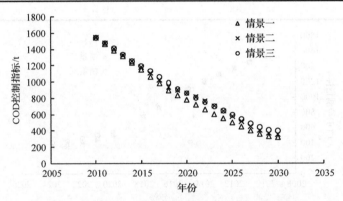

图 3.15　目标年为 2030 年胶南市 COD 控制指标

表 3.30　目标年为 2020 年胶南市 NH₃-N 控制指标　　　　（单位：t）

年份	控制指标		
	情景一	情景二	情景三
2010	140.92	140.92	140.92
2011	126.79	127.05	127.32
2012	112.98	113.51	114.04
2013	98.44	99.23	100.02
2014	83.35	84.40	85.44
2015	68.06	69.35	70.64
2016	53.11	54.62	56.13
2017	39.23	40.95	42.65
2018	27.45	29.32	31.18
2019	19.09	21.06	23.03
2020	15.88	17.89	19.89

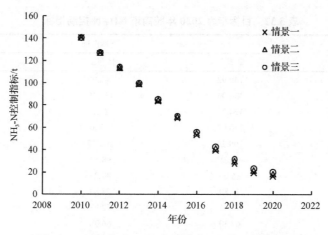

图 3.16　目标年为 2020 年胶南市 NH₃-N 控制指标

表 3.31　目标年为 2025 年胶南市 NH₃-N 控制指标　　　　　（单位：t）

年份	控制指标		
	情景一	情景二	情景三
2010	140.92	140.92	140.92
2011	131.85	129.14	129.28
2012	120.12	120.51	117.70
2013	110.40	110.92	104.97
2014	99.70	100.36	91.08
2015	88.04	88.84	82.62
2016	75.56	76.49	74.76
2017	66.44	69.43	66.31
2018	58.94	61.83	57.43
2019	51.09	53.85	48.37
2020	43.08	45.70	41.95
2021	35.24	37.71	35.63
2022	27.96	30.28	29.76
2023	21.81	23.99	24.76
2024	17.48	19.55	21.23
2025	15.88	17.89	19.89

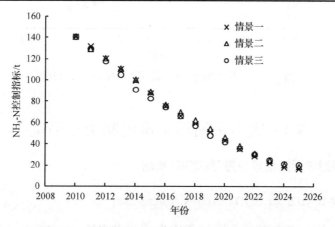

图 3.17　目标年为 2025 年胶南市 NH₃-N 控制指标

表 3.32　目标年为 2030 年胶南市 NH₃-N 控制指标　　　　　（单位：t）

年份	控制指标		
	情景一	情景二	情景三
2010	140.92	140.92	140.92
2011	134.04	132.29	132.97
2012	124.25	123.72	125.14
2013	113.07	113.88	116.13
2014	100.34	106.77	105.79
2015	93.21	98.58	99.07
2016	85.09	89.26	91.36
2017	79.89	78.82	82.64
2018	73.95	72.93	73.72
2019	67.30	66.34	68.88
2020	59.99	59.11	63.44
2021	52.12	54.35	57.45
2022	47.18	49.17	51.01
2023	41.91	43.65	44.29
2024	36.44	39.02	39.92
2025	31.80	34.26	35.43
2026	27.23	29.57	30.99
2027	22.97	25.20	26.85
2028	19.37	21.49	23.32
2029	16.83	18.87	20.83
2030	15.88	17.89	19.89

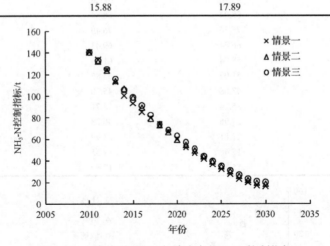

图 3.18　目标年为 2030 年胶南市 NH₃-N 控制指标

3.3　乳山市纳污总量控制指标确定

3.3.1　乳山市规划年污染物排放量(处理前)预测

1. 乳山市单位 GDP 的 COD、NH₃-N 排放量预测

乳山市近年来的 COD 排放总量及 GDP 数据见表 3.33。由 COD、NH₃-N 和 GDP 数

据可求得不同年份的乳山市环境影响强度，即单位 GDP 的 COD 排放量，结果见表 3.33。

表 3.33　乳山市环境影响强度变化

年份	COD 总排放量/t	NH$_3$-N 总排放量/t	GDP /亿元	单位 GDP 的 COD 排放量 /(t/亿元)	单位 GDP 的 NH$_3$-N 排放量 /(t/亿元)
2001	2721	147.86	95	63.92	1.556
2002	2605	151.73	106.82	52.9	1.420
2003	2702	154.50	126.72	45.63	1.219
2004	2703	162.58	150.03	36.65	1.084
2005	2818	174.93	185.3	31.54	0.944
2006	2709	180.20	217.27	23.17	0.829
2007	2853	190.13	247.23	21.4	0.769
2008	3159	205.63	288.44	20.2	0.713
2009	3015	195.46	278.78	19.3	0.701
2010	3325	215.31	313.1	18.71	0.688

根据降半哥西分布特点，本次计算乳山市单位 GDP 的 COD、NH$_3$-N 排放量时，均采用 2004 年、2006 年及 2009 年资料，以 a=2004 为起点，求得降半哥西分布函数，并对乳山市不同规划年单位 GDP 的 COD、NH$_3$-N 排放量进行预测，预测结果见表 3.34 及图 3.19 和图 3.20。

表 3.34　乳山市不同规划年单位 GDP 的 COD、NH$_3$-N 排放量预测

年份	单位 GDP 的 COD 排放量/(t/亿元)	单位 GDP 的 NH$_3$-N 排放量/(t/亿元)
2010	10.62	0.688
2020	8.58	0.468
2030	7.65	0.391

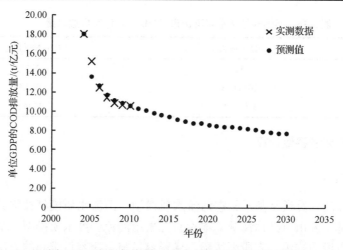

图 3.19　乳山市单位 GDP 的 COD 排放量预测图

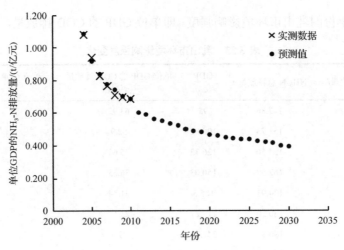

图 3.20　乳山市单位 GDP 的 NH₃-N 排放量预测图

2. 污染物排放总量预测

根据乳山市的发展规划，2015～2030 年乳山市国内生产总值采用年均 14.2%的增长速度，不同年份乳山市 GDP 预测值见表 3.35。

表 3.35　规划水平年乳山市 GDP 预测值　　　　　（单位：亿元）

年份	GDP 预测值
2010	608.15
2020	1181.26
2030	4456.62

根据乳山市不同规划年单位 GDP 的 COD 排放量预测表（表 3.34），可计算出不同年份下乳山市 COD、NH₃-N 的排放总量，结果见表 3.36。

表 3.36　不同规划水平年乳山市 COD、NH₃-N 排放总量　　　　　（单位：t）

年份	COD 排放总量	NH₃-N 排放总量
2010	3325	215.31
2020	10134.75	552.59
2030	34083.39	1744.54

3.3.2　乳山市水环境容量计算

1. 模型的选择

水环境容量的计算通常基于稳态河流水质模型。河流水质模型按维数划分为零维、一维和二维。基于乳山市具体情况，本次研究采用河流一维水质模型。水环境容量的计算采用功能区首段面排污，末段面达标，稀释容量与自净容量求和的方法进行计算，见式 (3.3)～式 (3.5)。

鉴于乳山市其他水功能区均作为饮用水源地，不允许排污，故本次仅计算乳山市台依水库坝下至入海口排污控制区的纳污能力，此排污控制区重点入河排污口仅有 1 处，位于乳山市崔家河橡胶坝上游 218m 处，见图 3.21。

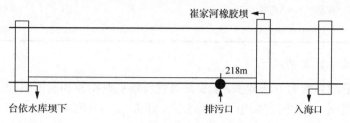

图 3.21　乳山市排污控制区概化图

2. 设计流量与设计流速的确定

鉴于崔家河流域年径流量资料情况，本次研究采用面积比确定崔家河流域年径流量，并将崔家河多年平均年径流量的 10%作为设计流量，即

$$\overline{W}_{崔家河流域设计流量}=\overline{W}_{乳山市}\frac{F_{崔家河流域}}{F_{乳山市}}\times10\% \tag{3.8}$$

根据《威海市区域用水总量监测报告》（2012 年），乳山市多年平均年径流量为 4.304 亿 m³，乳山市总面积 1665km²，崔河流域面积 117km²，根据式(3.8)可知设计流量为 0.176m³/s。

根据崔家河橡胶坝横断面示意图（图 3.22），求得崔家河橡胶坝横断面流速为 0.000332m/s。

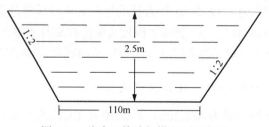

图 3.22　崔家河橡胶坝横断面示意图

3. 模型参数的选择

1) 水质目标的选择

根据乳山市水功能区划，乳山市排污控制区上一断面，即崔家河源头——台依水库坝下，该断面水质目标为Ⅲ类，排污控制区水质目标为Ⅴ类。根据《地表水环境质量标准》(GB3838—2002)中不同类别水质 COD 和 NH₃-N 浓度限值见表 3.36，最终确定主要控制水功能区段的本底浓度(C_0)和水质目标(C_s)见表 3.37。

表 3.37　排污控制区的本底浓度值（C_0）和水质目标浓度值（C_s）　　（单位：mg/L）

排污控制区段	C_0		C_s	
	COD	NH$_3$-N	COD	NH$_3$-N
台依水库坝下——入河排污口	20	1	0.018	0.00020
入河排污口——入海口	0.018	0.00020	40	2

2）综合衰减系数 K 的确定

确定综合衰减系数的方法较多，主要是通过现场观测实验和室内模拟试验方法获取。由于实测资料限制，本次研究采用了经验公式，即 $K_{COD}=0.05+0.68u$，$K_{NH_3-N}=0.061+0.551u$。据此可求得乳山市 COD 的综合衰减系数为 $0.050226d^{-1}$，氨氮的综合衰减系数为 $0.061183d^{-1}$。

4. 乳山市水环境容量计算结果

本次研究根据 2010 年乳山市城区主要入河排污口污水年入河量计算结果，污水年入河量为 0.049 亿 m^3，其水环境容量见表 3.38。

表 3.38　崔家排污控制区水环境容量

	水环境容量/(t/a)
COD	462.2
NH$_3$-N	19.20

3.3.3　乳山市污染物削减量预测

按照乳山市水功能区纳污控制指标，到规划目标年乳山市纳污指标达到乳山市水环境容量。根据 3.1.3 节所述，以 2010 年为基准年，对于目标年分别选取 2020 年，2025 年和 2030 年。基准年 2010 年，即削减率根据实际排放量与实际入河量的差值与实际排放量的比值求到，COD 削减率为 87.239%，NH$_3$-N 削减率为 88.807%。

1. 目标年为 2020 年时 COD、NH$_3$-N 削减量计算

乳山市 COD 水环境容量为 462.2t/a，而 2010 年 COD 的实际入河量为 424.3t，故达到目标年 2020 年 COD 无须削减，目标年 2020 年 COD 的指标只需不超过 462.2t 即可。

当目标年为 2020 年时，为了达到水环境容量目标值，NH$_3$-N 的削减率见表 3.39，相应水环境容量下 NH$_3$-N 排放总量、削减量及剩余量见表 3.40。

2. 目标年为 2025 年时 COD、NH$_3$-N 削减量计算

乳山市 2025 年 COD 水环境容量为 462.2t/a，而 2010 年 COD 的实际入河量为 424.3t，故达到目标年 2025 年 COD 无须削减，目标年 2025 年 COD 的指标只需不超过 462.2t 即可。

当目标年为 2025 年时，为了达到相应水环境容量的目标值，NH$_3$-N 的削减率见表 3.41，NH$_3$-N 排放总量、削减量及剩余量见表 3.42。

表 3.39　目标年为 2020 年乳山市 NH₃-N 削减率

年份	NH₃-N 削减率/%
2010	0.88807
2011	0.88896
2012	0.89962
2013	0.91042
2014	0.92134
2015	0.92964
2016	0.93754
2017	0.94504
2018	0.95260
2019	0.96022
2020	0.96525

表 3.40　目标年为 2020 年乳山市 NH₃-N 排放总量、削减量及剩余量　　（单位：t）

年份	NH₃-N 排放总量(处理前)	NH₃-N 削减量	NH₃-N 剩余量
2010	215.31	191	24.10
2011	214.29	190	23.80
2012	236.24	213	23.71
2013	261.12	238	23.39
2014	289.28	267	22.75
2015	321.08	298	22.59
2016	356.98	335	22.30
2017	397.47	376	21.85
2018	443.12	422	21.00
2019	494.58	475	19.67
2020	552.59	533	19.20

表 3.41　目标年为 2025 年乳山市 NH₃-N 削减率

年份	NH₃-N 削减率/%
2010	0.88807
2011	0.88808
2012	0.89962
2013	0.90952
2014	0.91843
2015	0.92743
2016	0.93485
2017	0.94186
2018	0.94846
2019	0.95396
2020	0.95882
2021	0.96362
2022	0.96795
2023	0.97231
2024	0.97668
2025	0.98029

表 3.42　目标年为 2025 年乳山市 NH_3-N 排放总量、削减量及剩余量　（单位：t）

年份	NH_3-N 排放总量（处理前）	NH_3-N 削减量	NH_3-N 剩余量
2010	215.31	191.21	24.10
2011	214.29	190.31	23.98
2012	236.24	212.52	23.71
2013	261.12	237.50	23.63
2014	289.28	265.68	23.60
2015	321.08	297.78	23.30
2016	356.98	333.72	23.26
2017	397.47	374.36	23.11
2018	443.12	420.28	22.84
2019	494.58	471.81	22.77
2020	552.59	529.83	22.75
2021	617.98	595.50	22.48
2022	691.70	669.53	22.17
2023	774.81	753.36	21.46
2024	868.54	848.29	20.25
2025	974.24	955.04	19.20

3. 目标年为 2030 年 COD、NH_3-N 削减量计算

乳山市 2030 年 COD 水环境容量为 462.2t/a，而 2010 年 COD 的实际入河量为 424.3t，故达到目标年 2030 年 COD 无须削减，目标年 2030 年 COD 的指标只需不超过 462.2t 即可。

当目标年为 2030 年时，为了达到相应水环境容量目标值，NH_3-N 的削减率见表 3.43，NH_3-N 排放总量、削减量及剩余量见表 3.44。

表 3.43　目标年为 2030 年乳山市 NH_3-N 削减率

年份	NH_3-N 削减率/%
2010	0.88807
2011	0.88808
2012	0.89873
2013	0.90862
2014	0.91771
2015	0.92688
2016	0.93430
2017	0.94177
2018	0.94789
2019	0.95339
2020	0.95835
2021	0.96276

续表

年份	NH₃-N 削减率/%
2022	0.96719
2023	0.97106
2024	0.97445
2025	0.97738
2026	0.97992
2027	0.98247
2028	0.98502
2029	0.98699
2030	0.98899

表 3.44　目标年为 2030 年不同情景下乳山市 NH₃-N 排放总量、削减量及剩余量　（单位：t）

年份	NH₃-N 排放总量(处理前)	NH₃-N 削减量	NH₃-N 剩余量
2010	215.31	191.21	24.10
2011	214.29	190.31	23.98
2012	236.24	212.31	23.92
2013	261.12	237.26	23.86
2014	289.28	265.47	23.81
2015	321.08	297.61	23.48
2016	356.98	333.53	23.45
2017	397.47	374.32	23.14
2018	443.12	420.03	23.09
2019	494.58	471.53	23.05
2020	552.59	529.57	23.02
2021	617.98	594.97	23.01
2022	691.70	669.00	22.70
2023	774.81	752.39	22.43
2024	868.54	846.35	22.19
2025	974.24	952.20	22.04
2026	1093.47	1071.52	21.96
2027	1228.00	1206.47	21.53
2028	1379.80	1359.13	20.67
2029	1551.13	1530.95	20.18
2030	1744.54	1725.34	19.20

3.3.4　乳山市纳污总量控制指标的确定

乳山市 COD、NH₃-N 控制指标的确定采用式(3.2)计算，至目标年 2020 年、2025 年和 2030 年，乳山市 COD 控制指标不超其 COD 水环境容量 462.2t 即可。不同目标规划年的 NH₃-N 控制指标见表 3.45～表 3.47 及图 3.23～图 3.25。

表 3.45　目标年为 2020 年乳山市 NH_3-N 控制指标　　　　　（单位：t）

年份	控制指标
2010	24.10
2011	23.34
2012	22.81
2013	22.13
2014	21.33
2015	20.90
2016	20.44
2017	19.99
2018	19.56
2019	19.25
2020	19.20

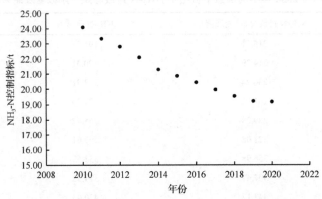

图 3.23　目标年为 2020 年乳山市 NH_3-N 控制指标

表 3.46　目标年为 2025 年乳山市 NH_3-N 控制指标　　　　　（单位：t）

年份	控制指标
2010	24.10
2011	23.67
2012	23.11
2013	22.74
2014	22.42
2015	21.93
2016	21.63
2017	21.28
2018	20.90
2019	20.63
2020	20.38
2021	20.08
2022	19.79
2023	19.50
2024	19.27
2025	19.20

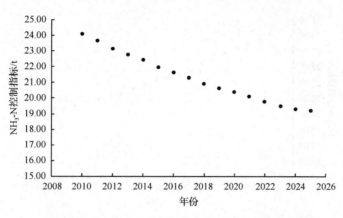

图 3.24　目标年为 2025 年乳山市 NH₃-N 控制指标

表 3.47　目标年为 2030 年乳山市 NH₃-N 控制指标　　　　　　　　　（单位：t）

年份	控制指标
2010	24.10
2011	23.75
2012	23.45
2013	23.16
2014	22.88
2015	22.41
2016	22.18
2017	21.76
2018	21.53
2019	21.32
2020	21.11
2021	20.92
2022	20.60
2023	20.33
2024	20.10
2025	19.91
2026	19.75
2027	19.55
2028	19.35
2029	19.25
2030	19.20

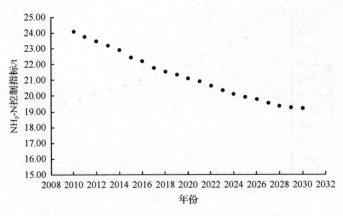

图 3.25 目标年为 2030 年乳山市 NH₃-N 控制指标

第4章 用水效率控制指标确定方法及其应用

4.1 用水效率控制指标确定方法

水资源是基础性自然资源和战略性经济资源。随着人类文明的进步与发展，水资源需求量不断增加，水资源已成为经济社会发展的硬约束。在水资源总量有限而用水需求不断增长的情况下，根本出路在于节水，通过提高用水效率，满足经济社会发展不断增长的合理用水需求，进而通过水资源的优化配置、高效利用，引导经济结构调整、发展方式转变及产业布局优化。

用水效率控制"红线"是"三条红线"的重要组成部分，为提高用水效率，遏制用水浪费，促进水资源的可持续利用，支撑经济社会的可持续发展，按照最严格水资源管理制度的总体要求，结合区域实际，制定区域用水效率控制指标。本节提出用水效率控制"红线"的确定方法。

4.1.1 工业用水效率控制指标的确定

本次对用水效率控制指标的研究，选取万元工业增加值取水量和万元 GDP 取水量两个指标。本节先讨论万元工业增加值取水量控制指标的确定。

为了加强水资源的管理，实现水资源的可持续利用，鼓励和促进工业节水和工业技术进步，考虑到地区间、行业间、企业间用水和节水水平的现实差异，本次工业用水效率选用万元工业增加值取水量来衡量。下面以山东省万元工业增加值取水量为例，首先介绍其预测方法，然后给出指标值的确定方法。

1. 预测方法简介

目前，应用定量预测的方法主要有趋势预测法、灰色模型预测法、同比例分解法、数学模型法等。简要介绍如下。

1) 趋势预测法

趋势预测法又称时间序列预测法，是将历史资料和数据按时间顺序排列成一系列，根据时间顺序所反映的现象的发展过程、方向和趋势，将时间顺序外推或延伸，以预测该现象未来可能达到的水平。

2) 灰色模型预测法

灰色预测法是一种对含有不确定因素的系统进行预测的方法。灰色系统是介于白色系统和黑色系统之间的一种系统。

灰色系统内的一部分信息是已知的，另一部分信息是未知的，系统内各因素间具有不确定的关系。灰色预测通过鉴别系统因素之间发展趋势的相异程度，即进行关联分析，并对原始数据进行生成处理来寻找系统变动的规律,生成有较强规律性的数据序列,然后建立相应的微分方程模型,从而预测事物未来发展趋势。用等时距观测到的反映预测对象特征的一系列数量值构造灰色预测模型,预测未来某一时刻的特征量,或达到某一特征量的时间。

3) 同比例分解法

同比例分解法,属于"一刀切"的分解方式,看似兼顾社会公平,实际上合理性与不合理性并存,以节水潜力为例,同比例分解法对节水潜力较小的地区,预测结果是不合理的,对于节水潜力较大的地区又是合理的,但哪些城市节水潜力较大,哪些城市节水潜力较小,不好界定,只能从分解的结果进一步判定。

4) 数学模型法

数学模型是针对参照某种事物系统的特征或数量依存关系,采用数学语言,概括地或近似地表述出的一种数学结构,这种数学结构是借助于数学符号刻画出来的某种系统的关系结构。从广义理解,数学模型包括数学中的各种概念、各种公式和各种理论。因为它们都是由现实世界的原型抽象出来的,从这个意义上讲,整个数学也可以说是一门关于数学模型的科学。从狭义理解,数学模型只指那些反映了特定问题或特定的具体事物系统的数学关系结构,这个意义上也可理解为联系一个系统中各变量间内的关系的数学表达。

2. 预测方法选用及预测

通过分析比较,并参考相关文献,本次选用趋势预测法和灰色模型预测法两种方法预测山东省万元工业增加值取水量。

1) 趋势预测法

趋势预测法是目前应用比较广泛的定量预测方法。山东省万元工业增加值取水量随着时间变化呈现逐年减少的变化趋势,与时间具有明显的相关性,较为符合趋势预测的特性。

根据山东省近年工业增加值和取水量资料,可确定近年来山东省万元工业增加值取水量,见表4.1。

表 4.1　山东省近年万元工业增加值取水量

年份	工业增加值/亿元	取水量/亿 m^3	万元工业增加值取水量/万 m^3
2005	9879.64	18.38	18.60
2006	11915.85	18.93	15.89
2007	14096.53	24.12	15.55
2008	16844.18	24.69	14.66
2009	17290.24	24.70	14.29
2010	18861.45	26.84	14.23
2011	21275.89	29.72	13.97
2012	22798.33	28.10	12.33

根据山东省万元工业增加值取水量发展趋势，选择对数趋势模型、乘幂函数趋势模型和指数趋势模型三种模型，预测山东省万元工业增加值取水量。

以万元工业增加值取水量为纵坐标，以年为横坐标，其中 2005～2012 年分别标号为 1～8 序列号。根据拟合方程，对 2013～2030 年万元工业增加值进行预测，预测结果见表 4.2，拟合结果见图 4.1。

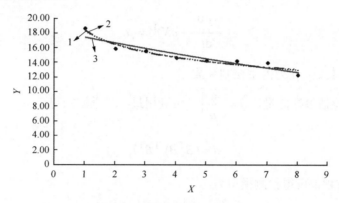

图 4.1　趋势模型拟合结果图

图中 X 轴为时间序列号，Y 轴为万元工业增加值取水量，单位 m³；曲线 1 表达式为：$y_1 = -2.5123 \mathrm{Ln}(x) + 18.269$，$R_1^2 = 0.9309$；曲线 2 表达式为：$y_2 = 18.407 x^{-0.1623}$，$R_2^2 = 0.9172$；曲线 3 表达式为：$y_3 = 18.212 e^{-0.0454x}$，$R_3^2 = 0.8723$；$R^2$ 为相关系数，反映了拟合值与实际值的密切程度

表 4.2　山东省万元工业增加值取水量趋势模型预测结果　　　　（单位：万 m³）

年份	趋势模型		
	对数	乘幂	指数
2013	12.75	12.89	12.10
2014	12.48	12.67	11.57
2015	12.24	12.47	11.05
2016	12.03	12.30	10.56
2017	11.83	12.14	10.09
2018	11.64	11.99	9.65
2019	11.47	11.86	9.22
2020	11.30	11.74	8.81
2021	11.15	11.62	8.42
2022	11.01	11.51	8.04
2023	10.87	11.41	7.69
2024	10.74	11.32	7.35
2025	10.62	11.23	7.02
2026	10.50	11.15	6.71
2027	10.39	11.07	6.41
2028	10.28	10.99	6.13
2029	10.18	10.92	5.85
2030	10.08	10.85	5.59

2) 灰色模型预测法

本次选用 GM(1，1)模型，简要说明该模型。

(1)设时间序列 $X^{(0)}$ 有 n 个观察值，$X^{(0)} = \left\{ X^{(0)}(1), X^{(0)}(2), \cdots, X^{(0)}(n) \right\}$，通过累加生成新序列 $X^{(1)} = \left\{ X^{(1)}(1), X^{(1)}(2), \cdots, X^{(1)}(n) \right\}$，则 GM(1,1)模型的微分方程为

$$\frac{dX^{(1)}}{dt} + aX^{(1)} = \mu$$

式中，a 为发展灰数；μ 为内生控制灰数。

(2)设 $\hat{a}$ 为待估参数向量，$\hat{a} = \begin{pmatrix} a \\ \mu \end{pmatrix}$，可利用最小二乘法求得：

$$\hat{a} = (B^T B)^{-1} B^T Y_n$$

求解微分方程，可得预测模型为

$$\hat{X}^{(1)}(k+1) = \left[X^{(0)}(1) - \frac{\mu}{a} \right] e^{-ak} + \frac{\mu}{a}, \quad k = 0,1,2,\cdots,n$$

(3)模型检验。灰色模型预测检验一般有残差检验和关联度检验两种。采用灰色模型，山东省万元工业增加值取水量预测结果见表 4.3 及图 4.2。

表 4.3　不同年山东省万元工业增加值取水量预测值　　　（单位：万 m³）

年份	2013	2014	2015	2016	2017	2018	2019	2020	2021
预测值	12.5	12.07	11.65	11.25	10.86	10.49	10.13	9.78	9.44
年份	2022	2023	2024	2025	2026	2027	2028	2029	2030
预测值	9.11	8.8	8.5	8.2	7.92	7.65	7.38	7.13	6.88

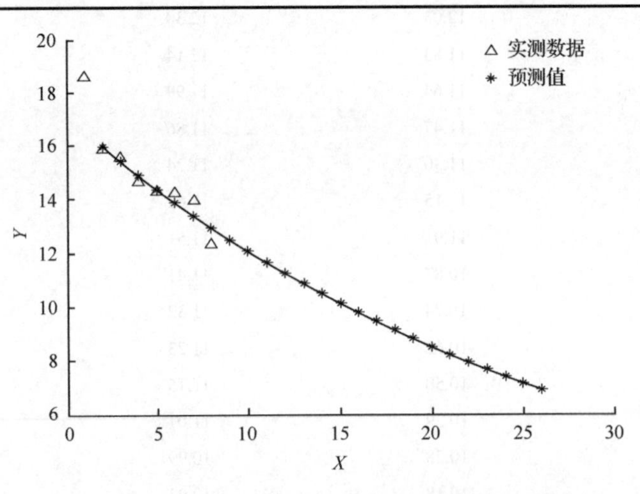

图 4.2　山东省万元工业增加值取水量灰色模型预测图

图中 X 轴为时间序列号，2005～2030 年编号为 1～26；Y 轴为万元工业增加值取水量，单位为 m³

3. 山东省万元工业增加值取水量的确定

为了使预测结果更加合理并符合实际,本次选用趋势模型预测和灰色模型预测的均值确定不同年山东省万元工业增加值取水量,结果见表4.4和图4.3。

表 4.4　山东省万元工业增加值取水量选用值 （单位：万 m³）

年份	2013	2014	2015	2016	2017	2018	2019	2020	2021
预测值	12.56	12.20	11.86	11.53	11.23	10.94	10.67	10.41	10.16
年份	2022	2023	2024	2025	2026	2027	2028	2029	2030
预测值	9.92	9.69	9.48	9.27	9.07	8.88	8.69	8.52	8.35

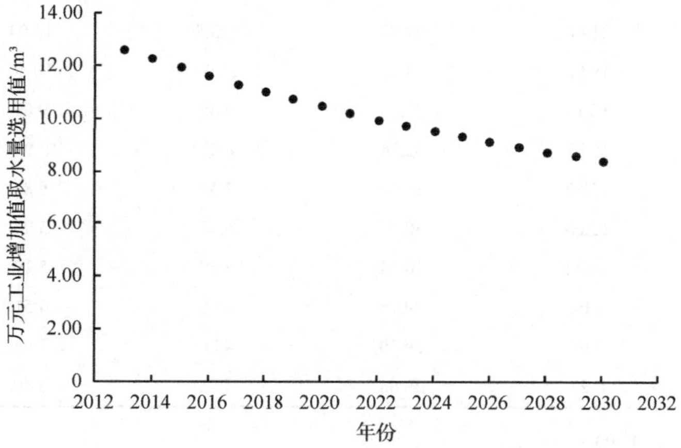

图 4.3　山东省万元工业增加值取水量选用值图

4.1.2　万元 GDP 取水量控制指标的确定

本次万元 GDP 取水量的确定与万元工业增加值取水量的确定方法相同,即采用趋势预测法和灰色模型预测法,由山东省近年总产值及总取水量可确定不同年山东省万元GDP 取水量,见表4.5。万元 GDP 取水量预测值选用趋势预测和灰色模型预测的平均值,预测结果见表 4.6 及图 4.4。

表 4.5　山东省近年万元 GDP 取水量

年份	总产值/亿元	总取水量/亿 m³	万元 GDP 用水量/m³
2005	18366.87	207.65	113.06
2006	21900.19	222.24	101.48
2007	25776.91	219.55	85.17
2008	30933.28	219.89	71.09
2009	33896.65	219.99	64.90
2010	39169.92	222.47	56.80
2011	45361.85	224.05	49.39
2012	50013.24	221.79	44.35

表 4.6　不同年山东省万元 GDP 取水量预测值　　　　　　　　（单位：m³）

年份	趋势模型			灰色模型预测	预测值
	对数	乘幂	指数		
2013	43.05	46.72	37.76	37.00	41.13
2014	39.40	44.51	32.95	32.16	37.25
2015	36.10	42.60	28.75	27.95	33.85
2016	33.08	40.93	25.08	24.29	30.84
2017	30.30	39.45	21.88	21.11	28.19
2018	27.73	38.13	19.09	18.34	25.82
2019	25.34	36.93	16.66	15.91	23.71
2020	23.10	35.85	14.53	13.85	21.84
2021	21.00	34.87	12.68	12.04	20.15
2022	19.02	33.96	11.06	10.46	18.63
2023	17.14	33.13	9.65	9.09	17.25
2024	15.37	32.36	8.42	7.90	16.01
2025	13.67	31.64	7.35	6.87	14.88
2026	12.06	30.97	6.41	5.97	13.85
2027	10.52	30.34	5.59	5.19	12.91
2028	9.04	29.75	4.88	4.51	12.05
2029	7.63	29.20	4.26	3.92	11.25
2030	6.27	28.68	3.72	3.40	10.52

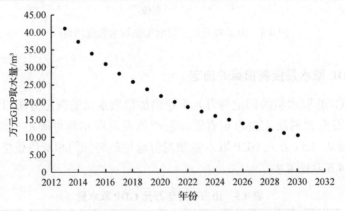

图 4.4　不同年山东省万元 GDP 取水量预测结果图

4.2　胶南市用水效率控制指标的确定

　　总体而言，胶南市经济发展水平落后于青岛市，但其位于胶东半岛，胶东半岛的经济发展程度高于山东省的平均水平。同时，由于胶南市取水量实测资料相对较少，因此，本次选用比例系数法确定胶南市用水效率控制指标，即根据青岛市用水效率控制指标，选用适当的比例系数 α，确定胶南市用水效率控制指标，本研究中 α 根据 2011 年人均

GDP 的比值确定。

下面首先对青岛市用水效率控制指标进行研究,进而确定胶南市用水效率控制指标。

1. 青岛市用水效率控制指标确定

青岛市近年万元工业增加值取水量和万元 GDP 取水量见表 4.7。

根据 4.1 节用水效率控制指标的确定方法和表 4.7,可确定不同年青岛市用水效率控制指标,不同年青岛市万元工业增加值控制指标见表 4.8 和图 4.5,不同年青岛市万元 GDP 取水量控制指标见表 4.9 和图 4.6。

表 4.7　青岛市近年万元工业增加值取水量和万元 GDP 取水量

年份	工业增加值 /亿元	工业取水量 /亿 m³	万元工业增加值 取水量/万 m³	总产值 /亿元	总取水量 /亿 m³	万元 GDP 取水量 /m³
2007	1785.31	2.23	12.49	3786.52	9.57	25.27
2008	2062	2.04	9.89	4436.18	9.73	21.93
2009	2174.43	2.05	9.43	4853.87	9.86	20.31
2010	2454.19	2.05	8.35	5666.19	9.86	17.40
2011	2794.56	2.05	7.34	6615.6	9.86	14.90
2012	3041.31	1.82	5.98	7302.11	9.81	13.43

表 4.8　不同年青岛市万元工业增加值取水量预测　　　　　　　(单位:m³)

年份	趋势模型预测			灰色模型预测	预测值
	对数	乘幂	指数		
2013	7.02	6.78	7.87	5.68	7.23
2014	6.69	6.52	7.63	5.05	6.95
2015	6.41	6.29	7.39	4.49	6.69
2016	6.15	6.09	7.16	3.99	6.47
2017	5.92	5.92	6.93	3.55	6.26
2018	5.71	5.76	6.71	3.15	6.06
2019	5.52	5.62	6.50	2.80	5.88
2020	5.34	5.50	6.30	2.49	5.71
2021	5.17	5.38	6.10	2.21	5.55
2022	5.02	5.28	5.91	1.97	5.40
2023	4.87	5.18	5.72	1.75	5.26
2024	4.73	5.10	5.54	1.56	5.12
2025	4.60	5.01	5.37	1.38	4.99
2026	4.48	4.93	5.20	1.23	4.87
2027	4.36	4.86	5.04	1.09	4.75
2028	4.25	4.79	4.88	0.97	4.64
2029	4.14	4.73	4.73	0.86	4.53
2030	4.03	4.67	4.58	0.77	4.43

注:灰色模型预测结果与实际情况相差较大,表中预测值是根据趋势预测模型确定的,没有考虑灰色模型预测结果,下表同。

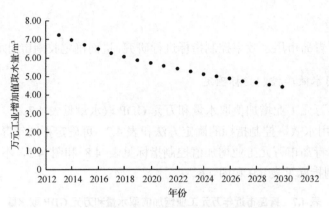

图 4.5　青岛市万元工业增加值取水量预测图

表 4.9　不同年青岛市万元 GDP 取水量预测　　　　（单位：m³）

年份	趋势模型预测			灰色模型预测	预测值
	对数	乘幂	指数		
2013	14.47	13.75	16.27	11.82	14.83
2014	13.74	13.13	15.64	10.41	14.17
2015	13.10	12.61	15.04	9.16	13.58
2016	12.53	12.16	14.46	8.07	13.05
2017	12.01	11.76	13.90	7.11	12.56
2018	11.54	11.41	13.36	6.26	12.11
2019	11.10	11.10	12.85	5.51	11.68
2020	10.70	10.82	12.35	4.86	11.29
2021	10.32	10.57	11.88	4.28	10.92
2022	9.97	10.33	11.42	3.77	10.58
2023	9.64	10.12	10.98	3.32	10.25
2024	9.33	9.92	10.56	2.92	9.94
2025	9.04	9.74	10.15	2.57	9.64
2026	8.76	9.57	9.76	2.27	9.36
2027	8.49	9.41	9.38	2.00	9.10
2028	8.24	9.26	9.02	1.76	8.84
2029	8.00	9.12	8.67	1.55	8.60
2030	7.77	8.98	8.34	1.36	8.36

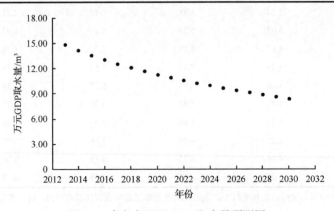

图 4.6　青岛市万元 GDP 取水量预测图

2. 胶南市用水效率控制指标确定

2011 年胶南市人均 GDP 为 70244 元,青岛市人均 GDP 为 75546 元,比例系数 α 为 1.08。

根据青岛市不同规划年万元工业增加值取水量指标和万元 GDP 取水量指标可确定胶南市不同规划年用水效率控制指标,见表 4.10、表 4.11 和图 4.7、图 4.8。

表 4.10　不同年胶南市万元工业增加值取水量预测　　　　　(单位:m³)

年份	2013	2014	2015	2016	2017	2018	2019	2020	2021
预测值	7.81	7.51	7.23	6.99	6.76	6.54	6.35	6.17	5.99
年份	2022	2023	2024	2025	2026	2027	2028	2029	2030
预测值	5.83	5.68	5.53	5.39	5.26	5.13	5.01	4.89	4.78

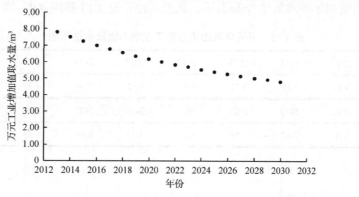

图 4.7　不同年胶南市万元工业增加值取水量预测图

表 4.11　不同年胶南市万元 GDP 取水量预测　　　　　(单位:m³)

年份	2013	2014	2015	2016	2017	2018	2019	2020	2021
预测值	16.01	15.30	14.67	14.09	13.56	13.07	12.62	12.20	11.80
年份	2022	2023	2024	2025	2026	2027	2028	2029	2030
预测值	11.42	11.07	10.73	10.41	10.11	9.82	9.55	9.29	9.03

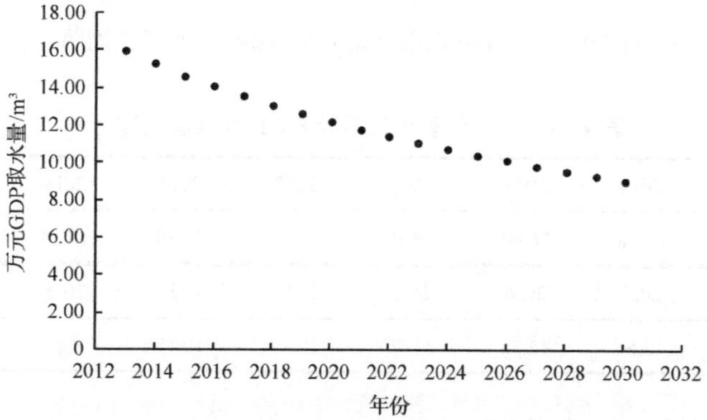

图 4.8　不同年胶南市万元 GDP 取水量预测图

4.3　乳山市用水效率控制指标的确定

总体而言，乳山市经济发展在山东省处于中上等水平，同时，由于乳山市取水量实测资料相对较少，因此，本次选用比例系数法确定乳山市用水效率控制指标，即根据山东省用水效率控制指标，选用适当的比例系数 α，确定乳山市用水效率控制指标，本书中 α 根据 2011 年人均 GDP 的比值确定。

2011 年乳山市人均 GDP 为 60260.85 元，山东省人均 GDP 为 47335 元，比例系数 α 为 0.786。

根据山东省不同规划年万元工业增加值取水量指标和万元 GDP 取水量指标可确定乳山市不同规划年用水效率控制指标，见表 4.12、表 4.13 和图 4.9、图 4.10。

表 4.12　不同年乳山市万元工业增加值取水量预测　　　　（单位：m³）

年份	2013	2014	2015	2016	2017	2018	2019	2020	2021
预测值	9.87	9.59	9.32	9.07	8.83	8.60	8.39	8.18	7.98
年份	2022	2023	2024	2025	2026	2027	2028	2029	2030
预测值	7.80	7.62	7.45	7.28	7.13	6.98	6.83	6.70	6.56

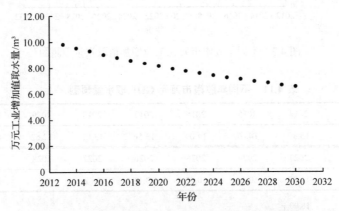

图 4.9　不同年乳山市万元工业增加值取水量预测图

表 4.13　不同年乳山市万元 GDP 取水量预测　　　　（单位：m³）

年份	2013	2014	2015	2016	2017	2018	2019	2020	2021
预测值	32.33	29.28	26.60	24.24	22.15	20.30	18.64	17.16	15.84
年份	2022	2023	2024	2025	2026	2027	2028	2029	2030
预测值	14.64	13.56	12.58	11.70	10.89	10.15	9.47	8.84	8.27

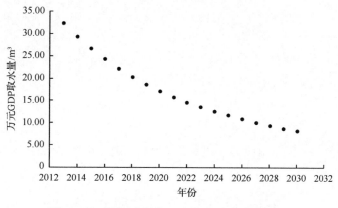

图 4.10　不同年乳山市万元 GDP 取水量预测图

4.4　用水效率成果合理性分析

目前，我国与发达国家的经济发展水平还有一定的差距，经济的发展水平相当于 20
世纪 90 年代发达国家的经济发展水平，而从国际先进水平看，2000 年的国际先进水平
日本万元工业增加值取水量为 17m³，万元 GDP 用水量为 23m³，而根据实测资料预测的
胶南市 2030 年万元工业增加值取水量为 4.78 m³，万元 GDP 用水量为 9.03 m³，乳山市
2030 年万元工业增加值取水量为 6.56 m³，万元 GDP 用水量为 8.27 m³，其节水程度都远
远高于发达国家 90 年代节水水平，而目前我国的节水程度还远远低于发达国家 90 年代
的节水水平，预测结果明显与我国实际情况不符，因此，实测资料的可靠性及预测结果
的合理性还有待研究。

第二篇　基于"三条红线"的水资源优化配置与应用

第5章 基于"三条红线"的水资源优化配置模型

5.1 水资源优化配置

5.1.1 水资源配置的含义

水资源配置是指在流域或特定的区域范围内，遵循有效性、经济性、公平性和可持续性的原则，依照市场经济的规律和资源配置准则，通过合理抑制需求、保障有效供给、维护和改善生态环境质量等手段，利用工程与非工程措施对多种可利用水源在区域间和各用水部门间进行的配置。要综合分析区域水资源条件和特点，统筹不同情况下供需结构，在各水源供水能力、水厂处理能力、管网输水能力等各类资源与工程约束条件下对不同区域各类用水户的有效合理分配。此外水资源配置还必须重视水环境的污染与治理、水生态的保护。

水资源优化配置是指为了保障经济、社会、资源、环境的协调发展，利用工程和非工程措施对一定时空区域内的水资源进行资源整合、技术优化、可持续开发与管理的配置理论及方式。

水资源优化配置建立在水资源分配的基础上，需要依据区域、城市水资源情势、社会经济状况、水质要求、相关费用等方面进行。水资源的配置往往被分为规划阶段的水资源配置和管理方面的水资源配置，这体现了水资源属性鉴定及公众参与的属性要求。水资源优化配置从水资源属性出发，不但要考虑到供、需水、排水及水质，还要协调好区域、地区及竞争实体的关系；不但要考虑水务费用还要考虑权责；不但要考虑水的传输效益，还要考虑水资源多功能利用。水资源优化配置的研究要不断地从理论、实际模型、工程、法律等各方面来完善，才能有效指导高效协调的水资源优化配置。

5.1.2 水资源配置的目标任务

水资源配置的任务是：在特定流域或区域内，遵循一定的原则，依靠社会主义市场经济的法律、行政、经济及技术等手段，对不同形式的水资源，通过各种措施在各用水户之间进行合理分配，协调、处理水资源天然分布与生产力布局的相互关系，为实施可持续发展战略创造有利的水资源条件。其基本功能是调整水资源天然分布，使其与经济社会发展格局相适应，同时调整经济社会发展布局，使其与水资源天然分布相适应。

水资源合理配置的目标是：满足人口、资源、环境与经济协调发展对水资源在时间、空间、数量和质量上的要求，使有限的水资源获得最大的利用效益，永续利用。因此，其配置包括数量、质量、时间和空间四个基本要素。

5.2　"三条红线"与水资源优化配置的关系

水资源合理配置是将流域水资源循环转化为与人工用水的供、用、耗、排水过程相适应并互相联系的一个整体，实现对区域之间、用水目标之间、用水部门之间水量和水环境容量的合理调配。水资源配置方案是在分析水资源开发利用、节约用水、水资源保护、供需水预测等基础上形成的总体布局和实施方案。水资源配置依据的"三条红线"体现了水资源管理的供、用、排三个核心内容，因此水资源优化配置与最严格水资源管理制度中的"三条红线"密不可分，其关系如图 5.1 所示。水资源的合理配置是水资源开发利用的前提，是提高用水效率的基础，是维护水生态环境的保障。

基于此，本章针对滨海地区特点，开展兼顾总量控制、用水效率、纳污总量控制三条红线要求的水资源配置模型研究，建立基于"三条红线"的水资源优化配置模型。

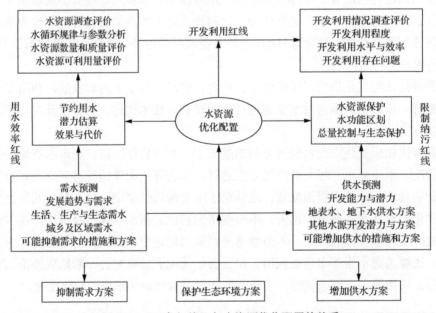

图 5.1　"三条红线"与水资源优化配置的关系

5.3　基于"三条红线"的水资源优化配置模型

城市水资源优化配置是城市社会经济可持续发展的重要内容，是水资源合理利用的具体体现。构建合理、有效的水资源优化配置模型，对城市的水资源管理、水资源保护、水资源开发及利用有着举足轻重的作用。

5.3.1　模型目标函数

对于水资源供水系统而言，这是一个多目标决策问题，以区域水资源综合利用效益极大化作为系统的目标函数，其最终目标是促进区域经济持续发展和社会进步，这就要求兼顾传统的经济效益及社会效益和环境效益目标。环境效益目标结合 "三条红线" 在约束条件里面体现,这里的优化目标主要考虑供水效益最大或各用水户的缺水损失总值最小(有时简化采用缺水量总和最小)。本次模型只考虑地表水源(水库)和地下水源(地下水源地)联合调度,其数学表达式如下。

目标 1:经济效益最大,以区域供水带来的直接经济效益最大为目标,见式(5.1):

$$\max f_1(x) = \max \left\{ \sum_{k=1}^{K} \sum_{j=1}^{J(k)} \left[\sum_{i=1}^{N} (b_{ij}^k - c_{ij}^k) x_{ij}^k \alpha_i^k + \sum_{c=1}^{M} (b_{cj}^k - c_{cj}^k) x_{cj}^k \alpha_j^k \right] \lambda_j^k \beta_k \right\} \quad (5.1)$$

式中,x_{ij}^k、x_{cj}^k 分别为水库 i、地下水源地 c 向 k 子区 j 用户的供水量(万 m³);b_{ij}^k、b_{cj}^k 分别为水库 i、地下水源地 c 向 k 子区 j 用户的供水量效益系数(元/m³);c_{ij}^k、c_{cj}^k 分别为水库 i、地下水源地 c 向 k 子区 j 用户的供水的费用系数(元/m³);α_i^k、α_j^k 分别为水库 i、地下水源地 c 向 k 子区 j 用户的供水的供水次序数;λ_j^k 为第 k 子区 j 用户的用水权重系数;β_k 为第 k 子区的用水权重系数;K 为不同用水子区;N 为水库数量;M 为地下水源地数量;$J(k)$ 为 k 子区用水户总数。

目标 2:总缺水量最小,追求区域水资源系统总缺水量最小,见式(5.2):

$$\max f_2(x) = -\min \left\{ \sum_{t=1}^{n} \sum_{k=1}^{K} \sum_{j=1}^{J(k)} \left\{ \theta_{(k)t} \left[D_{jt}^k - \left(\sum_{i=1}^{N} x_{ijt}^k + \sum_{c=1}^{M} x_{cjt}^k \right) \right] \right\} \right\} \quad (5.2)$$

式中,D_{jt}^k 为 t 时段 k 子区 j 用户的需水量(万 m³);x_{ijt}^k 为 t 时段水库 i 向 k 子区 j 用户的供水量(万 m³);x_{cjt}^k 为 t 时段地下水源地 c 向 k 子区 j 用户的供水量(万 m³);$\theta_{(k)t}$ 为 t 时段 k 子区缺水判别系数,当 $\left[D_{jt}^k - \left(\sum_{i=1}^{N} x_{ijt}^k + \sum_{c=1}^{M} x_{cjt}^k \right) \right] < 0$ 时,$\theta_{(k)t} = 0$,当 $\left[D_{jt}^k - \left(\sum_{i=1}^{N} x_{ijt}^k + \sum_{c=1}^{M} x_{cjt}^k \right) \right] > 0$ 时,$\theta_{(k)t} = 1$;t 为调度期内的时段,$t=1$ 表示调度期起始时段,$t=2$ 表示调度期第二个时段,以此类推,$t=n$ 表示调度期最后一个时段。

5.3.2 模型约束条件

基于 "三条红线" 的水资源优化配置模型的约束条件,一方面,可以从水资源配置系统各个环节进行分析;另一方面,可以从社会、经济、水资源、生态环境的协调方面进行分析,并结合水资源开发利用 "三条红线" 控制指标给出相应的约束条件。

1. 水库水量平衡约束

$$V_{i(t+1)} = V_{it} + I_{it} - \sum_{k=1}^{K} \sum_{j=1}^{J(k)} \sum_{i=1}^{N} x_{ijt}^k - L_{it} - Q_{it}$$

式中，$V_{i(t+1)}$ 为 t 时段末即 $t+1$ 时段初水库 i 的蓄水量(万 m^3)；V_{it} 为 t 时段初水库 i 的蓄水量(万 m^3)；I_{it} 为 t 时段水库 i 的入库水量(万 m^3)；L_{it} 为 t 时段水库 i 的损失水量(万 m^3)；Q_{it} 为 t 时段水库 i 的弃水量(万 m^3)；其他符号同前。

2. 水库库容约束

$$\begin{cases} Z_{i死} \leqslant Z_{it} \leqslant Z_{i限} & t\text{为汛期时} \\ Z_{i死} \leqslant Z_{it} \leqslant Z_{i兴} & t\text{为非汛期时} \end{cases}$$

式中，Z_{it} 为 t 时段初水库 i 的水位(m)；$Z_{i死}$ 为水库 i 的死水位(m)；$Z_{i限}$ 为水库 i 的汛限水位(m)；$Z_{i兴}$ 为水库 i 的兴利水位(m)；

3. 地下水平衡约束

$$V_{c(t+1)} - V_{ct} = f(P_t, P_{at}, x_{cjt}^k)$$

式中，$V_{c(t+1)}$ 为 t 时段末即 $t+1$ 时段初地下水源地 i 的蓄水量(万 m^3)；V_{ct} 为 t 时段初地下水源地 c 的蓄水量(万 m^3)；P_t 为 t 时段降水量(mm)；P_{at} 为 t 时段前期降水量(mm)；其他符号同前。

4. 地下水源地地下水位约束

$$Z_{ct} \geqslant Z_{c基}$$

式中，Z_{ct} 为 t 时段初地下水源地 c 的水位(m)；$Z_{c基}$ 为地下水源地 c 的基准水位(m)；

5. 可供水量约束

$$\text{地表水源：} \sum_{t=1}^{n} \sum_{k=1}^{K} \sum_{j=1}^{J(k)} x_{ijt}^k \leqslant W_i$$

$$\text{地下水源：} \sum_{t=1}^{n} \sum_{k=1}^{K} \sum_{j=1}^{J(k)} x_{cjt}^k \leqslant W_c$$

式中，W_i 为地表水源 i 的可供水量(万 m^3)；W_c 为地下水源 c 的可供水量(万 m^3)；其他符号同前。

6. 用水效率约束

以用水效率控制红线为依据，可以用万元 GDP 取水量小于指标值作为约束，即

$$\frac{\sum\limits_{t=1}^{12}\sum\limits_{k=1}^{K}\sum\limits_{j=1}^{J(k)}\left(\sum\limits_{i=1}^{N}x_{ijt}^{k}+\sum\limits_{c=1}^{M}x_{cjt}^{k}\right)}{g}\leqslant W_g$$

式中，g 为该年的用水区域 GDP 值(万元)；W_g 为万元 GDP 取水量的指标值(m^3/万元)；其他符号同前。

7. 限制纳污能力约束

以水功能区限制纳污控制红线为依据，同时也反映环境效益目标，研究区的污染物入河总量不得超过该区域内所有水功能区的纳污能力，即

$$\sum\limits_{t=1}^{12}\sum\limits_{k=1}^{K}\sum\limits_{j=1}^{J(k)}0.01d_{j}^{k}P_{j}^{k}\left(\sum\limits_{i=1}^{N}x_{ij}^{k}+\sum\limits_{c=1}^{M}x_{cj}^{k}\right)\leqslant S_p$$

式中，d_{j}^{k} 为 k 子区 j 用户单位废水排放量中的某种代表性污染因子的含量(mg/L)，一般可用氨氮、化学需氧量 COD 等水质指标来表示；P_{j}^{k} 为 k 子区 j 用户污水排放系数；S_p 为所有水功能区该代表性污染因子的纳污能力(t)；其他符号同前。

8. 用水户供水保证率约束

$$\frac{\sum\limits_{i=1}^{N}x_{ijt}^{k}+\sum\limits_{c=1}^{M}x_{cjt}^{k}}{D_{jt}^{k}}\times 100\%\geqslant P_{jt}^{k}$$

式中，P_{jt}^{k} 为 t 时段 k 子区 j 用户供水保证率下限；其他符号同前。

9. 用水系统的供需变化(用户的需水能力)约束

$$D_{jt\min}^{k}\leqslant \sum\limits_{i=1}^{N}x_{ijt}^{k}+\sum\limits_{c=1}^{M}x_{cjt}^{k}\leqslant D_{jt\max}^{k}$$

式中，$D_{jt\min}^{k}$ 为 t 时段 k 子区 j 用户需水量变化的下限；$D_{jt\max}^{k}$ 为 t 时段 k 子区 j 用户需水量变化的上限。

10. 渠道和管道的输水能力约束

输水渠道和管道的过水流量应小于等于其设计流量。

11. 变量非负约束

$$x_{ijt}^{k}、\ x_{cjt}^{k}\geqslant 0$$

5.3.3 求解方法

随着计算机技术的高速发展，基于计算机技术的水资源优化配置的方法也越来越多，下面介绍两种常用的水资源优化配置方法。

1. 多目标规划问题的解法概述

多目标规划的解法可直接分为直接法和间接法两大类。

直接法针对规划本身，直接求出其有效解，目前只研究提出了几类特殊的多目标规划问题的直接解法，包括单变量多目标规划方法、线性多目标规划方法及可行域有限时的优序法等。

间接法则根据问题的实际背景，在一定意义下将多目标问题转化为单目标问题来求解。间接法主要包括以下方法。

1) 转化为一个单目标问题的方法

按照一定的方法将多目标问题转化为一个单目标规划，然后利用相应的方法求解单目标规划问题，将其最优解作为多目标规划的最优解。这方法最关键是保证单目标规划的最优解是多目标规划的有效解或弱有效解，常用的方法主要有主要目标法、评价函数法等。

2) 转化为多个单目标问题的方法

按照一定的方法将多目标问题转化为多个单目标问题，然后一次求解这些单目标规划问题，将最后一个单目标的最优解作为多目标规划问题的最优解。这类方法包括分层序列法、重点目标法、分组序列法、可行方向法等。

3) 目标规划法

对于每一个目标给定了一个目标值，要求在约束条件下目标函数尽可能逼近给定的目标值。常用的方法有目标点法、最小偏差法、分层目标规划法等。

2. 动态规划问题

动态规划的求解是以基本方程为基础，把一个复杂的多阶段优化问题转化为多个相关联的单阶段优化问题。利用顺序法或逆序法对多个单阶段优化问题依次求解，确定各阶段的最优决策(为各阶段状态的函数)，最后得到最优策略。然后将已知的初始状态或结束状态代入系统方程，得到上一阶段或下一阶段的状态变量和决策变量；以此类推可得到最优策略下的系统状态序列。

第6章 基于"三条红线"的水资源优化配置方案

6.1 水资源优化配置原则与思路

6.1.1 配置原则

本次水资源优化配置研究应遵守以下 9 个原则。

1. 水库弃水量最小

汛期来水量较多,在汛期根据用户需水情况尽可能增加水库供水量,以减少水库汛期弃水量。

2. 水源地补给量最大

汛期来水量较多,要在汛期来临之前根据需要尽可能加大地下水的开采量,以增加汛期降水对地下水的补给量。

3. 运行成本最小

单一水源供水能满足用水需求时,应尽可能使用一个水源(水库或地下水源地)供水,以便节省运行成本。

4. 优先保证重点

生活用水、生产用水、生态用水等不同用水中,生活用水优先考虑。对于连续枯水年和特枯年的用水方案,应重点保障人民生活用水,兼顾重点行业用水,确保应急对策顺利实施;开源、节流与保护等不同水资源管理措施中,节流与保护优先考虑。地表水与地下水等各种水源的利用,地表水优先利用。

5. 优水优用

优质水源应优先保证居民生活及对水质要求较高的服务行业等。

6. 符合工程供水能力

水库或地下水源地的供水量不能超过其供水能力,即水库或地下水源地要在其供水能力范围内给用户供水。

7. 分阶段供水

由于汛期和非汛期的来水量与需水量均不同,配置时应按汛期和非汛期两个阶段考虑。例如汛期农业和生态等用水较少,供水主要集中在工业和生活两部分。

8. 联合调度

单一水源不能满足用户需水时，采用多水源联合供水机制。

9. 高效利用

高效是实现水资源合理配置的目标。一是通过水资源配置工程系统提高水资源的开发效率，减少工程系统在水资源调控过程中的损失；二是提高水资源的利用效率，使有限的水资源最大限度地发挥其经济效益，提高单位水资源的产出。

6.1.2　配置思路

根据水资源的供需关系可以将水资源配置分为两种情形。

1. 按需水量配置(水资源丰富地区或丰富季节)

(1)当配置时段初的可供水量大于等于配置时段内总需水量，即 $V_{可供水} \geq V_{需水}$ 时，按照整个调节期的需水量供水即可。

(2)当配置时段初的可供水量小于配置时段内总需水量时，即 $V_{可供水} < V_{需水}$，且 $V_{可供水} + V_{来水} \geq V_{需水}$ 时，一般情况按照需水量供水，个别月份会出现可供水量小于需水量的情况，此时按照可供水量进行供水。

2. 按来水量配置(水资源贫乏地区或贫乏季节)

当配置时段初的可供水量与配置时段内的总来水之和小于配置时段内的总需水量，即 $V_{可供水} + V_{来水} < V_{需水}$ 时，按照已有的水量进行供水，此时尽量保证用水效率高、污染物排放量低的用水部门的需水，对于用水效率低、高污染物排放的用水部门应适当减少其供水量。不仅做到了水资源的"优"用，同时也迫使高污染、低用水效率的用水部门减少污染物的排放和提高自身的用水效率。

前面提到的 $V_{可供水}$、$V_{来水}$、$V_{需水}$ 分别表示配置时段初供水系统的可供水量、配置时段内供水系统的总来水量和配置时段内用户的总需水量，单位均为万 m^3。

6.2　配置变量的确定

考虑到配置方案的适用性和可操作性，本书不仅考虑了配置时段内来水量与需水量(包括损失量)对水资源优化配置的影响，也考虑了相邻时段的来水与需水对配置时段、配置结果的影响，具体表现为时段初可供水和时段末蓄水量的共同影响，即前一时段的用水和来水决定着时段初可供水量，而本时段的来水和需水则决定时段末的剩余水量。言而简之，水资源优化配置取决于时段初可供水量、时段内来水量与需水量，以及时段末剩余可供水量等几个变量。水资源优化配置的关键在于配置模型变量的确定，而在此之前的工作重点在于选择合理的配置时段。

6.2.1　配置时段的选取

配置时段的选择对配置的结果有很大的影响，一个合适的配置时段可以使配置更准确、合理、实用。

1. 年内调节

考虑到水文要素的变化特点多以年为周期，水资源优化配置问题一般选择以"年"为研究周期。

经过汛期的蓄水，水库和地下水源地 10 月初的蓄水量一般情况下为全年最大，考虑到配置的适用性和可操作性，故初始时刻选为 10 月 1 日 8:00，配置时段划分情况见图 6.1。

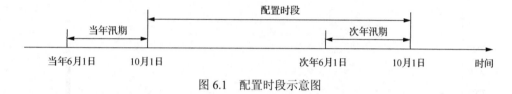

图 6.1　配置时段示意图

然而，北方河流多为季节性河流，有效降水和水库来水主要集中在汛期，而供需矛盾主要发生在非汛期（当年 10 月至次年 5 月，共 8 个月），故将"非汛期"加上次年汛期不能满足供水需求的月份作为配置时段。

根据次年汛期（次年 6~9 月）来水量与需水量之间的关系确定配置时段，具体方法如下：

(1) 当次年汛期 6~9 月的各月来水总量均大于 6~9 月的需水量时，则配置时段为当年 10 月 1 日 8:00 至次年 6 月 1 日 8:00。

(2) 当次年汛期 6 月来水量小于 6 月的需水量时，且 7~9 月的各月来水量大于 7~9 月的各月需水量时，则配置时段为当年 10 月 1 日 8:00 至次年 7 月 1 日 8:00。

(3) 当次年汛期 7 月来水量小于 7 月的需水量，6 月、7 月来水总量小于 6 月、7 月的需水总量，且 8~9 月的各月来水量大于 8~9 月的各月需水量时，则配置时段为当年 10 月 1 日 8:00 至次年 8 月 1 日 8:00。

(4) 当次年汛期 8 月来水量小于 8 月的需水量，6~8 月来水总量小于 6~8 三个月的需水总量，且 9 月的来水量大于 9 月的需水量时，则配置时段为当年 10 月 1 日 8:00 至次年 9 月 1 日 8:00。

(5) 当次年汛期 9 月来水量小于 9 月的需水量，6~9 月来水总量小于 6~9 月的需水总量时，则配置时段为当年 10 月 1 日 8:00 至次年 10 月 1 日 8:00。

2. 多年调节

大型水库一般具有多年调节的特性，当遇到连丰年或连枯年时，可充分发挥其多年调节的功能。同时，以年为配置周期有时不能满足实际需要，应延长其配置周期。配置周期确定方法如下：

本书选择利用轮次分析法确定多年调节的配置周期，首先介绍一下轮次、轮次长、轮次和、轮次分析。

以水库年径流系列 $x_t (t = 1, 2, \cdots, n)$ 为例，切割水平为全年的用水量 W（需水量），当 x_t 在一个或多个时段内连续小于（或大于等于）W 值，则出现负（正）轮次，相应各轮次的时段和称为轮次长，如图 6.2 中负轮次长 l，相应各轮次时段内的 $|x_t - W|$ 之和称为轮次和，如图 6.2 中的 d。

轮次分析是研究水文序列统计变化特性十分有用的技术，同时轮次本身也是表征水文序列的重要参数。

轮次长、轮次和的均值、标准差和最大值是描述水文序列轮次统计性质的重要特征。从安全的角度出发，应选最大负轮次长作为配置的周期或用频率确定。

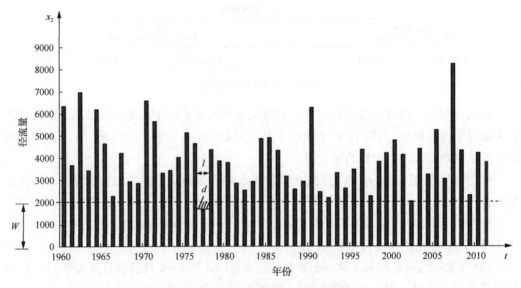

图 6.2　轮次长与轮次和的概念图

6.2.2　时段初可供水量

根据研究区内的水库、地下水源地等供水工程配置时段初的水位、蓄水量等资料可推求时段初可供水量。

6.2.3　时段内来水量

时段内来水量的确定有两种方法：一种是实测法。对水库或地下水源地的径流量或者补给量进行实地记录，对多年径流序列进行频率分析，得到不同频率的径流量和补给量，当地下水源地的补给量无法直接测得时，可用水量平衡方程推求。另一种是模拟法。对缺少实测径流资料地区，利用径流系数法模拟不同降水频率下的水库或地下水源地径流过程。

6.2.4 时段内需水量

根据研究区的生活用水、生产用水、生态用水、农业用水等统计资料，预测出研究区不同发展状况、不同发展目标下的需水量。

6.2.5 时段末可供水量

时段末可供水量即为下一时段初可供水量，根据下一配置时段的用水和需水，可确定出当前时段末的可供水量。

6.3 配置方案的确定

6.3.1 来水频率与组合

根据不同变量的交叉耦合得到不同降水频率下的组合方案，见表 6.1。

表 6.1 变量组合方案 （单位：%）

时段初可供水量频率	配置时段来水频率	时段末可供水量频率
5		5
50	5	50
95		95
5		5
50	50	50
95		95
5		5
50	95	50
95		95

6.3.2 需水量组合

研究区不同需水量方案见表 6.2。

表 6.2 需水量方案

方案	方案一	方案二
需水量	$W = W_x$	$W = W_z$

注：W、W_x、W_z 分别表示月需水量、现状年的月需水量和月最大可供水量，单位均为万 m^3。

第7章　水资源供需平衡分析方法

7.1　供水水源可供水量分析计算

7.1.1　可供水量计算原则

(1)自上游到下游、先支流后干流逐级计算。每一单元遵循水量平衡原则计算。

(2)对于各类地表水工程，按天然来水量扣除上游耗水作为其来水，按先满足河道内最小生态环境流量后利用的原则对其可供水量进行计算。

(3)地下水工程可供水量计算时，平原区计算单元供水量不能超过本单元可开采量，并适当留有余地；特殊干旱年份，可以适度超采，超采规模一般控制在20%～30%。

(4)各类供水工程可供水量预测中，应考虑不同用户对水量、水质及保证率要求。

7.1.2　地表水可供水量分析计算

地表水可供水量分为蓄水工程、引水工程、提水工程和调水工程可供水量。在计算可供水量时，为了避免重复计算，从水库、塘坝中引水或提水，均属蓄水工程供水量；从河道中引水的，无论有闸或无闸，均属引水工程供水量；利用扬水站从河道中直接取水的，属提水工程供水量。

7.1.3　地下水可供水量分析计算

根据地下水资源可开采量的评价成果，结合当地城市水源条件和地下水实际开采情况(如超采情况、地下水位动态特征及地下水恢复难易程度等)，通常情况下保证地下水限制在可开采量范围内，确定各水平年城市水源地的可供水量。

下面介绍两种求解地下水源地可开采量的公式。

1. 地下水含水层储量

地下水含水层储量表示一定厚度的地下水含水层储存的水量，采用式(7.1)计算：

$$W = 10^{-1} \gamma \cdot \Delta H \cdot A \tag{7.1}$$

式中，W 为降水入渗补给量(万 m^3)；ΔH 为含水土层厚度(mm)；γ 为给水度(无因次)；A 为水源地面积(km^2)。

2. 地下水位变幅拟合方程

根据水量平衡方程推得不带常数项的地下水位变幅拟合方程，见式(7.2)：

$$\Delta H = \beta_1 W + \beta_2 P' + \beta_3 P'_a \tag{7.2}$$

式中，ΔH 为以月为时段的地下水位变幅(m)；W 为以月为时段的地下水取水量(万 m³)；P' 为时段内有效降水量(mm)；P'_a 为该时段前期有效降水量(mm)；β_1 为时段内取水量影响系数，$\beta_1 < 0$ ($1/10^{-2}$ km²)；β_2 为时段内降水量影响系数，$\beta_2 > 0$；β_3 为该时段前期降水量影响系数，$\beta_3 > 0$。

可通过以上公式求出不同地下水源地不同时段(以月为时段长)的地下水可供水量。

7.1.4　非常规水可供水量分析计算

中水是指生活、工业污水经过处理后，达到规定的水质标准，在一定范围内可重复利用的非饮用水，可用于厕所冲洗、绿地浇灌、景观河湖、环境、农业、工厂冷却、洗车等用水。利用中水，可以减少城市污水直接排放，保护和改善河道等水质，增加水资源重复利用效率，有利于提高水资源综合利用的经济效益和环境效益，是保障经济社会可持续发展的重要环节。

7.2　需水量分析计算

区域需水预测是指采用一定的理论和方法，有条件地预测区域将来某一阶段的可能用水量。一般以过去的资料为依据，以今后用水趋向、经济条件、人口变化、资源情况、政策导向等为条件。各种预测方法是对各种影响用水的条件做出合理的假定，通过一定的方法，求出预期需水量。对水资源需求的预测应以可持续发展为目标，以节水为原则，预测各行业需水量。在预测定额时，要考虑区域的水资源条件、开发利用潜力、节水水平等众多因素。水资源需求涉及的面广，考虑的因素多，而且内容在不断变化，但在对某具体区域进行需水量预测时，并不是把所有的需求都考虑得十分充足，满足所有的需求，而是要考虑区域本身资源、环境、经济、技术等现实条件的合理需求。

7.2.1　需水量分类

需水预测在水资源规划和管理中起着重要的作用，是供水决策、水利投资的重要参考因素，根据《全国水资源综合规划技术细则》的要求，需水预测采用新的统计口径。按照用水对象的不同，需水量可以分为生活需水、生产需水和生态环境需水三大类(即"三生需水")，并按城镇和农村分别预测。生活需水和生产需水统称为经济社会需水。生活需水分城镇居民生活和农村居民生活需水两部分。生产需水是指有经济产出的各类生产活动所需的水量，包括三大产业的需水量。第一产业主要为农业，包括种植业、畜牧业、林业、渔业等；第二产业主要为工业，一般包括采矿业、制造业、电力、煤气及水的生产和供应业、建筑业；第三产业主要为服务业，一般包括商业、饮食业、交通运输业、金融业等。详细分类见表7.1。

表 7.1　用水户分类口径及其层次结构

<table>
<tr><th colspan="4">用水户分类</th><th rowspan="2">备注</th></tr>
<tr><th>一级</th><th colspan="2">二级</th><th>三级</th></tr>
<tr><td rowspan="2">生活</td><td colspan="3">城镇居民生活</td><td>仅为城镇居民生活用水，不包括公共用水</td></tr>
<tr><td colspan="3">农村居民生活</td><td>仅为农村居民生活用水，不包括牲畜用水</td></tr>
<tr><td rowspan="10">生产</td><td rowspan="7">农业</td><td rowspan="3">农田灌溉</td><td>水田</td><td>水稻等</td></tr>
<tr><td>水浇地</td><td>小麦、玉米、棉花、蔬菜、油料等</td></tr>
<tr><td>菜田</td><td>菜田</td></tr>
<tr><td rowspan="4">林牧渔畜</td><td>灌溉林果地</td><td>果树、苗圃、经济林等</td></tr>
<tr><td>灌溉草场</td><td>人工草场、灌溉的天然草场、饲料基地等</td></tr>
<tr><td>牲畜</td><td>大、小牲畜</td></tr>
<tr><td>鱼塘</td><td>鱼塘补水</td></tr>
<tr><td colspan="3">工业</td><td>纺织、造纸、石化、冶金、化工、食品等高用水工业，循环式、直流式火(核)电工业，以及除高用水工业和火(核)电工业外的一般工业行业</td></tr>
<tr><td colspan="3">建筑业</td><td>土木工程建筑业、线路管道和设备安装业、装修装饰业等</td></tr>
<tr><td colspan="3">第三产业</td><td>第三产业及城市消防用水及城市特殊用水等</td></tr>
<tr><td rowspan="2">生态环境</td><td colspan="3">城镇生态环境</td><td>绿化用水、城镇河湖补水、环境卫生用水等</td></tr>
<tr><td colspan="3">农村生态环境</td><td>湖泊沼泽湿地补水、林草植被建设、地下水回灌</td></tr>
</table>

7.2.2　需水量预测的理论与方法

现有的需水量预测方法很多，根据预测结果的准确度可以分为定性预测和定量预测两大类。定性预测主要是依据预测者丰富的实践经验，通过现场调查、专家打分、主观评价等对未来需水量变化趋势的判断，适用于基础数据少，预测结果准确度要求不高的情况。定量预测是在历史数据和统计资料的基础上，运用数学和其他分析技术，建立相关的数学计算模型，对未来需水量提出具体的数量结果，适用于基础数据较全面、对预测结果要求较高的情况。由于水资源配置中需要确切预测出未来各水平年的需水量数据，因此不宜采用定性预测。现有的需水量定量预测方法可以分为两大类：数学模型法和定额法。数学模型法根据对数据处理方式的不同分为三类：时间序列法、结构分析法和系统方法。时间序列法是依据预测对象的统计数据，找出其随时间变化的规律，建立时序模型，以推断未来数值。结构分析法是从研究事物各影响因素及其关系出发，建立预测对象与影响因素之间的关系模型，通过分析影响因素的变化规律间接反映预测对象的变化规律，有回归分析法、工业用水弹性系数法和指标分析法。系统方法是用系统科学的观点，把预测对象的变化视为一个动态的系统行为，通过研究系统的结构，构建系统模型，对未来值进行预测，有灰色系统方法、人工神经网络方法及系统动力学方法等。水资源规划中广泛采用的定额法是以综合用水定额来进行用水量预测的一种微观预测方法。

下面对定量预测中的常用方法：时间序列分析法、回归分析方法、人工神经网络、趋势法(增长率法)、指标分析法、系统动力学方法及灰色系统方法等进行简要介绍和比较。

1. 时间序列分析法

时间序列分析就是利用按时间顺序排列的数据数列，应用数理统计方法加以处理，以预测未来事物的发展。时间序列分析是定量预测方法之一，它的基本原理：一是承认事物发展的延续性。应用过去数据，就能推测事物的发展趋势。二是考虑到事物发展的随机性。任何事物发展都可能受偶然因素影响，为此要利用统计分析中加权平均法对历史数据进行处理。时间序列分析法又分为移动平均法、指数平滑法、趋势外推法和自回归滑动平均模型等方法。

2. 回归分析法

回归分析就是通过对观察数据的统计分析和处理，研究与确定事物间相关关系和联系形式的方法。运用回归分析法寻找预测对象与影响因素之间的因果关系，建立回归模型进行预测的方法，称为因果回归分析法，即根据历史数据的变化规律寻找自变量与因变量之间的回归方程式，确定模型参数，据此做出预测。

3. 人工神经网络

人工神经网络(artificial neural network，ANN)，又称并行分布处理模型(parallel distributed processing model)或连接机制模型(connection model)，是基于模仿人类大脑的结构和功能而构成的一类信息处理系统或计算机，它具有很多与人类智能相类似的特点，诸如结构与处理的并行性、知识分布存储、很强的容错性、通过训练学习而具备适应外部环境的能力、模式识别能力和综合推理能力。

4. 趋势法(增长率法)

即以历年需水量的增长率来预测将来的需水量。其计算式(7.3)为

$$S_i = S_0 (1+d)^n \tag{7.3}$$

式中，S_i 为预测年份的需水量(万 m^3)；S_0 为预测起始年份的用水量(万 m^3)；d 为需水量平均增长率；n 为起始年份到预测年份的年限。

5. 指标分析法

指标分析法是指通过对用水系统历史数据的综合分析，制定出各种用水定额，然后根据用水定额和长期服务人口(或工业产值)计算出远期的需水量。指标分析法涉及的指标有万元产值用水量、重复利用率、生活用水定额等。

6. 系统动力学

系统动力学是一种以反馈控制理论为基础，以计算机仿真技术为手段，通常用以研究复杂的社会经济系统的定量方法，适用于处理长期性和周期性的问题。它最适用于研究复杂系统的结构、功能与行为之间动态的辩证对立统一关系，而且克服了其他模型太

拘泥于最优解、数学处理过于复杂、对统计资料和数据要求太高等不足。从处理技术上来说，它不是按照数学逻辑推理演算而获得答案，而是依据对系统的实际观测所获得的信息来建立动态仿真模型，模拟由计算机执行，从而得出所需要结果。

系统动力学模型由若干个子模型构成，每一个子模型包括若干正、负结合的反馈回路。任一变量的变动最后会使该变量同方向的变动趋势加强，称为正反馈回路；反之，为负反馈回路。把这些反馈回路按其内在的因果关系联结起来，就构成了整个模型的因果反馈图。利用状态方程、速率方程、辅助方程和表函数等表示各变量之间的联系，通过一系列基础数据(包括人口增长率、工业产值增长率、工业万元产值用水量、工业用水重复利用率、工业产值、城镇人口、缺水率等)的输入进行系统的循环求解。

7. 灰色系统方法

灰色系统是指部分信息已知、部分信息未知的系统。灰色系统理论认为，无论客观系统内部怎样复杂，其子系统是相互关联的、有序的，并具有整体性；尽管离散的数据表面上杂乱无章，但这些作为反映系统行为的数据点总是隐含着某种规律性。灰色系统将任何随机过程看作是在一定时空内变化的灰色过程，将随机量看作是灰色量，不追究个别因素的作用效果，而力求体现各因素综合作用的效应，通过对原始数据的处理，生成灰色模块，建立微观方程的动态预测模型，进行灰色预测，削弱随机因素的影响，使其内在的规律性体现出来。

需水预测的方法很多，一般要求以经济的发展特征和用水现状的研究为基础，以过去多年的统计资料为依据，参考今后用水趋势、经济条件、人口变化资源情况等因素，对需水量进行科学的预测。由于需水预测涉及未来经济和社会发展的诸多因素，因此不同的方法预测结果差别较大，因此需同时进行多种方法的预测，通过相互检验，最终确定出符合本地实际的需水量。

本次研究中，针对现有数据情况，主要以趋势法和指标分析法为主，对生活需水、生产需水和生态需水分别进行预测，参照其他方法的预测结果，进行综合确定。

1. 生活需水量预测的方法

在新统计口径中，生活需水包括城镇居民生活用水和农村居民生活用水两大部分，生活需水量与当地的地理位置、经济发展状况、城市发展规模、居民生活条件、生活习惯及气候特点等因素有关，主要预测方法有定额法、趋势法等。

1) 定额法

生活用水量预测一般采用定额法计算，即根据城市的规模和性质，以及给水规范等相关因素和要求，确定规划区内的居民生活用水定额，并乘以规划人口，得出生活用水总量。计算公式为

$$Q = Nq \times 10^{-7} \tag{7.4}$$

式中，Q 为规划年居民生活用水量(万 m^3)；N 为规划期末人口数；q 为规划期限内的居

民生活用水定额(L/人)。

此种方法确定合理的居民生活用水定额是定额法预测结果准确与否的关键，居民生活用水定额可以根据规划区历年人均用水量情况，并根据经济发展速度、人居条件的改善，同时参照同类城市人均用水指标来确定。

2) 趋势法

趋势法是一种较为简单的快捷需水预测方法，该方法通过历年的生活用水量增长率来推算未来的用水量，具体的计算公式为

$$Q_i = Q_0 (1+d)^n \tag{7.5}$$

式中，Q_i 为规划年生活用水量(万 m^3)；Q_0 为起始年生活用水量；d 为生活用水平均增长率(%)；n 为预测时段长度(年)。

趋势法是一种数理的方法，主要依赖于相关的历史统计资料，在实际中被广泛地应用，但此方法由于考虑的因素较少，预测结果往往与实际情况有一些偏差，一般不宜单独使用，而要配合其他方法进行预测。

2. 生产需水预测方法

生产需水量是指有经济产出的各类生产活动所需的水量，包括第一产业、第二产业及第三产业。

1) 农业需水量预测方法

农业用水包括农田灌溉和林牧渔业需水等，农业灌溉用水采用定额法计算，其计算方法见式(7.6)：

$$I_i = AM \tag{7.6}$$

式中，I_i 为预测年份的农业灌溉需水量；A 为灌溉面积；M 为单位面积灌溉定额。

同时结合本市多年农业用水实际进行比较分析，确定农业需水量。

2) 工业需水量预测方法

工业需水量预测采用以下三种方法，最后进行综合分析确定。

A. 万元产值需水定额方法

万元产值需水定额法是目前我国预测工业用水量的常用方法，计算方法见式(7.7)：

$$Q = WA \times 10^{-4} \tag{7.7}$$

式中，Q 为规划期工业用水量(万 m^3)；W 为规划期工业万元需水量(m^3/万元)；A 为规划期工业总产值(万元)。

该方法准确与否主要取决于万元产值需水量这一指标，万元产值需水量与工厂节水管理水平、设备的技术改造、产品结构、工业性质、工艺流程等因素相关，可以通过推广节水措施、技术改造、建立低耗水型企业等方式来降低万元产值需水量，但是万元产值需水量的下降速度随时间会逐年减慢，发达国家的情况也表明这一趋势。

本次采用重复利用率法来计算万元产值需水量,当城市工业结构无根本性变化和趋向稳定时,万元产值需水量基本取决于工业用水重复利用率。根据万元产值需水量与用水重复利用率的关系,可得出式(7.8):

$$W_i = \frac{1-P_i}{1-P_0} \times W_0 \qquad (7.8)$$

式中,W_i 为预测年份的万元产值需水量(m³/万元);W_0 为起始年份的万元产值需水量(m³/万元);P_i 为预测年份所规划的工业用水重复利用率(%);P_0 为起始年份的工业用水重复利用率(%)。

B. 单位面积指标法

在总体规划时,由于难以精确确定规划区未来的工业种类、项目管理水平、项目期限等情况,因而可以采用工业用地单位面积用水指标来预测工业用水量。单位面积指标法首先需要根据规划区、性质、工业种类、生产力水平等因素确定工业用地单位面积用水指标,再乘以工业规划用地面积,得出工业需水量。

C. 趋势法

计算工业需水量的原理与生活需水量趋势预测法相同,此外,建筑业、第三产业需水量预测方法,也均采用趋势法。

3. 生态环境需水量预测方法

城市生态环境需水量是指为改善城市生态环境质量或维持生态环境质量不进一步恶化时所需要的水量。分为河道内和河道外两类生态环境需水。河道内生态环境需水一般分为维持河道基本功能(基流、稀释净化等)和河口生态环境的需水(冲淤、河口生物等),河道外生态环境需水分为城区生态环境美化(绿化需水、环境卫生需水等)和其他生态环境建设需水等(地下水回补、防护林草、水土保持等)。

对于胶南市城区的河道内用水通过中水补源工程予以保证,在此不予考虑。本书所指生态需水仅指河道外用水中的生态环境美化需水,包括绿化需水及环境卫生需水等。下面分别计算生态环境美化用水中的绿化需水及环境卫生需水,采用定额法来确定。

绿化需水定额法的计算公式为

$$W_G = S_G * q_G \qquad (7.9)$$

式中,W_G 为规划期绿化需水量(万 m³);S_G 为规划期绿化面积(万 m²);q_G 为规划期绿化用水定额[L/(m²·d)]。

环境卫生需水定额法的计算公式为

$$Q = WA \qquad (7.10)$$

式中,Q 为规划期浇洒道路(环境卫生)需水量(万 m³);W 为规划期浇洒道路用水定额[L/(m²·d)];A 为规划期城区道路面积(万 m²)。

第8章 胶南市城区水资源优化配置

8.1 供水水源和供水现状

8.1.1 供水水源

城市供水包括生活、工业、生态及各项事业用水等几部分，水源包括常规水源和非常规水源。胶南市可利用的水源主要包括陡崖子水库、铁山水库和风河沿岸地下水源地及白马与吉利河丰水季节调入的地表水等四种水源。目前两座水库和风河地下水水源地已全部供城市用水，一般年份供需基本平衡，但缺乏发展用水。城市供水处于资源型缺水与工程性缺水问题共存状态。

(1)常规水源：胶南市城市饮用水水源地主要有3处，分别为铁山水库、陡崖子水库和风河地下水源地。

铁山水库：铁山水库位于胶南市铁山镇西北部，控制流域面积58km^2，总库容4456万 m^3，兴利库容2642万 m^3，死库容97万 m^3。该水库担负着向胶南城区的供水任务，设计供水能力为3万 m^3/d，目前实际日均供水量约2万 m^3。

陡崖子水库：陡崖子水库位于胶南市藏南镇西部，横河上游，控制流域面积71km^2，总库容5640万 m^3，兴利库容3435万 m^3，死库容125万 m^3。该水库担负着向海军古镇口基地和胶南城区及藏南镇驻地的供水任务，设计供水能力为4万 m^3/d，目前实际日均供水量约3万 m^3。

风河地下水源地：风河地下水源地位于胶南市风河中游，水源地面积 32km^2，水源地北起铁山南至逯家庄，西起大溧水，东至肖家庄，水源地多年平均地下水资源补给量为704.42万 m^3，地下水补给模数为22万 m^3/km^2，地下水资源量为647.67万 m^3。该水源地水质类别为III类，符合生活饮用水水源地的标准。

(2)非常规水源：非常规水源包括雨水集蓄利用、污水处理再生水(中水)和海水利用等。其中集雨工程指用人工收集储存屋顶、场院、道路等场所产生径流的微型蓄水工程，包括水窖、水柜等；污水处理及再利用工程指城市污水集中处理厂处理后的再生水回用设施；海水利用包括海水直接利用和海水淡化，海水直接利用指直接利用海水作为工业冷却水及城市环卫用水，以及化工、食品、纺织、煤炭、机械行业用海水作溶剂、还原剂、洗涤净化、水淬等。截至2010年，胶南市区污水处理及再利用工程1座，其处理能力为6万 m^3/d，计划2020年扩建至11万 m^3/d；2030年再扩建4万 m^3/d，总处理规模达到15万 m^3/d。胶南市海水直接利用主要集中在胶南市临港产业片区，直接利用规模较小，故暂未统计。受经济条件约束，城市污水的净化处理程度不高，供再生利用的二级出水和中水一般只能满足工农业和市政的用水要求。另外，由于现行水价较低，而中水、海水淡化利用费用相对较高，使得胶南市现阶段污水处理回用量与海水淡化利用量还很低。

8.1.2　城市输水现状

城市输水工程主要是由从水源取水口到水厂的管线(暗渠、明渠、管道)和配套泵站等输水基础设施组成。胶南市城市水源地主要有铁山水库、陡崖子水库和风河地下水源地。水厂主要有二水厂、三水厂、四水厂和五水厂。胶南市城市输水管线(水源地与水厂之间)共 6 条,输水管线分为管道和暗渠两类,直径以 600mm 和 800mm 的规格为主;总长度 42.52km,城市总输水能力 13.8 万 m³/d。各输水管线存在不同程度的设施老化、管道腐蚀结垢等问题,管线漏失率约为 12%。现状输水工程情况见表 8.1。

表 8.1　胶南市输水工程现状一览　　　　　　　(单位: 万 m³/d)

输水工程	水源	水厂	供水对象	供水能力
铁山水库——三水厂	铁山水库	三水厂	胶南城区	2.0
陡崖子水库——五水厂	陡崖子水库	五水厂	胶南城区	6.0
风河水源地——二、四水厂	风河水源地	二、四水厂	胶南城区	5.8

资料来源: 数据均来自《青岛市城市水资源配置工程网规划》, 2009。

8.2　胶南市供水水源可供水量分析计算

8.2.1　胶南市城市水循环和水量平衡关系

胶南市城市水循环和水量平衡关系见图 8.1。

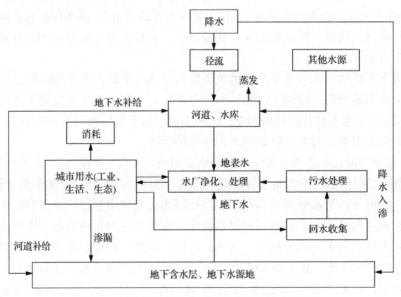

图 8.1　胶南市城市水循环和水量平衡关系图

8.2.2　地表水可供水量分析计算

本次调节计算分汛期与非汛期分别计算,旨在使结果更准确,更符合实际。计算中,涉及的蓄水工程特征参数见表 8.2。

表 8.2　胶南市城区供水水库特征参数

工程名称	控制面积 /km²	防洪限制 水位/m	最大库容 /万 m³	正常高 水位/m	正常库容 /万 m³	死水位 /m	死库容 /万 m³	最大泄洪能 力/(m³/s)	兴利库容 /万 m³
陡崖子水库	71	37.25	5640	37.25	3560	26.4	125	614	3435
铁山水库	58	47.7	4850	47.7	2739	34	97	441	2642

1. 不同频率非汛期降水量计算

选用表 8.3 胶南水文站实测非汛期降水资料，对非汛期降水序列进行适线，计算结果见图 8.2 和表 8.4。

表 8.3　胶南水文站实测非汛期月降水量　　　　　（单位：mm）

年份	10 月	11 月	12 月	1 月	2 月	3 月	4 月	5 月	年降水量	非汛期
1961	18.0	81.6	21.5	1.5	11.0	3.5	20.4	37.2	688.0	194.7
1962	72.6	78.7	13.6	0.4	0.0	26.2	38.3	118.8	1346.2	348.6
1963	4.4	22.9	14.0	45.0	13.1	7.6	94.8	96.0	792.7	297.8
1964	120.9	17.7	0.0	4.5	15.6	7.3	48.3	2.0	1096.2	216.3
1965	35.8	11.2	2.2	0.4	13.4	49.3	26.6	49.6	870.0	188.5
1966	70.1	21.8	7.0	8.9	35.3	16.6	23.2	36.9	523.3	219.8
1967	65.6	35.8	0.0	0.0	0.1	25.3	3.8	41.9	700.6	172.5
1968	49.9	12.2	8.9	18.2	20.9	14.1	41.5	53.2	608.9	218.9
1969	0.0	1.7	0.6	0.0	28.4	1.3	27.4	53.5	484.8	112.9
1970	58.2	16.1	4.4	21.5	17.9	67.6	28.7	10.7	1167.0	225.1
1971	20.2	1.0	10.4	36.6	2.1	34.1	27.1	98.6	1012.5	230.1
1972	42.2	21.8	0.1	6.5	15.3	10.2	106.8	55.2	721.9	258.1
1973	76.2	0.0	0.2	10.7	2.7	28.9	73.9	79.3	739.4	271.9
1974	31.6	16.0	47.8	0.7	18.3	12.1	91.0	0.4	768.2	217.9
1975	85.8	131.7	9.1	0.1	32.1	4.2	9.5	41.5	998.2	314.0
1976	28.8	7.1	1.0	0.0	0.0	9.2	80.3	95.3	832.0	221.7
1977	44.3	23.9	25.3	0.0	8.5	16.3	0.0	14.0	368.0	132.3
1978	39.2	7.9	2.4	24.6	16.2	43.1	55.4	50.4	804.7	239.2
1979	3.9	4.1	24.8	6.8	3.9	16.8	57.1	40.0	692.6	157.4
1980	88.3	6.5	2.8	8.0	4.5	44.6	7.7	15.6	678.4	178.0
1981	50.4	7.5	2.3	0.6	17.5	14.8	18.1	97.2	582.0	208.4
1982	120.9	91.6	2.0	19.4	6.1	23.2	15.5	20.7	647.3	299.4
1983	40.6	0.5	0.2	0.0	2.2	0.0	31.6	62.7	510.4	137.8
1984	11.9	51.4	11.6	3.8	8.0	18.7	24.4	87.1	878.6	216.9
1985	99.3	16.7	22.6	0.0	9.6	10.9	13.9	15.9	905.3	188.9
1986	42.2	2.4	26.5	26.5	26.0	3.4	70.1	49.2	836.0	246.3
1987	80.2	18.8	0.0	11.3	0.4	11.4	10.0	48.9	576.3	181.0
1988	1.9	1.5	11.0	51.4	0.6	91.1	11.3	11.8	516.7	180.6
1989	0.4	23.8	2.7	23.1	47.4	26.1	63.5	90.2	673.1	277.2
1990	0.6	3.4	6.1	7.9	19.9	50.5	34.9	141.0	1144.9	264.3
1991	2.4	19.3	16.7	20.9	11.6	11.4	13.2	42.2	451.2	137.7
1992	33.1	1.7	14.7	5.5	66.9	6.6	15.6	78.7	516.2	222.8
1993	30.6	158.7	8.8	0.5	8.8	26.8	35.6	15.4	730.3	285.2

续表

年份	10 月	11 月	12 月	1 月	2 月	3 月	4 月	5 月	年降水量	非汛期
1994	75.7	37.7	23.9	4.2	4.2	20.6	12.3	46.1	582.6	224.7
1995	35.7	0.2	0.0	9.1	0.0	44.2	39.0	2.0	614.4	130.2
1996	63.9	19.0	13.4	1.0	14.7	25.5	33.0	32.8	784.9	203.3
1997	6.0	86.7	38.9	13.0	51.9	59.9	57.2	124.0	790.2	437.6
1998	45.4	2.2	6.0	0.0	2.2	7.2	27.6	79.4	708.7	170.0
1999	82.2	7.8	0.1	40.4	9.7	2.0	6.8	86.2	808.5	235.2
2000	84.4	61.5	1.5	44.7	21.2	6.7	8.8	18.0	956.0	246.8
2001	45.4	11.6	14.4	10.3	1.4	19.9	48.5	108.0	856.0	259.5
2002	12.0	8.6	11.1	12.0	29.4	29.2	58.5	69.0	490.8	229.8
2003	84.4	32.1	23.9	4.1	29.5	3.8	54.6	75.0	867.4	307.4
2004	13.3	104.8	8.3	0.0	30.6	8.9	14.7	57.0	679.2	237.6
2005	22.6	5.3	10.0	4.5	9.3	11.3	39.5	70.0	936.5	172.5
2006	18.5	21.3	30.1	4.3	36.0	73.0	58.0	46.5	707.7	287.7
2007	12.4	0.0	33.5	9.8	5.4	14.0	81.7	102.0	1488.3	258.8
2008	149.5	18.4	2.9	1.1	14.3	29.1	33.9	52.5	933.7	301.7
2009	14.8	23.1	20.8	1.2	43.8	20.9	34.0	155.5	643.1	314.1
2010	1.0	0.0	1.0	0.2	31.0	0.3	7.5	50.5	627.5	91.5

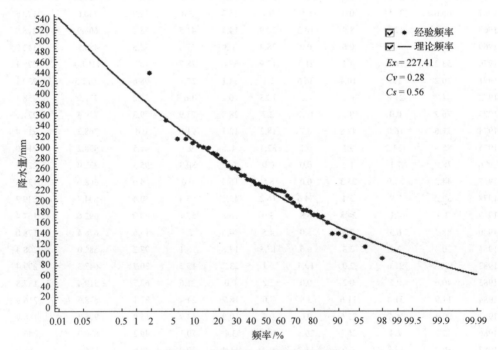

图 8.2　非汛期降水量频率曲线图

表 8.4　非汛期降水序列统计参数及不同频率降水量值

均值/mm	统计参数		不同频率降水量值/mm				
	Cv	Cs	5%	25%	50%	75%	95%
227.4	0.30	0.60	350.0	269.0	220.6	178.5	128.0

2. 不同频率典型年非汛期月降水量分配过程的确定

根据胶南市不同频率非汛期降水量选取典型年(由于水库汛末蓄水量较少,降水越偏后越不利,故选取降水偏后的典型年),按照同倍比法计算设计年的年内分配过程,结果见表 8.5。

表 8.5　设计年非汛期月降水量分配　　　　　　(单位:mm)

	频率	10 月	11 月	12 月	1 月	2 月	3 月	4 月	5 月	备注
典型年	5%	72.6	78.7	13.6	0.4	0.0	26.2	38.3	118.8	1962 年
	25%	0.6	3.4	6.1	7.9	19.9	50.5	34.9	141.0	1990 年
	50%	28.8	7.1	1.0	0.0	0.0	9.2	80.3	95.3	1976 年
	75%	22.6	5.3	10.0	4.5	9.3	11.3	39.5	70.0	2005 年
	95%	2.4	19.3	16.7	20.9	11.6	11.4	13.2	42.2	1991 年
设计年	5%	72.9	79.0	13.7	0.4	0.0	26.3	38.5	119.3	
	25%	0.6	3.5	6.2	8.0	20.3	51.4	35.5	143.5	
	50%	28.7	7.1	1.0	0.0	0.0	9.2	79.9	94.8	
	75%	23.4	5.5	10.3	4.7	9.6	11.7	40.9	72.4	
	95%	2.5	20.4	17.7	22.1	12.3	12.1	14.0	44.6	

3. 不同频率设计年非汛期月径流量过程的确定

本书采用径流系数法,根据降水推求水库入库径流,月无效降水量取 25mm,非汛期径流系数选用 0.2,汛期径流系数选用 0.4,利用式(8.1)计算径流量:

$$R_i = \alpha A (P_i - P_i')/10 \tag{8.1}$$

式中,R_i 为第 i 个月的径流量(万 m^3);P_i 为第 i 个月的降水量(mm);α 为降水径流系数;P_i' 为第 i 个月的无效降水(mm);i 为第 i 个月,取 1,2,$\cdots$,12;A 为汇流面积(km^2)。

将径流系数 α、汇流面积 A、降水量及无效降水量等计算变量代入式(8.1),可求得不同设计频率的月入库径流量。陡崖子水库和铁山水库非汛期月入库径流量计算结果见表 8.6。

表 8.6　不同频率非汛期月入库径流量　　　　　　(单位:万 m^3)

水库	频率	10 月	11 月	12 月	1 月	2 月	3 月	4 月	5 月
陡崖子水库	5%	68.0	76.7	0.0	0.0	0.0	1.9	19.1	133.9
	25%	0.0	0.0	0.0	0.0	0.0	37.5	14.9	168.3
	50%	5.2	0.0	0.0	0.0	0.0	0.0	78.0	99.2
	75%	0.0	0.0	0.0	0.0	0.0	0.0	22.5	67.4
	95%	0.0	0.0	0.0	0.0	0.0	0.0	0.0	27.9
铁山水库	5%	55.6	62.7	0.0	0.0	0.0	1.5	15.6	109.4
	25%	0.0	0.0	0.0	0.0	0.0	30.6	12.2	137.5
	50%	4.2	0.0	0.0	0.0	0.0	0.0	63.7	81.0
	75%	0.0	0.0	0.0	0.0	0.0	0.0	18.4	55.0
	95%	0.0	0.0	0.0	0.0	0.0	0.0	0.0	22.8

4. 不同频率设计年汛期月径流量过程的确定

选用胶南水文站实测汛期月降水量数据,见表 8.7,降水径流系数选取 0.4,同理可得汛期不同频率月入库径流量,见表 8.8。

表 8.7 胶南水文站实测汛期月降水量　　　　(单位:mm)

年份	6 月	7 月	8 月	9 月	汛期
1960	425.4	144.4	288.3	67.5	925.6
1961	54.8	116.5	82.0	240.0	493.3
1962	207.9	435.3	209.4	145.0	997.6
1963	17.7	267.6	192.7	16.9	494.9
1964	136.6	328.4	316.3	98.6	879.9
1965	62.3	250.7	341.0	27.5	681.5
1966	16.3	171.7	96.6	18.9	303.5
1967	147.4	161.4	91.5	127.8	528.1
1968	54.1	147.7	153.9	34.3	390
1969	55.7	88.3	85.9	142.0	371.9
1970	122.8	367.6	193.1	258.4	941.9
1971	222.2	157.2	292.5	110.5	782.4
1972	13.2	160.6	217.0	73.0	463.8
1973	47.8	214.4	133.0	72.3	467.5
1974	87.7	150.9	273.7	38.0	550.3
1975	118.0	284.1	179.1	103.0	684.2
1976	157.6	199.9	190.3	62.5	610.3
1977	34.6	126.5	44.5	30.1	235.7
1978	107.6	117.4	222.4	118.1	565.5
1979	194.8	254.5	9.6	76.3	535.2
1980	199.6	138.6	73.9	88.3	500.4
1981	63.5	241.5	63.8	4.8	373.6
1982	66.2	232.8	37.5	11.4	347.9
1983	34.0	95.8	127.4	115.4	372.6
1984	76.2	297.3	159.5	128.7	661.7
1985	8.8	129.3	466.8	111.5	716.4
1986	128.5	178.0	264.2	19.0	589.7
1987	96.5	134.6	62.3	101.9	395.3
1988	61.9	149.2	85.3	39.7	336.1
1989	200.7	99.0	71.0	25.2	395.9
1990	209.0	177.4	317.3	176.9	880.6
1991	127.4	102.8	49.4	33.9	313.5
1992	6.7	85.3	164.0	37.4	293.4
1993	127.1	236.3	46.2	35.5	445.1

续表

年份	6 月	7 月	8 月	9 月	汛期
1994	46.6	120.0	158.4	32.9	357.9
1995	26.6	187.4	205.1	65.1	484.2
1996	245.3	154.3	139.7	42.3	581.6
1997	8.2	42.4	299.7	2.3	352.6
1998	69.7	211.5	237.1	20.4	538.7
1999	125.1	63.3	278.0	106.9	573.3
2000	106.6	94.0	466.4	42.2	709.2
2001	59.0	286.5	219.0	32.0	596.5
2002	95.0	114.0	37.5	14.5	261
2003	181.5	167.5	111.0	100.0	560
2004	50.5	126.6	233.5	31.0	441.6
2005	73.5	75.5	286.0	329.0	764
2006	49.5	149.0	210.0	11.5	420
2007	135.0	202.5	607.0	285.0	1229.5
2008	41.0	314.5	230.5	46.0	632
2009	36.0	175.5	84.5	33.0	329
2010	61.5	127.5	213.5	133.5	536
2011	46.5	169.5	221.0	78.5	515.5

表 8.8　不同频率汛期月入库径流量　　　　　　　　（单位：万 m^3）

水库	频率	6 月	7 月	8 月	9 月
	5%	394.0	947.3	912.4	284.4
	25%	24.4	358.3	1293.7	309.0
陡崖子水库	50%	41.2	501.7	677.8	228.0
	75%	97.6	275.0	365.7	331.2
	95%	21.4	110.5	781.0	6.0
	5%	317.4	763.1	735.0	229.1
	25%	19.6	288.7	1042.1	248.9
铁山水库	50%	33.2	404.1	546.0	183.7
	75%	78.6	221.5	294.6	266.8
	95%	17.2	89.0	629.1	4.8

8.2.3　地下水可供水量分析计算

地下水源地的补给量主要受降水影响，当时段降水量较小时(小于下限阈值)，由于蒸发损失和补给土壤包气带，对地下水的补给可能很小甚至为零，以至于可以忽略，小于该下限阈值的即为无效降水；当时段降水量较大时(大于上限阈值)，由于地下水含水层蓄满，多余降水不再补给地下水，而只能形成地表径流，大于该上限阈值对于补充地下水而言也为无效降水；只有在上、下限阈值之间的降水对地下水的补给有显著影响，称为有效降水。考虑有效降水的影响，地下水位变幅拟合方程见式(8.2)：

$$\Delta H = \beta_0 + \beta_1 W + \beta_2 P' + \beta_3 P'_a \tag{8.2}$$

式中，P' 为时段有效降水量(mm)；P'_a 为时段前期有效降水量(mm)；其他符号同前。

当不考虑常数项时，地下水位变幅拟合方程见式(8.3)：

$$\Delta H = \beta_1 W + \beta_2 P' + \beta_3 P'_a \tag{8.3}$$

对风河地下水源地水位数据进行回归分析，得到风河地下水源地地下水位变幅拟合方程：

$$\Delta H = -1.57313 \times 10^{-3} W + 5.9802 \times 10^{-3} P' + 3.7511 \times 10^{-4} P'_a \tag{8.4}$$

在降水和有效降水已知的情况下，当水位变幅 ΔH 为零时，此时降水补给量等于开采量。补给量表达式见式(8.5)：

$$\Delta H = \left(5.9802 \times 10^{-3} P' + 3.7511 \times 10^{-4} P' \right) / 1.57313 \times 10^{-3} \tag{8.5}$$

由式(8.5)可求得风河地下水源地不同降水频率条件下非汛期和汛期的补给量，分别见表8.9和表8.10。

表 8.9　风河地下水源地非汛期地下水补给量　　　　　（单位：万 m³）

月份	频率				
	5%	25%	50%	75%	95%
10	24.4	14.1	9.6	6.5	3.5
11	6.0	0.6	0.0	0.0	0.0
12	0.2	0.0	0.0	0.0	0.0
1	0.2	0.0	0.0	0.0	0.0
2	113.8	53.1	20.7	0.0	0.0
3	7.1	3.3	1.3	0.0	0.0
4	68.3	17.3	1.3	0.0	0.0
5	365.0	362.0	361.1	294.4	205.8

表 8.10　风河地下水源地汛期地下水补给量　　　　　（单位：万 m³）

月份	频率				
	5%	25%	50%	75%	95%
6	162.1	81.7	39.7	8.2	1.5
7	386.7	375.9	370.3	366.0	241.5
8	442.4	379.4	280.4	205.6	136.0
9	219.1	123.3	73.4	41.9	30.1

8.2.4　非常规水可供水量分析计算

胶南市污水处理厂现有处理能力为 6 万 m³/d, 2020 年扩建至 11 万 m³/d; 2030 年再扩建 4 万 m³/d, 总处理规模达到 15 万 m³/d。由于管线配套等工程实际问题, 本次研究不予考虑非常规水源供水。

8.3　胶南市基于"三条红线"的水资源优化配置模型

8.3.1　模型目标函数

考虑"三条红线"在水资源优化配置中的影响, 胶南市水资源优化目标主要考虑供水效益最大、各用水户的缺水损失总值最小(有时简化采用缺水量总和最小)。利用多目标规划方法将多目标问题转化为单目标规划问题, 结合胶南市实际情况, 本次模型只考虑地表水源(水库)和地下水源(地下水源地)联合调度, 目标函数主要考虑水资源系统总缺水量最小, 胶南市水资源优化配置模型的数学表达式为

$$\max f(x) = -\min\left\{\sum_{t=1}^{n}\sum_{k=1}^{K}\left\{\theta_{(k)t}\left[\left(\sum_{i=1}^{2}x_{it}^{k}+\sum_{c=1}^{2}x_{ct}^{k}\right)-D_t^k\right]\right\}\right\} \tag{8.6}$$

对于胶南市而言, 用水子区为生产用水、生活用水、生态用水; 水库有铁山和陡崖子水库向城区供水; 地下水源地有风河地下水源地向城区供水和吉利河河道取水。

8.3.2　模型约束条件

1. 水库水量平衡约束

$$V_{i(t+1)} = V_{it} + I_{it} - \sum_{k=1}^{K}\sum_{j=1}^{J(k)}x_{it}^k - L_{it} - Q_{it} \tag{8.7}$$

2. 水库库容约束

$$\begin{cases} Z_{i死} \leqslant Z_{it} \leqslant Z_{i限} & t为汛期 \\ Z_{i死} \leqslant Z_{it} \leqslant Z_{i兴} & t为非汛期 \end{cases}$$

铁山水库、陡崖子水库的死水位分别为 34m 和 26.35m, 防洪限制水位分别为 47.7m 和 37.25m。对于胶南市的供水水库来说, 防洪限制水位和兴利水位是同一水位。

3. 地下水平衡约束

$$V_{c(t+1)} - V_{ct} = f\left(P_t, P_{at}, x_{ct}^k\right) \tag{8.8}$$

4. 地下水源地地下水位约束

$$Z_{ct} \geqslant 6.8$$

5. 水资源利用总量约束

地表水源：$\sum_{t=1}^{n} \sum_{k=1}^{K} x_{it}^{k} \leqslant W_i$

地下水源：$\sum_{t=1}^{n} \sum_{k=1}^{K} x_{ct}^{k} \leqslant W_c$

6. 用水效率约束

$$\frac{\sum_{t=1}^{n} \sum_{k=1}^{3} \left(\sum_{i=1}^{2} x_{it}^{k} + \sum_{c=1}^{M} x_{ct}^{k} \right)}{g} \leqslant W_g$$

2012 年胶南市区的 GDP 值为 599.65 亿元；万元 GDP 取水量的指标值为 13.43m³/万元。数据来自 2012 年《胶南市水资源公报》，胶南水文局和胶南市《统计公报》，胶南统计局。

7. 限制纳污能力约束

$$\sum_{t=1}^{n} \sum_{k=1}^{3} 0.01 d^k P^k \left(\sum_{i=1}^{2} x_i^k + \sum_{c=1}^{2} x_c^k \right) \leqslant S_p$$

胶南市区所处水功能区限制纳污能力控制指标为：COD 为 58.55t/a。胶南市 2012 年单位废水排放量中化学需氧量 COD 的含量 42mg/L，污水排放系数 31.9%。数据来自 2012 年《胶南市区域水功能区水质检测报告》，胶南水文局。

8. 渠道和管道的输水能力约束

输水渠道和管道的过水流量应小于等于其设计流量。

9. 变量非负约束

$$x_{it}^{k}、\ x_{ct}^{k} \geqslant 0$$

符号意义同前。

8.3.3　求解方法

利用多目标动态规划方法，将 $V_{i(t+1)} = V_{it} + I_{it} - \sum\limits_{k=1}^{K} \sum\limits_{j=1}^{J(k)} x_{it}^k - L_{it} - Q_{it}$ 水库水量平衡方

程、$V_{c(t+1)} - V_{ct} = f\left(P_t, P_{at}, x_{ct}^k\right)$ 地下水水量平衡方程作为状态转移方程，将式 (8.9)

$$f_t\left(V_{it}、V_{ct}\right) = \min\left\{\left\{\sum_{t=1}^{n}\sum_{k=1}^{K}\left\{\theta_{(k)t}\left[\left(\sum_{i=1}^{2}x_{it}^k + \sum_{c=1}^{2}x_{ct}^k\right) - D_t^k\right]\right\}\right\} + f_{t-1}\left[V_{i(t-1)}、V_{c(t-1)}\right]\right\} \tag{8.9}$$

作为指标函数基本方程，利用顺序法对水资源优化配置的不同方案进行求解，得到每个阶段的最优供水量及最小缺水量，进而得到整个过程的最优供水序列和最小缺水量。

第9章 胶南市水资源优化配置方案

水资源优化配置取决于时段初可供水量、时段内来水量和需水量，以及时段末剩余可供水量三个方面，本章主要研究的是年内调节，故主要考虑时段初可供水量和时段内降水，确定这些因素之前，必须要确定合理的配置时段，下面就时段划分、时段初可供水量、时段内来水量等问题进行详细的分析与计算。

9.1 配置时段的选择

胶南市区供水水源主要有铁山、陡崖子两个水库及风河地下水源地，两个水库均为中型水库，且为年调节水库，故对于胶南市城市水资源配置定义为水资源的年内调节。

由前面6.2.1节年内调节时段划分方法可得胶南市水资源优化配置的配置时段。以2011年10月1日8:00至2012年10月1日8:00为例，此时的月平均需水量为300.3万m³，具体划分如下：

(1)当次年汛期(即2012年汛期)的来水频率为5%时，来水充沛，完全可以满足次年汛期的用水需求，故主配置时段选为2011年10月1日8:00至2012年6月1日8:00。

(2)当次年汛期(即2012年汛期)的来水频率为50%时，由于6月来水不能满足当月需水要求，故主配置时段选为2011年10月1日8:00至2012年7月1日8:00。

(3)当次年汛期(即2012年汛期)的来水频率为95%时，与来水频率为50%时相同，由于6月、7月两个月份来水均不能满足当月需水要求，故主配置时段选为2011年10月1日8:00至2012年8月1日8:00。由于辅助配置时段内不缺水，故本次配置不做重点研究。

9.2 配置时段初可供水量确定

时段初可供水量由前期降水、用户用水、损失等多个因素共同制约，而其中汛期降水是其最重要的影响因素，本书依据水库水位、地下水水位及水库水位库容曲线、设计暴雨等资料，利用汛期降水推求径流，进而确定时段初可供水量，即10月1日8:00的水库和地下水源地可利用水量，汛期不同降水频率对应的时段初可供水量见表9.1。

表9.1 不同频率汛期降水对应的时段初可供水量 （单位：万m³）

供水水源	频率		
	5%	50%	95%
铁山水库	2044.6	1167.1	740.2
陡崖子水库	2538.1	1448.8	918.9
风河地下水源地	1571.6	1103.4	426.2
总量	6154.3	3719.2	2085.2

9.3 配置时段内来水量确定

不同设计频率下非汛期、汛期降水补给量,见表 9.2 和表 9.3。

表 9.2 非汛期不同设计频率月降水补给量 (单位:万 m³)

月份	铁山水库			陡崖子水库			风河地下水源地		
	5%	50%	95%	5%	50%	95%	5%	50%	95%
10	55.6	4.2	0	68	5.2	0	24.4	9.6	3.5
11	62.7	0	0	76.7	0	0	6	0	0
12	0	0	0	0	0	0	0.2	0	0
1	0	0	0	0	0	0	0.2	0	0
2	0	0	0	0	0	0	113.8	20.7	0
3	1.5	0	0	1.9	0	0	7.1	1.3	0
4	15.6	63.7	0	19.1	78	0	68.3	1.3	0
5	109.4	81	22.8	133.9	99.2	27.9	365	361.1	205.8
总量	244.8	148.9	22.8	299.6	182.4	27.9	585	394	209.3

表 9.3 汛期不同设计频率月降水补给量 (单位:万 m³)

供水水源	频率	6 月	7 月	8 月	9 月	总量
铁山水库	5%	317.4	763.1	735	229.1	2044.6
	50%	33.2	404.1	546	183.7	1167.0
	95%	17.2	89	629.1	4.8	740.1
陡崖子水库	5%	394	947.3	912.4	284.4	2538.1
	50%	41.2	501.7	677.8	228	1448.7
	95%	21.4	110.5	781	6	918.9
风河地下水源地	5%	392.7	402.8	458.4	393	1646.9
	50%	17.3	409.7	425.8	250.6	1103.4
	95%	0.4	36	329.7	60.1	426.2
总量	5%	1104.2	2113.2	2105.8	906.5	6229.7
	50%	91.7	1315.5	1649.6	662.3	3719.1
	95%	39	235.5	1739.8	70.9	2085.2

9.4 配 置 方 案

由于时段初可供水量、时段内来水量等均与降水频率相关,故本书利用相邻汛期降水量之间的转移频率关系确定相邻汛期来水组合的配置方案,利用马尔可夫过程来计算相邻汛期之间的转移概率。

9.4.1　转移概率的分析

若随机过程 $X(t)$ 满足：

$$F\left(X_{n+k};\ t_{n+k}\mid X_n, X_{n-1}, \cdots, X_1;\ t_n, t_{n-1}, \cdots, t_1\right) = F\left(X_{n+k};\ t_{n+k}\mid X_n;\ t_n\right)\quad (k>0)\quad (9.1)$$

则 $X(t)$ 被称为马尔可夫过程(马氏过程)。式(9.1)右端的条件分布函数称为马尔可夫过程从时刻 t_n 状态 X_n 转移到时刻 t_{n+k} 状态 X_{n+k} 的概率，简称转移概率。

从定义知，在 t_n 时刻处的状态已知的条件下，马尔可夫过程在时刻 t_{n+k} $(k>0)$ 所处的状态只与其在 t_n 时刻处的状态有关，而与其在 t_n 时刻以前所处的状态无关。这种特性称为马尔可夫过程无后效性(马氏性)。

现有胶南市 1960~2011 年汛期的降水量系列资料，将序列划分为 3 个状态(m=3)，即枯、平、丰，分别用 1，2，3 表示。状态划分采用均值标准差法，即枯、平、丰分别对应区间 $[0, \bar{x}-0.5s]$、$[\bar{x}-0.5s, \bar{x}+0.5s]$ 和 $[\bar{x}+0.5s, +\infty]$，其中汛期降水量序列均值 $\bar{x}=546.3\text{mm}$，标准差 $s=205.9\text{mm}$，则枯、平、丰分别对应的具体区间分别为 $[0, 443.35]$、$[443.35, 649.25]$ 和 $[649.25, +\infty]$，分类结果见表 9.4。

表 9.4　胶南市汛期降水量与状态　　　　　　(单位：mm)

年份	1960	1961	1962	1963	1964	1965	1966	1967	1968	1969	1970
降水	925.6	493.3	997.6	494.9	879.9	681.5	303.5	528.1	390	371.9	941.9
状态	3	2	2	3	3	3	1	2	1	1	3

年份	1971	1972	1973	1974	1975	1976	1977	1978	1979	1980	1981
降水	782.4	463.8	467.5	550.3	684.2	610.3	235.7	565.5	535.2	500.4	373.6
状态	3	2	2	2	3	2	1	2	2	2	1

年份	1982	1983	1984	1985	1986	1987	1988	1989	1990	1991	1992
降水	347.9	372.6	661.7	716.4	589.7	395.3	336.1	395.9	880.6	313.5	293.4
状态	1	1	3	3	2	1	1	1	3	1	1

年份	1993	1994	1995	1996	1997	1998	1999	2000	2001	2002	2003
降水	445.1	357.9	484.2	581.6	352.6	538.7	573.3	709.2	596.5	261	560
状态	2	1	2	2	1	2	2	3	2	1	2

年份	2004	2005	2006	2007	2008	2009	2010	2011			
降水	441.6	764	420	1229	632	329	536	515.5			
状态	1	3	1	3	2	1	2	1			

由表 9.4 统计一步转移频数矩阵为

$$F = \left(f_{ij}\right)_{m \times m} = \begin{bmatrix} 6 & 7 & 5 \\ 9 & 7 & 4 \\ 3 & 7 & 3 \end{bmatrix}$$

式中，f_{ij} 为第 i 状态经一步转移为第 j 状态的频数。

而转移概率为

$$P_{ij} = \frac{f_{ij}}{\sum\limits_{j=1}^{m} f_{ij}} \tag{9.2}$$

故一步转移矩阵为

$$P^{(1)} = \begin{bmatrix} 0.33 & 0.39 & 0.28 \\ 0.45 & 0.35 & 0.20 \\ 0.23 & 0.54 & 0.23 \end{bmatrix}$$

因此，由已知汛期来水状态可知次年汛期来水的条件概率分布，即次年汛期来水处于 3 种状态的概率。

需要说明的是，应用马尔可夫进行概率分析的必要前提是研究随机过程满足马氏性，对于马尔可夫链的马氏性，可用 χ^2 检验法检验。当样本足够大时，统计量：

$$\chi^2 = 2\sum_{i=1}^{m}\sum_{j=1}^{m} f_{ij}\left|\log\frac{P_{ij}}{P_{gj}}\right| \tag{9.3}$$

服从自由度为 $(m-1)^2$ 的 χ^2 分布。显著性水平 α，若 $\chi^2 > \chi_\alpha^2\left[(m-1)^2\right]$，则满足马氏性。式 (9.3) 中 P_{gj} 为边际概率，计算式为

$$P_{gj} = \frac{\sum\limits_{i=1}^{m} f_{ij}}{\sum\limits_{i=1}^{m}\sum\limits_{j=1}^{m} f_{ij}} \tag{9.4}$$

对于胶南汛期降水序列 $m=3$，计算得到 χ^2 统计值为 15.7，当显著性水平 $\alpha = 0.05$，查 χ^2 分布表，可得分位点 $\chi_\alpha^2 = 9.488$。由于 $\chi^2 > \chi_\alpha^2\left[(m-1)^2\right]$，故该汛期降水序列满足马氏性。

由转移频率分析可得汛期来水频率组合见表 9.5。

表 9.5　不同汛期来水组合频率　　　　　　　　（单位：%）

当年	次年		
	枯	平	丰
枯	33	39	28
平	45	35	20
丰	23	54	23

9.4.2　配置方案的确定

由表 9.5 可见，当年汛期降水为枯水年时，次年汛期降水为枯水、平水、丰水的频率分别为 33%、39%、28%；当年汛期降水为平水年时，次年汛期降水为枯水、平水、丰水的频率分别为 45%、35%、20%；当年汛期降水为丰水年时，次年汛期降水为枯水、平水、丰水的频率分别为 23%、54%、23%。由此可知，当年汛期为枯水年时，次年汛期为平水年的概率最大；当年汛期为平水年时，次年汛期为枯水年的频率最大，当年汛期为丰水年，次年汛期为平水年的概率最大，下面重点研究这三种情况。

另外，由于非汛期来水较少，无论是 95%的枯水年，还是 50%的平水年和 5%的丰水年非汛期来水均无法满足用水需求，为安全起见，本次选择对配置不利的非汛期来水情形确定水资源配置方案。配置组合方案见表 9.6。

表 9.6　不同来水频率组合方案

方案	当年汛期来水	非汛期来水	次年汛期来水
方案一	枯水(95%)	枯水(95%)	平水(50%)
方案二	平水(50%)	枯水(95%)	枯水(95%)
方案三	丰水(5%)	丰水(5%)	平水(50%)

9.5　配　置　结　果

现状年选为 2011 年 10 月 1 日 8:00 至 2012 年 10 月 1 日 8:00，需水量见表 9.7。

表 9.7　胶南城区需水量　　　　　　　　（单位：万 m^3/d）

	生态	生活	生产	总量
需水量	0.70	3.97	5.20	9.87

9.5.1　方案一的配置结果

本方案为当年汛期来水频率为 95%的枯水年、当年非汛期降水频率为 95%的枯水年，而次年汛期降水频率为 50%的平水年的情况，配置时段为 2011 年 10 月 1 日 8:00 至 2012 年 7 月 1 日 8:00，以需定供配置结果见表 9.8，以供定需配置结果见表 9.9。

表 9.8　胶南城区水资源优化配置结果（方案一、以需定供）　　　　（单位：万 m³）

时间	W_x	W_h	铁山水库				陡崖子水库				风河地下水源地			W_{sz}
			W_{tin}	V_t	W_t	W_{tz}	W_{din}	V_d	W_d	W_{dz}	W_{fin}	V_f	W_f	
2011 年 10 月	310.3	42.7	0.0	837.2	267.6	21.0	0.0	1043.9	0.0	16.6	3.5	426.2	0.0	310.3
11 月	300.3	29.1	0.0	548.6	0.0	10.6	0.0	1027.3	271.2	10.7	0.0	429.7	0.0	300.3
12 月	310.3	40.3	0.0	538.1	270.0	12.5	0.0	745.4	0.0	10.4	0.0	429.7	0.0	310.3
2012 年 1 月	310.3	16.5	0.0	255.5	0.0	7.6	0.0	735.0	293.8	8.9	0.0	429.7	0.0	310.3
2 月	280.3	45.9	0.0	248.0	0.0	11.1	0.0	432.4	234.4	9.5	0.0	429.7	0.0	280.3
3 月	310.3	37.6	0.0	236.9	130.0	9.3	0.0	188.5	58.0	5.4	0.0	429.7	84.7	310.3
4 月	300.3	38.0	0.0	97.6	0.0	10.2	0.0	125.1	0.0	6.6	0.0	345.0	263.3	301.3
5 月	310.3	46.0	22.8	87.4	0.0	12.2	27.9	118.5	0.0	7.9	205.8	81.7	264.3	310.3
6 月	300.3	45.0	33.2	98.0	22.9	11.2	41.2	138.5	47.2	7.5	17.3	23.2	40.5	155.6
7 月		19.4		97.0				125.0	0.0			0.0		
总量	2732.7	360.5	56.0		690.5	105.6	69.1	4679.6	904.6	83.4	226.6		652.8	2589.0

表 9.9　胶南城区水资源优化配置结果（方案一、以供定需）　　　　（单位：万 m³）

时间	W_x	W_h	铁山水库				陡崖子水库				风河地下水源地			W_{sz}
			W_{tin}	V_t	W_t	W_{tz}	W_{din}	V_d	W_d	W_{dz}	W_{fin}	V_f	W_f	
2011 年 10 月	293.6	42.7	0.0	837.2	250.9	21.0	0.0	1043.9	0.0	16.6	3.5	426.2	0.0	293.6
11 月	284.1	29.1	0.0	565.4	0.0	10.7	0.0	1027.3	255.0	10.7	0.0	429.7	0.0	284.1
12 月	293.6	40.3	0.0	554.6	253.3	12.7	0.0	761.6	0.0	10.5	0.0	429.7	0.0	293.6
2012 年 1 月	293.6	16.5	0.0	288.6	0.0	7.9	0.0	751.1	277.1	9.0	0.0	429.7	0.0	293.6
2 月	265.2	45.9	0.0	280.6	0.0	11.6	0.0	465.0	219.3	9.9	0.0	429.7	0.0	265.2
3 月	293.6	37.6	0.0	269.0	160.0	9.8	0.0	235.9	96.0	5.9	0.0	429.7	0.0	293.6
4 月	284.1	38.0	0.0	99.2	0.0	10.3	0.0	133.9	0.0	6.8	0.0	429.7	246.1	284.1
5 月	293.6	46.0	22.8	89.0	0.0	12.2	27.9	127.2	0.0	8.1	205.8	183.6	247.6	293.6
6 月	284.1	45.0	33.2	99.6	24.5	11.3	41.2	147.0	55.5	7.7	17.3	141.8	159.1	284.1
7 月				97.0				125.0				0.0		
总量	2585.4	341.1	56.0		688.6	107.6	69.1		902.9	85.1	226.6		652.8	2585.4

9.5.2　方案二的配置结果

本方案为当年汛期来水频率为 50% 的平水年、当年非汛期降水频率为 95% 的枯水年，而次年汛期降水频率为 95% 的枯水年的情况，配置时段为 2011 年 10 月 1 日 8:00 至 2012 年 8 月 1 日 8:00，以需定供配置结果见表 9.10，以供定需配置结果见表 9.11。

表 9.10　胶南城区水资源优化配置结果(方案二、以需定供)　　(单位：万 m³)

时间	W_x	供水												W_{sz}
		W_h	铁山水库				陡崖子水库				风河地下水源地			
			W_{tin}	V_t	W_t	W_{tz}	W_{din}	V_d	W_d	W_{dz}	W_{fin}	V_f	W_f	
2011 年 10 月	310.3	42.7	0.0	1264.1	267.6	27.6	0.0	1573.8	0.0	21.9	3.5	1103.4	0.0	310.3
11 月	300.3	29.1	0.0	968.9	0.0	15.0	0.0	1551.9	271.2	14.1	0.0	1106.9	0.0	300.3
12 月	310.3	40.3	0.0	953.9	270.0	17.8	0.0	1266.7	0.0	14.8	0.0	1106.9	0.0	310.3
2012 年 1 月	310.3	16.5	0.0	666.1	0.0	12.2	0.0	1251.9	293.8	12.6	0.0	1106.9	0.0	310.3
2 月	280.3	45.9	0.0	653.9	0.0	18.0	0.0	945.5	234.4	15.5	0.0	1106.9	0.0	280.3
3 月	310.3	37.6	0.0	635.9	272.7	15.1	0.0	695.5	0.0	10.8	0.0	1106.9	0.0	310.3
4 月	300.3	38.0	0.0	348.1	0.0	15.5	0.0	684.7	262.3	15.2	0.0	1106.9	0.0	300.3
5 月	310.3	46.0	22.8	332.6	0.0	18.5	27.9	407.2	264.3	13.5	205.8	1106.9	0.0	310.3
6 月	300.3	45.0	17.2	336.9	0.0	16.8	21.4	157.3	0.0	7.8	0.4	1312.7	255.3	300.3
7 月	310.3	19.4	89.0	337.3	0.0	16.1	110.5	170.9	0.0	7.7	36.0	1057.8	290.9	310.3
8 月				410.2				273.6				802.9		
总量	3043.0	360.5	129.0		810.3	172.6	159.8		1326.0	134.0	245.7		546.2	3043.0

表 9.11　胶南城区水资源优化配置结果(方案二、以供定需)　　(单位：万 m³)

时间	W_x	供水												W_{sz}
		W_h	铁山水库				陡崖子水库				风河地下水源地			
			W_{tin}	V_t	W_t	W_{tz}	W_{din}	V_d	W_d	W_{dz}	W_{fin}	V_f	W_f	
2011 年 10 月	445.2	42.7	0.0	1264.1	402.5	27.6	0.0	1573.8	0.0	21.9	3.5	1103.4	0.0	445.2
11 月	430.8	29.1	0.0	834.0	0.0	13.6	0.0	1551.9	401.7	14.1	0.0	1106.9	0.0	430.8
12 月	445.2	40.3	0.0	820.4	404.9	16.1	0.0	1136.2	0.0	13.7	0.0	1106.9	0.0	445.2
2012 年 1 月	445.2	16.5	0.0	399.4	0.0	9.2	0.0	1122.4	428.7	11.7	0.0	1106.9	0.0	445.2
2 月	402.1	45.9	0.0	390.1	0.0	13.5	0.0	682.0	356.2	12.5	0.0	1106.9	0.0	402.1
3 月	445.2	37.6	0.0	376.6	257.6	11.4	0.0	313.3	150.0	6.8	0.0	1106.9	0.0	445.2
4 月	430.8	38.0	0.0	107.6	0.0	10.4	0.0	156.5	0.0	7.1	0.0	1106.9	392.8	430.8
5 月	445.2	46.0	22.8	97.2	0.0	12.4	27.9	149.4	0.0	8.5	205.8	714.1	399.2	445.2
6 月	430.2	45.0	17.2	107.6	0.0	11.5	21.4	168.8	0.0	8.0	0.4	520.7	385.2	430.2
7 月	445.2	19.4	89.0	113.3	94.2	11.1	110.5	182.1	159.7	7.9	36.0	135.9	171.9	445.2
8 月				97.0				125.0				0.0		
总量	4365.1	360.5	129.0		1159.2	136.9	159.8		1496.3	112.3	245.7		1349.1	4365.1

9.5.3　方案三的配置结果

本方案为当年汛期来水频率为 5%的丰水年、当年非汛期降水频率为 5%的丰水年，而次年汛期降水频率 50%的平水年的情况，配置时段为 2011 年 10 月 1 日 8:00 至 2012 年 7 月 1 日 8:00。以需定供配置结果见表 9.12，以供定需配置结果见表 9.13。

表 9.12 胶南城区水资源优化配置结果(方案三、以需定供) (单位:万 m³)

| 时间 | W_x | W_h | 供水 | | | | | | | | | | | W_{sz} |
| | | | 铁山水库 | | | | 陡崖子水库 | | | | 风河地下水源地 | | | |
			W_{tin}	V_t	W_t	W_{tz}	W_{din}	V_d	W_d	W_{dz}	W_{fin}	V_f	W_f	
2011 年 10 月	310.3	42.7	55.6	2141.6	0.0	39.8	68	2663.1	0.0	29.9	24.4	1571.6	267.6	310.3
11 月	300.3	29.1	62.7	2157.4	271.2	26.0	76.7	2701.2	0.0	19.5	6	1328.4	0.0	300.3
12 月	310.3	40.3	0	1923.0	0.0	28.8	0	2758.4	270.0	23.7	0.2	1334.4	0.0	310.3
2012 年 1 月	310.3	16.5	0	1894.2	293.8	24.6	0	2464.7	0.0	19.3	0.2	1334.6	0.0	310.3
2 月	280.3	45.9	0	1575.8	0.0	32.1	0	2445.4	234.4	28.5	113.8	1334.8	0.0	280.3
3 月	310.3	37.6	1.5	1543.7	272.7	27.0	1.9	2182.5	0.0	22.8	7.1	1448.6	0.0	310.3
4 月	300.3	38.0	15.6	1245.6	0.0	33.0	19.1	2161.5	0.0	32.2	68.3	1455.7	262.3	300.3
5 月	310.3	46.0	109.4	1228.1	0.0	39.8	133.9	2148.4	0.0	39.1	365	1261.7	264.3	310.3
6 月	300.3	45.0	33.2	1297.7		37.4	41.2	2243.2	255.3	36.2	17.3	1362.4	0.0	300.3
7 月				1293.6				1992.9				1379.7		
总量	2732.7	341.1	278.0		837.7	288.3	340.8		759.7	251.3	602.3		794.2	2732.7

表 9.13 胶南城区水资源优化配置结果(方案三、以供定需) (单位:万 m³)

| 时间 | W_x | W_h | 供水 | | | | | | | | | | | W_{sz} |
| | | | 铁山水库 | | | | 陡崖子水库 | | | | 风河地下水源地 | | | |
			W_{tin}	V_t	W_t	W_{tz}	W_{din}	V_d	W_d	W_{dz}	W_{fin}	V_f	W_f	
2011 年 10 月	837.3	42.7	55.6	2141.6	0.0	39.8	68	2663.1	0.0	29.9	24.4	1571.6	794.6	837.3
11 月	811.3	29.1	62.7	2157.4	782.2	26.0	76.7	2701.2	0.0	19.5	6	801.4	0.0	811.3
12 月	837.3	40.3	0	1412.0	0.0	23.7	0	2758.4	797.0	23.7	0.2	807.4	0.0	837.3
2012 年 1 月	837.3	16.5	0	1388.7	820.8	19.8	0	1937.7	0.0	16.8	0.2	807.6	0.0	837.3
2 月	756.3	45.9	0	548.1	0.0	16.2	0	1920.9	710.4	24.8	113.8	807.8	0.0	756.3
3 月	837.3	37.6	1.5	531.9	0.0	13.6	1.9	1185.7	799.7	15.4	7.1	921.6	0.0	837.3
4 月	810.3	38.0	15.6	519.8	419.4	19.1	19.1	372.5	256.0	10.6	68.3	928.7	96.9	810.3
5 月	837.3	46.0	109.4	97.0	0.0	12.4	133.9	125.0	0.0	8.0	365	900.1	791.3	837.3
6 月	810.3	45.0	33.2	193.9	116.6	13.5	41.2	250.9	157.6	9.5	17.3	473.8	491.1	810.3
7 月				97.0				125.0	0.0			0.0	0.0	
总量	7374.7	341.1	278.0		183.6	340.8			158.2	602.3				7374.7

在表 9.8~表 9.13 中,符号意义说明如下:

W_x 为胶南城区的需水量;W_h 为河道取水量;W_{tin}、W_{din}、W_{fin} 分别为铁山水库、陡崖子水库和风河地下水源地的入库(水源地)径流量;V_t、V_d、V_f 分别为铁山水库、陡崖子水库时段初水库蓄水量和风河地下水源地时段初可利用水量;W_{tz}、W_{dz} 分别为铁山水库、陡崖子水库的蒸发量;W_t、W_d、W_f 分别为铁山水库、陡崖子水库和风河地下水源地的实际供水量;W_{sz} 为供水系统的实际供水量。单位均为万 m³。

由表 9.8 可见,除 2010 年 3 月和 6 月为多水源联合供水,其余时间均为单一水源供水，在供水能力允许的前提下，尽可能地利用单一水库供水，减少工程运行成本。在单一水源供水无法满足供水需求时，采用多水源联合供水，尽量提高供水保证率。

2012 年 6 月的供水量 155.6 万 m^3 小于需水量 300.3 万 m^3，说明此时供水系统只能供给城市用水 155.6 万 m^3 水，缺水 144.7 万 m^3，供水系统无法满足需求，此时需要寻求其他解决途径，如节水、开源等。

由表 9.9 可见，配置时段末(即 2012 年 7 月)水库及地下水源地水位均到死水位或基准水位，此时供水系统的供水量为其最大可供水量，最大日可供水量为 9.47 万 m^3。

由表 9.10 可见，配置时段末水库和地下水源地均有剩余水量，供水系统可以满足配置时段内的供水需求。

由表 9.11 可见，日供水量达到 14.36 万 m^3，使用单一水源供水存在一定的困难，本次假设水源地供水工程的供水能力均可满足本配置的供水要求，如实际中未能达到要求，可考虑增加设备、扩充管道等措施加以解决。

由表 9.12 可见，地下水源地在当年汛期结束时，便已达到蓄满状态，因此配置初始时刻先开采风河地下水源地向城区供水；表 9.12 情况下，时段末剩余水量较多，可考虑适当增加供水量，以获得更高的收益。

由表 9.13 可见，供水系统最大可供水量达到 27.01 万 m^3/天，为所有方案中可供水量的最大值。

9.5.4 二次置配

对于可供水量小于需水量的情况，考虑到水资源的优化配置，需要对城市供水进行二次配置。由于生活用水关系着整个社会的安稳，原则上生活用水保证率不能低于 90%，且生产用水与生态用水保证率不得高于生活用水保证率。本节针对生活、生态、生产等不同用水户的用水特点提出了以下四个方案。

1. 统筹兼顾方案

此方案下，生活、生态、生产等用水均需要按照实际情况进行配置，生产用水保证率与生态用水保证率相同，生活用水保证率可高于其他两项。具体配置方案见表 9.14。

表 9.14　不同供水保证率方案　(单位：%)

供水次序	生活用水	生态用水	生产用水
a	≥95	≥95	≥95
b	95	≥90	≥90
c	≥90	≥90	≥90
d	90	≥80	≥80

a 方案判定方法。假设生态用水保证率和生产用水保证率等于 95%，如果生活用水保证率大于等于 95%，则假设成立，选用 a 方案。

b 方案判定方法。当生活用水保证率为 95%时，如果生态用水保证率和生产用水保证率均大于 90%，则选 b 方案。

c 方案判定方法。假设生态用水保证率和生产用水保证率等于 90%，如果生活用水保证率大于等于 90%，则假设成立，选用 c 方案。

d 方案判定方法。当生活用水保证率为 90% 时，如果生态用水保证率和生产用水保证率均大于 80%，则选 d 方案。

以此类推，以下三个方案与统筹兼顾方案划分方法及原理相同，不一一赘述。

从 9.5.1 节方案一的配置结果可以看出，此方案下城市供水量小于城市的需水量，需要对城市供水进行二次配置，以达到水资源优化配置的目的，方案一缺水状况符合统筹兼顾方案中的 a 方案，其二次分配结果见表 9.15。

表 9.15　胶南城区供水量(统筹兼顾方案)

用户	生态	生活	生产	总量
供水量/(万 m³/d)	0.67	3.81	4.99	9.47
保证率/%	96	96	96	96

2. 优先生活方案

此方案下，重点保障生活用水。使其供水保证率不低于 95%。具体方案见表 9.16。

表 9.16　不同供水保证率方案(优先生活方案)　　　　　　(单位：%)

供水次序	生产用水	生活用水	生态用水
a	95	≥95	95
b	90	≥95	95
c	95	≥95	90
d	90	≥95	90

方案一缺水状况符合优先生活方案中 a 方案，其二次分配结果见表 9.17。

表 9.17　胶南城区供水量(优先生活方案)

用户	生态	生活	生产	总量
供水量/(万 m³/d)	0.67	3.86	4.94	9.47
保证率/%	95	97.36	95	96

3. 保障生产方案

此方案下，重点保障生产用水，其用水保证率应大于生态用水保证率。当生产用水量保证率与生活用水保证率相等时，为其最优方案。具体方案见表 9.18。

表 9.18　不同供水保证率方案(保障生产方案)　　　　　　(单位：%)

供水次序	生产用水	生活用水	生态用水
a	≥95	≥95	95
b	≥95	≥95	90
c	≥90	≥90	90
d	90	90	…

方案一缺水状况符合保障生产方案 a 方案, 其二次分配结果见表 9.19。

表 9.19　胶南城区供水量表(保障生产方案)

用户	生态	生活	生产	总量
供水量/(万 m³/d)	0.67	3.81	4.99	9.47
保证率/%	95	96.02	96.02	96

4. 保护环境方案

此方案下, 重点保障生态环境用水, 其用水保证率应大于生产用水保证率, 生态用水量保证率与生活用水保证率相等为其最优方案。具体方案见表 9.20。

表 9.20　不同供水保证率方案(保护环境方案)　　　　　(单位: %)

供水次序	生态用水	生活用水	生产用水
a	≥95	≥95	95
b	≥95	≥95	90
c	≥90	≥90	90
d	90	90	≥80

方案一缺水状况符合保障生产方案 a 方案, 其二次分配结果见表 9.21。

表 9.21　胶南城区供水量(保护环境方案)

用户	生态	生活	生产	总量
供水量/(万 m³/d)	0.679	3.851	4.94	9.47
保证率/%	97	97	95	96

第10章 乳山市城区水资源优化配置

由于龙角山水库是乳山市城区主要的供水水源，故乳山市城区的水资源优化配置可概化为龙角山水库的水资源优化问题，龙角山水库为大型水库，可分年调节和多年调节分别进行研究。

10.1 供水现状和供水水源

10.1.1 供水现状

随着乳山市城市的开发建设，乳山市城区逐步向沿海方向发展，乳山市城区主要包括乳山市区、银滩开发区。城区供水工程分为自来水供水系统、水库直供工业企业和事业单位地下水自备井三部分。水库直供工业企业用水部分，只有台依水库通过地下管道直接供给工业企业，年均供水量 80 万 m^3。

乳山城市供水水厂主要有乳山一水厂、二水厂和三水厂，目前乳山一水厂、二水厂已停用，承担城市供水任务的主要为乳山三水厂，目前总供水能力为 4 万 m^3/d，完成扩建后供水能力将达到 10 万 m^3/d。

10.1.2 供水水源

目前，乳山市区的主要供水水源为龙角山水库，龙角山水库位于乳山市西北 22km 处，水库大坝坐落在乳山河中上游育黎镇龙角山村北，坝址以上控制流域面积227km²，坝址以下流域面积 677.3km²。水库主体工程于 1959 年 12 月开工，1960 年 6 月建成蓄水，是一座以防洪为主，结合农业灌溉、城市供水、养殖等综合利用的大型水库。1985 年山东省水利工程三查三定资料汇编，确认龙角山水库现状为大(2)型水库，水库的防洪标准为百年设计、千年校核，防洪设计水位 42.02m，校核洪水位 43.31m，兴利水位 41.00m，死水位 30.35m。总库容 9585 万 m^3，兴利库容 5916 万 m^3，死库容 750 万 m^3，最大洪峰流量 4174m^3/s，最大泄量 2379m^3/s，下游河道安全泄量 500m^3/s，有效灌溉面积 3.13 万亩，然而，由于承担下游的防洪任务，龙角山水库最大蓄水量为3931.9m^3。龙角山水库资料见表 10.1，龙角山水库水位库容曲线见图 10.1。

表 10.1 龙角山水库水位、库容、水面面积关系

水位/m	库容/百万 m³	水面面积/km²	水位/m	库容/百万 m³	水面面积/km²
22.66	0	0	29.00	4.588	1.965
27.00	1.712	1.045	30.00	6.700	2.263
28.00	2.922	1.383	30.35	7.500	2.350

1 亩≈666.7m²

续表

水位/m	库容/百万 m³	水面面积/km²	水位/m	库容/百万 m³	水面面积/km²
31.00	9.138	2.618	40.00	56.250	9.713
32.00	11.940	2.990	41.00	66.660	11.118
33.00	15.078	3.288	42.00	78.451	12.482
34.00	18.570	3.701	42.02	78.700	12.550
35.00	22.510	4.184	43.00	91.576	13.778
35.30	23.780	4.450	43.95	105.170	14.800
36.00	27.111	5.031	44.00	105.888	14.852
37.00	32.660	6.084	44.33	110.960	15.170
38.00	39.319	7.251	45.00	121.243	15.863
39.00	47.169	8.464			

注：①资料来源：水位、库容、面积根据(80)鲁水文字第 6 号："龙角山水库水位-库容-水面面积关系曲线。"
②水准基面：56 黄海。以下同。

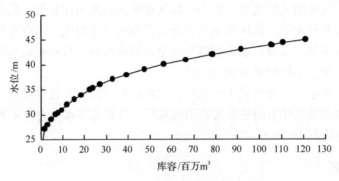

图 10.1　龙角山水库水位库容曲线图

10.2　龙角山水库可供水量分析计算

10.2.1　入库径流计算

参照胶南市水库可供水量分析计算方法，龙角山水库入库径流分析计算过程如下。

1. 非汛期月入库径流计算

1) 不同频率非汛期降水量计算

选用崖子水文站实测降水资料参见表 10.2，对 1953～2011 年非汛期降水量序列进行适线，计算结果如图 10.2 和表 10.3 所示。

表 10.2　崖子水文站降水量序列　　　　　　　（单位：mm）

年份	10 月	11 月	12 月	1 月	2 月	3 月	4 月	5 月	年降水	非汛期
1953	54.1	23.6	0.5	8.3	8.8	30.6	16	96.7	986.2	238.6
1954	20.9	18.6	3.6	8	38	3.8	31.1	33.9	576.6	157.9
1955	3.5	41.8	10.4	2	2.4	3	8.2	65.3	919.8	136.6

续表

年份	10 月	11 月	12 月	1 月	2 月	3 月	4 月	5 月	年降水	非汛期
1956	19	1	18.7	4.9	40.5	18.2	14.1	14.3	621.4	130.7
1957	0	20.6	14.5	24	11	18.2	25.5	12.5	680.9	126.3
1958	59.9	9.5	20.2	19.8	0	15.8	33.9	1	497.6	160.1
1959	66.8	44.1	17.8	17.1	2.3	32.8	52.6	23.4	1313.9	256.9
1960	9.9	11.3	0.2	1.7	16.4	18.8	43.4	15.5	814.4	117.2
1961	17.5	76.5	42.7	6.9	17.6	11.5	17.5	95.4	911.6	285.6
1962	0	22	6.6	22.1	5.2	0	35.2	6	922.4	97.1
1963	8.5	14	13.3	9.9	0	17	45.6	67.4	756.9	175.7
1964	90.1	13.1	4.7	52.9	5.8	26.3	79.2	54.9	1358.9	327
1965	12.9	39.3	5.6	17.3	8.4	6.8	15.4	22.9	795.1	128.6
1966	81.1	24.2	2.8	0	15.3	25.3	26.7	27.6	739.3	203
1967	24	23.5	2.8	14.4	22.1	21.9	36.8	87.6	587.8	233.1
1968	56	19.7	45.4	0.1	0.3	49.7	16.5	43.9	614.5	231.6
1969	31.1	0	0	8.9	31.2	20.1	70.4	15.9	637	177.6
1970	33.6	5.4	5.2	1	14.5	4.8	21.2	37.2	768	122.9
1971	14.5	0	2.2	4.5	9	39.5	35.5	9.9	708.1	115.1
1972	45.5	3	0.6	52.9	0.4	8.3	19.7	18.1	740.9	148.5
1973	53.6	0.9	2.2	0.9	0.2	2.2	154.9	79.8	1053.6	294.7
1974	27	11.8	26.5	4.3	8.4	9.8	49	117.9	848	254.7
1975	103.2	49.6	9.1	0.5	9.5	8.6	82	41.9	1103.5	304.4
1976	24.7	15	3.9	0	38.1	3.5	24.1	29.3	847	138.6
1977	43.4	17.3	19.9	3.4	0.5	2.1	53.2	41.8	635.5	181.6
1978	13.8	3.7	9.9	2.7	4.2	18	5.3	27.4	894.6	85
1979	39.1	3.4	41.2	17.2	16	24.7	111.1	43.6	945.9	296.3
1980	51.2	22	20.5	1.1	1.4	9.1	59.3	35	504.5	199.6
1981	36.5	3.3	6.1	8.4	8.7	23.7	9.2	4.4	499.8	100.3
1982	42.8	53.2	9.7	8.6	0.1	5.3	16.4	29.5	414.4	165.6
1983	17.6	5.7	6.8	4.7	4.8	17.1	40.5	34.9	518.7	132.1
1984	7.8	9.7	26.1	0.3	4.1	3.7	17.9	61.2	581.2	130.8
1985	21.3	8.5	14	5.2	2.6	12.5	30.1	101.2	1088.7	195.4
1986	14.9	1.5	26.6	3.3	4	12.9	5.6	4.9	478.8	73.7
1987	50.9	17.6	2.9	14.1	8	6.3	51.7	32.4	700.4	183.9
1988	19.1	10.6	7.5	3	0.2	2.5	9	29.8	543.9	81.7
1989	5.1	29.9	0.5	31.6	0.3	61.1	3	41.1	493	172.6
1990	1.9	9.6	7.2	17.7	29.4	18.6	58.8	95.9	982.6	239.1
1991	25	32.3	18.6	2.5	0.4	31.3	34.5	50	501.5	194.6
1992	28.8	6.3	32.5	1.6	30.1	0	0	60.8	521.1	160.1
1993	15.8	41.1	7.4	3.4	20.7	2.8	47.7	81.1	754.6	220
1994	63.1	42.5	16.5	0.3	0.7	20	25.3	49.7	733.8	218.1

续表

年份	10 月	11 月	12 月	1 月	2 月	3 月	4 月	5 月	年降水	非汛期
1995	27.1	5.8	4	0.3	3	35.1	16.6	37.1	686.6	129
1996	35.5	7.2	29.3	16.9	0	25.6	86.3	18.8	727.2	219.6
1997	2.1	46	22.5	9.9	25	14.3	19.8	87.8	725.9	227.4
1998	21.3	15.4	0	6	34.7	27.3	73.5	47.1	728.3	225.3
1999	44.5	13.4	9.4	0.6	0.1	0.2	24.6	31.8	338.4	124.6
2000	121	20.7	2.8	19.9	5.4	1.9	11.2	32.6	591.3	215.5
2001	9.4	13.5	2.4	35.6	9.3	5.3	23.8	4.6	834.5	103.9
2002	19.3	7.2	6.3	2.2	1	22.3	54.2	94.5	538.5	207
2003	27	40.8	19	10.1	19	16.2	80.5	35	1096.1	247.6
2004	8	21.3	10.3	4.2	15.3	19	38.5	98	718.6	214.6
2005	16.5	11.8	23.3	0.1	19.1	1	45.5	85.5	857.3	202.8
2006	7.5	8	13.1	13.7	14.6	6.9	22.5	74.5	547.8	160.8
2007	13.4	0	2.4	4.6	1.9	110.2	14.7	18.9	976.1	166.1
2008	33	9.4	14.5	4.4	3.2	25.7	29.4	88.5	853.6	208.1
2009	53.5	28.4	7.5	0.2	5.5	34	69.5	50	617.6	248.6
2010	7.5	0	0.8	11.9	27.9	43.8	68	61.5	779.9	221.4
2011	7	57.1	17.8	2.9	16.8	0	20	31	804.6	152.6
2012	14	36.5	38.9	0.9	1	30	85	10	778.3	216.3

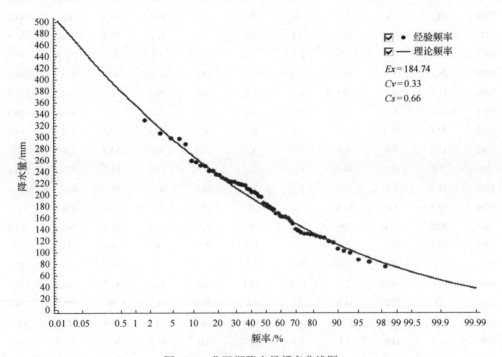

图 10.2　非汛期降水量频率曲线图

表 10.3　非汛期降水量频率适线结果　　　　　　　　　（单位：mm）

名称	统计参数			不同频率降水量值				
	均值	C_v	C_s	5%	25%	50%	75%	95%
崖子	184.74	0.33	0.66	295.1	221.4	178.1	140.8	97.1

2) 选择典型年确定非汛期月降水量的分布过程

根据龙角山水库不同频率非汛期降水量选取典型年(非汛期降水越靠后对配置越不利，故选取降水靠后的典型年)，按照同倍比法计算设计年的年内分配过程，结果见表10.4。

3) 非汛期月径流量过程的确定

采用径流系数法计算。根据实际情况，非汛期乳山各地的无效降水量取 25mm，径流系数取 0.34，根据式(8.1)计算非汛期径流量。计算结果见表10.5。

表 10.4　设计年非汛期月降水量分配　　　　　　　　　（单位：mm）

	频率	10月	11月	12月	1月	2月	3月	4月	5月	备注
	5%	53.6	0.9	2.2	0.9	0.2	2.2	154.9	79.8	1973年
	25%	7.5	0.0	0.8	11.9	27.9	43.8	68.0	61.5	2010年
典型年	50%	31.1	0.0	0.0	8.9	31.2	20.1	70.4	15.9	1969年
	75%	24.7	15.0	3.9	0.0	38.1	3.5	24.1	29.3	1976年
	95%	0.0	22.0	6.6	22.1	5.2	0.0	35.2	6.0	1962年
	5%	53.7	0.9	2.2	0.9	0.2	2.2	155.1	79.9	
	25%	7.5	0.0	0.8	11.9	27.9	43.8	68.0	61.5	
设计年	50%	31.2	0.0	0.0	8.9	31.3	20.2	70.6	15.9	
	75%	25.1	15.2	4.0	0.0	38.7	3.6	24.5	29.8	
	95%	0.0	22.0	6.6	22.1	5.2	0.0	35.2	6.0	

表 10.5　设计年非汛期月径流量过程结果　　　　　　　（单位：万 m³）

频率	10月	11月	12月	1月	2月	3月	4月	5月
5%	221.5	0.0	0.0	0.0	0.0	0.0	1004.1	423.7
25%	0.0	0.0	0.0	0.0	22.4	145.1	331.9	281.7
50%	47.9	0.0	0.0	0.0	48.6	0.0	351.9	0.0
75%	0.8	0.0	0.0	0.0	0.0	0.0	0.0	37.0
95%	0.0	0.0	0.0	0.0	0.0	0.0	78.7	0.0

2. 汛期月入库径流计算

采用径流系数法求得龙角山水库汛期月入库径流量，见表10.6，对龙角山水库1953~2011 年月入库径流资料进行适线，适线结果见表10.7 和图 10.3，龙角山水库不同频率汛期月入库径流量见表10.8。

表 10.6 龙角山水库汛期月入库径流量 （单位：万 m³）

年份	6 月	7 月	8 月	9 月	合计
1953	870.6	1498.8	2800.1	0.0	5169.5
1954	148.2	978.6	811.2	521.7	2459.7
1955	463.9	2952.1	571.9	1285.0	5272.9
1956	1089.8	517.1	505.5	903.0	3015.4
1957	430.7	2721.4	549.5	0.0	3701.6
1958	34.0	0.0	811.2	1099.0	1944.2
1959	1262.7	2783.9	2587.1	752.5	7386.1
1960	1530.5	1734.2	1048.1	296.4	4609.2
1961	0.0	1729.6	506.3	1825.3	4061.2
1962	505.5	1990.5	2128.6	973.2	5597.9
1963	0.0	3200.7	837.4	0.0	4038.1
1964	643.7	2527.6	2609.5	1411.6	7192.4
1965	90.3	2296.1	2137.9	0.0	4524.3
1966	810.4	1612.3	622.1	322.6	3367.4
1967	331.9	1082.1	400.6	151.3	1965.8
1968	0.0	648.3	1638.5	0.0	2286.8
1969	93.4	730.1	1459.5	490.9	2773.8
1970	348.1	3203.0	217.6	438.4	4207.1
1971	483.1	1200.9	1011.1	1109.8	3805.0
1972	0.0	977.9	2759.2	116.5	3853.6
1973	537.9	1121.4	2749.9	676.1	5085.4
1974	136.6	1194.7	2341.6	134.3	3807.3
1975	116.5	1159.2	3783.4	336.5	5395.7
1976	1457.9	325.7	1999.7	912.3	4695.6
1977	0.0	1142.3	1752.8	0.0	2895.0
1978	1292.0	997.9	2552.3	634.4	5476.7
1979	1455.6	421.4	2243.6	121.2	4241.8
1980	812.7	516.3	148.2	104.2	1581.4
1981	107.3	2152.6	184.5	0.0	2444.3
1982	220.7	328.0	716.2	0.0	1265.0
1983	25.5	1177.8	261.6	747.1	2212.0
1984	516.3	1206.3	411.4	570.4	2704.4
1985	0.0	1432.5	2789.3	2017.5	6239.2
1986	228.5	1530.5	716.2	0.0	2475.2
1987	235.4	226.1	1921.8	831.2	3214.5
1988	273.2	1647.8	837.4	37.0	2795.5
1989	78.7	707.0	701.6	213.8	1701.0
1990	869.0	2220.5	1163.9	713.1	4966.5

续表

年份	6 月	7 月	8 月	9 月	合计
1991	568.8	652.9	247.7	127.3	1596.9
1992	0.0	541.8	1380.8	241.6	2164.1
1993	1211.0	1543.6	213.0	386.7	3354.2
1994	1355.3	785.7	1095.2	0.0	3236.2
1995	230.8	816.6	2511.4	0.0	3558.8
1996	730.9	1535.1	1019.5	0.0	3285.6
1997	0.0	0.0	3426.0	0.0	3426.0
1998	397.5	1349.9	1393.1	0.0	3140.5
1999	100.3	472.3	0.0	335.7	908.4
2000	172.1	416.8	1455.6	84.1	2128.6
2001	1025.7	2473.6	1413.2	0.0	4912.5
2002	15.4	1045.8	767.9	0.0	1829.2
2003	1150.0	795.0	2998.4	833.5	5776.9
2004	378.2	1045.8	1636.2	57.9	3118.1
2005	289.4	744.8	2319.3	926.2	4279.6
2006	513.2	1092.1	767.9	0.0	2373.3
2007	389.8	1014.9	2581.7	1493.4	5479.8
2008	378.2	2060.7	1659.4	111.9	4210.2
2009	370.5	1670.9	223.8	0.0	2265.2
2010	301.0	1053.5	1589.9	594.3	3538.7
2011	783.4	1072.8	1451.0	953.2	4260.3
2012	362.7	1620.8	1651.7	0.0	3635.2

表 10.7　汛期降水量频率适线结果

统计参数			不同频率降水量值/mm				
均值/mm	C_v	C_s	5%	25%	50%	75%	95%
3615.11	0.42	0.84	6419.58	4492.06	3404.91	2510.01	1528.29

表 10.8　龙角山水库不同频率汛期月入库径流量　　　　　（单位：万 m³）

	频率	6 月	7 月	8 月	9 月	备注
典型年	5%	0.00	1432.46	2789.29	2017.49	1985
	25%	90.30	2296.11	2137.89	0.00	1965
	50%	0.00	0.00	3426.02	0.00	1997
	75%	0.00	648.31	1638.53	0.00	1968
	95%	34.0	0.0	811.2	1099.0	1958
设计年	5%	0.00	1473.87	2869.91	2075.80	
	25%	89.66	2279.75	2122.66	0.00	
	50%	0.00	0.00	3404.91	0.00	
	75%	0.00	711.58	1798.43	0.00	
	95%	26.70	0.00	637.65	863.95	

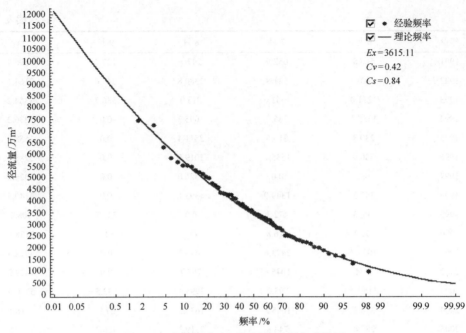

图 10.3　龙角山水库汛期径流量频率曲线图

3. 年入库径流计算

根据表 10.9 龙角山水库多年月入库径流量资料，可求得龙角山水库不同频率年入库径流量，结果见表 10.10、表 10.11 和图 10.4。

表 10.9　龙角山水库年、月入库径流量序列　（单位：万 m³）

年份	6月	7月	8月	9月	10月	11月	12月	1月	2月	3月	4月	5月	年径流量
1953	871	1499	2800	0	225	0	0	0	100	0	47	69	5610
1954	148	979	811	522	0	0	0	0	0	0	0	311	2771
1955	464	2952	572	1285	0	130	0	0	120	0	0	0	5522
1956	1090	517	506	903	0	0	0	0	0	0	4	0	3019
1957	431	2721	550	0	0	0	0	0	0	0	69	0	3770
1958	34	0	811	1099	269	0	0	0	0	60	213	0	2487
1959	1263	2784	2587	753	323	147	0	0	0	0	142	0	7998
1960	1530	1734	1048	296	0	0	0	0	0	0	0	543	5153
1961	0	1730	506	1825	0	397	137	0	0	0	79	0	4674
1962	506	1990	2129	973	0	0	0	0	0	0	159	327	6084
1963	0	3201	837	0	0	0	0	215	0	10	418	231	4913
1964	644	2528	2609	1412	502	0	0	0	0	0	0	0	7695
1965	90	2296	2138	0	0	110	0	0	0	2	13	20	4670
1966	810	1612	622	323	433	0	0	0	0	0	91	483	4375
1967	332	1082	401	151	0	0	0	0	0	191	0	146	2302
1968	0	648	1639	0	239	0	157	0	48	0	350	0	3082
1969	93	730	1459	491	47	0	0	0	0	0	0	94	2915
1970	348	3203	218	438	66	0	0	0	0	0	81	0	4354
1971	483	1201	1011	1110	0	0	0	0	0	0	0	0	3805
1972	0	978	2759	117	158	0	0	0	0	0	1003	423	5437

年份	6月	7月	8月	9月	10月	11月	12月	1月	2月	3月	4月	5月	年径流量
1973	538	1121	2750	676	221	0	0	0	0	0	185	717	6208
1974	137	1195	2342	134	15	0	12	0	0	0	440	130	4405
1975	117	1159	3783	337	604	190	0	0	0	0	0	33	6222
1976	1458	326	2000	912	0	0	0	0	0	0	218	130	5043
1977	0	1142	1753	0	142	0	0	0	0	0	0	19	3056
1978	1292	998	2552	634	0	0	0	0	0	0	665	144	6285
1979	1456	421	2244	121	109	0	125	0	0	0	265	77	4818
1980	813	516	148	104	202	0	0	0	0	0	0	0	1784
1981	107	2153	184	0	89	0	0	0	0	0	0	35	2568
1982	221	328	716	0	137	218	0	0	0	0	120	76	1816
1983	25	1178	262	747	0	0	0	0	0	0	0	279	2491
1984	516	1206	411	570	0	0	8	0	0	0	39	588	3340
1985	0	1432	2789	2017	0	0	0	0	0	0	0	0	6239
1986	228	1530	716	0	0	0	12	0	0	0	206	57	2751
1987	235	226	1922	831	200	0	0	0	0	0	0	37	3451
1988	273	1648	837	37	0	0	0	51	0	279	0	124	3249
1989	79	707	702	214	0	38	0	0	34	0	261	547	2581
1990	869	2220	1164	713	0	0	0	0	0	49	73	193	5281
1991	569	653	248	127	0	56	0	0	39	0	0	276	1969
1992	0	542	1381	242	29	0	58	0	0	0	175	433	2860
1993	1211	1544	213	387	0	124	0	0	0	0	2	191	3671
1994	1355	786	1095	0	294	135	0	0	0	78	0	93	3837
1995	231	817	2511	0	16	0	0	0	0	5	473	0	4053
1996	731	1535	1020	0	81	0	33	0	0	0	0	485	3884
1997	0	0	3426	0	0	162	0	0	75	18	374	171	4226
1998	397	1350	1393	0	0	0	0	0	0	0	0	52	3193
1999	100	472	0	336	151	0	0	0	0	0	0	59	1118
2000	172	417	1456	84	741	0	0	82	0	0	0	0	2951
2001	1026	2474	1413	0	0	0	0	0	0	0	225	536	5674
2002	15	1046	768	0	0	0	0	0	0	0	428	77	2335
2003	1150	795	2998	834	15	122	0	0	0	0	104	563	6582
2004	378	1046	1636	58	0	0	0	0	0	0	158	467	3743
2005	289	745	2319	926	0	0	0	0	0	0	0	382	4662
2006	513	1092	768	0	0	0	0	0	0	658	0	0	3031
2007	390	1015	2582	1493	0	0	0	0	0	5	34	490	6009
2008	378	2061	1659	112	62	0	0	0	0	69	343	193	4878
2009	370	1671	224	0	220	26	0	0	22	145	332	282	3292
2010	301	1054	1590	594	0	0	0	0	0	0	0	46	3585
2011	783	1073	1451	953	0	248	0	0	0	39	463	0	5010

表 10.10　年径流量频率适线结果

统计参数			不同频率径流量值/万 m³				
均值/万 m³	Cv	Cs	5%	25%	50%	75%	95%
4115.03	0.39	0.58	6991.82	5096.93	3960.69	2965.22	1764.93

表 10.11　龙角山水库不同频率年、月入库径流过程　　　　（单位：万 m³）

月份	典型年份					设计频率下的入库径流过程				
	2003	1963	1996	1969	1980					
	5%	25%	50%	75%	95%	5%	25%	50%	75%	95%
10	15	0	81	47	202	16	0	83	48	200
11	122	0	0	0	0	130	0	0	0	0
12	0	0	33	0	0	0	0	34	0	0
1	0	215	0	0	0	0	223	0	0	0
2	0	0	0	0	0	0	0	0	0	0
3	0	10	0	0	0	0	10	0	0	0
4	104	418	0	0	0	111	434	0	0	0
5	563	231	485	94	0	599	239	494	96	0
6	1150	0	731	93	813	1222	0	745	95	804
7	795	3201	1535	730	516	844	3321	1565	743	511
8	2998	837	1020	1459	148	3185	869	1040	1485	147
9	834	0	0	491	104	885	0	0	499	103

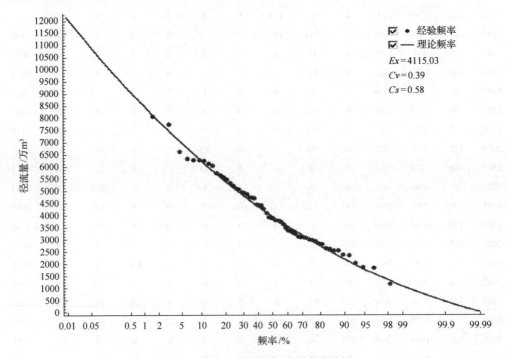

图 10.4　龙角山水库年径流频率曲线图

10.2.2　龙角山水库时段初可供水量

参见 9.2 节胶南市时段初可供水量计算方法，可求得龙角山水库汛期不同来水频率对应的时段初可供水量，见表 10.12。

表 10.12　汛期不同来水频率对应的时段初可供水量　　（单位：万 m³）

频率	5%	25%	50%	75%	95%
龙角山水库	3181.9	3181.9	3181.9	2510.01	1528.29

10.2.3　蒸发计算

参照米山水库多年平均蒸发资料确定龙角山水库的蒸发量。现有多年米山水库水面月蒸发量资料，利用算术平均法得到水库多年平均月蒸发深度，见表 10.13。

表 10.13　米山水库多年平均月蒸发量　　（单位：mm）

月份	2008 年	2009 年	2010 年	2011 年	2012 年	平均
1	21.38	20.29	17.6	20.22	14.98	18.9
2	27.9	22.74	18.79	22.56	20.07	22.4
3	69.7	61.6	45.8	66.1	56.1	59.9
4	83.6	89.8	63.9	95	68.1	80.1
5	93.5	93	93.9	106.9	107.3	98.9
6	75.6	107.5	106.9	99.2	89.1	95.7
7	58.5	85	94.7	73.7	75.7	77.5
8	87.8	106.3	69.6	71	87.5	84.4
9	88.3	101	76.5	112.5	103.8	96.4
10	74	91.7	80.1	66.3	85.9	79.6
11	44.4	47.8	47.5	46.1	48.1	46.8
12	24.12	17.62	27.76	19.05	21.39	22

注：蒸发深度已转换成标准值。

10.3　需水量分析计算

10.3.1　农业灌溉用水量

灌溉需水量采用定额法计算。龙角山水库有效灌溉面积为 3.13 万亩，灌溉定额为 60m³/(亩·次)，灌溉用水量为 187.8 万 m³/次，每年 3 月、4 月和 10 月各灌一次。

10.3.2　水库生态需水量

生态需水量取汛末水库多年平均可供水量的 10%，均匀分配到非汛期 8 个月内。计算结果见表 10.14。

表 10.14　龙角山水库生态需水量计算结果　　　　　（单位：万 m³）

项目	2008 年	2009 年	2010 年	2011 年	2012 年	均值	月生态需水量
水量	3699.0	2502.0	3546.0	3479.0	3306.0	3306.4	41.3

10.3.3　城市需水量

查阅《乳山统计年鉴》，乳山市区 2002～2011 年城市引用龙角山水库水量，见表 10.15。

表 10.15　龙角山水库城市月供水量　　　　　（单位：万 m³）

项目	2002 年	2003 年	2004 年	2005 年	2006 年	2007 年	2008 年	2009 年	2010 年	2011 年
水量	64.7	66.0	73.8	72.9	83.8	85.3	92.8	85.0	97.3	111.6

10.4　龙角山水库水资源优化配置模型

10.4.1　模型目标函数

参照胶南市水资源优化配置模型，龙角山水库的水资源优化配置模型同样选择总缺水量最小为目标函数，见式 10.1：

$$\max f(x) = -\min\left\{\sum_{t=1}^{n}\sum_{k=1}^{K}\left[\theta_{(k)t}\left(x_t^k - D_t^k\right)\right]\right\} \tag{10.1}$$

对于龙角山水库而言，用水子区 k 分别为城市生活用水、农业灌溉用水和河道生态用水。在农业灌溉用水和河道生态用水确定的情况下，水库缺水量即转化为城市生活用水缺水量。

10.4.2　模型约束条件

1. 水库水量平衡约束

$$V_{(t+1)} = V_t + I_t - \sum_{k=1}^{K}x_t^k - L_t - Q_t \tag{10.2}$$

2. 水库库容约束

$$Z_{死} \leqslant Z_t \leqslant Z_{安全} \tag{10.3}$$

龙角山水库的死库容为 750 万 m³，由于承担下游防洪任务，同时考虑到上游的淹没范围，龙角山水库最大蓄水量为 3931.9 万 m³。

3. 水资源利用总量约束

以水资源开发利用总量控制红线为依据，即供水系统的供水能力约束。

$$\sum_{t=1}^{12}\sum_{k=1}^{K}x_t^k \leqslant W \tag{10.4}$$

4. 用水效率约束

以用水效率控制红线为依据，可以用万元 GDP 取水量小于指标值作为约束，即

$$\frac{\sum_{t=1}^{12}\sum_{k=1}^{K}x_t^k}{g} \leqslant W_g \tag{10.5}$$

2012 年乳山市区国内生产总值为 314.6 亿元，万元 GDP 用水量指标为 34.86m³。数据来自《乳山市统计年鉴》，2012 年，乳山统计局。

5. 限制纳污能力约束

以水功能区限制纳污控制红线为依据，同时也反映环境效益目标，污染物入河总量不得超过该区域内所有水功能区的纳污能力，即

$$\sum_{t=1}^{12}\sum_{k=1}^{K}0.01d^k p^k x^k \leqslant S_p \tag{10.6}$$

乳山市区所处水功能区限制纳污能力控制指标为：氨氮为 28.12t/a。乳山市区 2012 年单位废水排放量中氨氮的含量 11.47mg/L，污水排放系数 36.4%。数据来自 2012 年《威海市区域水功能区水质检测报告》，威海水文局。

6. 渠道和管道的输水能力约束

输水渠道和管道的过水流量应小于等于其设计流量。

7. 变量非负约束

$$x_t^k \geqslant 0 \tag{10.7}$$

符号意义同前。

10.4.3　模型求解方法

模型求解方法同胶南市水资源优化配置求解方法。

第11章 乳山市(龙角山水库)优化配置方案

如前所述，乳山市的供水水源主要是龙角山水库，全市的水资源优化配置取决于龙角山水库的配置结果。因此，本次主要研究龙角山水库的优化配置方案。

11.1 配置时段的确定

11.1.1 年内调节配置时段的确定

龙角山水库年内调节配置时段的选择同胶南市配置时段的选择，以2011年10月到2012年10月为例，龙角山水库2012年汛期供水量为111.58万 m^3/月(即城区需水量)，结果如下：

(1)当次年汛期(即2012年汛期)的来水频率为5%时，由于6月来水不能满足当月需水要求，故配置时段选为2011年10月1日8:00至2012年7月1日8:00。

(2)当次年汛期(即2012年汛期)的来水频率为50%时，由于6月、7月两个月份来水均不能满足当月需水要求，故配置时段选为2011年10月1日8:00至2012年8月1日8:00。

(3)当次年汛期(即2012年汛期)的来水频率为95%时，与来水频率为50%的情况相同，6月、7月两个月份来水均不能满足当月需水要求，故配置时段选为2011年10月1日8:00至2012年8月1日8:00。

11.1.2 多年调节配置时段的确定

选用表10.9龙角山水库年径流系列为基本序列，以水库多年汛末蓄水量均值的80%(2645.1万 m^3)为切割水平，利用轮次分析法确定多年调节的配置时段长，见图11.1。

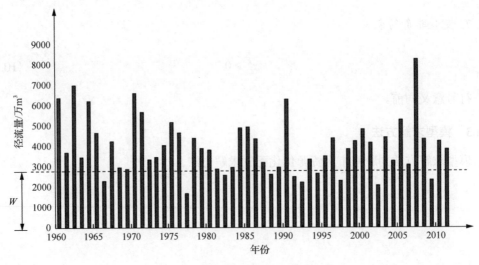

图11.1 龙角山水库轮次分析示意图

从图 11.1 中可以看出，龙角山水库径流序列最大负轮次长为 2，即连续缺水年为两年，故采用 2 年为一个多年调节配置时段长。

11.2　龙角山水库优化配置方案

11.2.1　年内调节的配置方案

水资源优化配置方案的制订参见前面 9.4.2 节胶南市水资源优化配置方案的确定方法，当年汛期降水为枯水年时，次年汛期降水为枯水年的概率最大；当年汛期降水为平水年时，次年汛期降水为平水年的概率最大；当年汛期降水为丰水年时，次年汛期降水为枯水、丰水年的频率相同且均大于平水年的概率，考虑到次年汛期来水对配置的最不利影响，取次年汛期为枯水年的情况。结果见表 11.1。

表 11.1　不同时段、不同来水频率组合方案(年内调节)

方案	当年汛期来水	非汛期来水	次年汛期来水
方案一	枯水(95%)	枯水(95%)	枯水(95%)
方案二	平水(50%)	平水(50%)	平水(50%)
方案三	丰水(5%)	丰水(5%)	平水(50%)

11.2.2　多年调节的配置方案

同理，当年降水为枯水年时，次年为枯水年的概率最大；当年降水为平水年时，次年为平水年的概率最大；当年降水为丰水时，次年为枯水年、平水年、丰水年的频率相同，考虑到次年来水对配置的最不利影响，取次年为丰水的情况。不同降水频率组合方案结果见表 11.2。

表 11.2　不同时段、不同来水频率组合方案(多年调节)

方案	时段初可供水量	当年来水	次年来水
方案一	枯水(95%)	枯水(95%)	枯水(95%)
方案二	枯水(95%)	平水(50%)	平水(50%)
方案三	丰水(5%)	丰水(5%)	丰水(5%)

11.3　龙角山水库优化配置结果

11.3.1　年内调节的配置结果

1. 方案一

本方案为当年汛期降水频率为 95%、当年非汛期降水频率为 95%，次年汛期降水频率为 95% 的情况，配置时段为 2011 年 10 月 1 日 8:00 至 2012 年 8 月 1 日 8:00，城市需水量选用 2011 年实际城市需水量(以下同)，以需定供配置结果见表 11.3，以供定需配置结果见表 11.4。

表 11.3　龙角山水库水资源优化年内调节配置结果(方案一，以需定供)　　(单位：万 m³)

时间	V_t	W_{lin}	W_c	W_n	W_{st}	W_{zf}	W_q
2011 年 10 月	2278.3	0.0	111.6	187.8	41.3	35.8	
11 月	1901.8	0.0	111.6	0.0	41.3	18.2	
12 月	1730.7	0.0	111.6	0.0	41.3	8.0	
2012 年 1 月	1569.9	0.0	111.6	0.0	41.3	6.4	
2 月	1410.6	0.0	111.6	0.0	41.3	7.2	
3 月	1250.8	0.0	111.6	187.8	41.3	17.7	
4 月	893.0	78.7	111.6	187.8	41.3	19.1	137.3
5 月	750.0	0.0	111.6	0.0	41.3	20.4	173.4
6 月	750.0	26.7	111.6	0.0	0.0	19.8	104.6
7 月	750.0	0.0	111.6	0.0	0.0	16.0	127.6
8 月	750.0						
总量		105.4	1115.8	563.4	330.4	168.5	542.9

表 11.4　龙角山水库水资源优化年内调节配置结果(方案一，以供定需)　　(单位：万 m³)

时间	V_t	W_{lin}	W_c	W_n	W_{st}	W_{zf}	W_q
2011 年 10 月	2278.3	0.0	55.7	187.8	41.3	35.8	
11 月	1957.2	0.0	55.7	0.0	41.3	18.6	
12 月	1841.1	0.0	55.7	0.0	41.3	8.4	
2012 年 1 月	1735.3	0.0	55.7	0.0	41.3	6.9	
2 月	1631.0	0.0	55.7	0.0	41.3	7.9	
3 月	1525.7	0.0	55.7	187.8	41.3	20.2	
4 月	1220.7	78.7	55.7	187.8	41.3	23.1	0.0
5 月	924.0	0.0	55.7	0.0	41.3	24.3	0.0
6 月	874.2	26.7	55.7	0.0	0.0	21.7	0.0
7 月	823.1	0.0	55.7	0.0	0.0	16.9	0.0
8 月	750.0						
总量		105.4	557.0	563.4	330.4	183.9	0.0

表 11.3 和表 11.4 中 V_t 龙角山水库的蓄水量，W_{lin} 龙角山水库的入库径流量，W_c 乳山市区地表水需水量，W_n 农业灌溉需水量，W_{st} 龙角山水库生态需水量，W_{zf} 龙角山水库的蒸发量，W_q 龙角山水库缺水量或弃水量(正值为缺水，负值为弃水)，以下同。

由表 11.3 可见，按照正常需水量供水，水库从 2012 年 4 月开始缺水，整个配置时段内缺水 542.9 万 m³。

由表 11.4 可见，在满足农业与生态供水的前提下，龙角山水库每月只能给城市供水

55.7 万 m^3，城市供水保证率约为 50%，此时应考虑使用外调水或地下水来补充。

2. 方案二

本方案为当年汛期来水频率为 50%、当年非汛期降水频率为 50%，次年汛期降水频率为 50% 的情况，配置时段为 2011 年 10 月 1 日 8:00 至 2012 年 7 月 1 日 8:00，以需定供配置结果见表 11.5，以供定需配置结果见表 11.6。

表 11.5　龙角山水库水资源优化年内调节配置结果（方案二，以需定供）　（单位：万 m^3）

时间	V_t	W_{lin}	W_c	W_n	W_{st}	W_{zf}	W_q
2011 年 10 月	3931.9	47.9	111.6	187.8	41.3	56.7	0.0
11 月	3582.4	0.0	111.6	0.0	41.3	30.6	0.0
12 月	3398.8	0.0	111.6	0.0	41.3	13.7	0.0
2012 年 1 月	3232.1	0.0	111.6	0.0	41.3	11.3	0.0
2 月	3067.9	48.6	111.6	0.0	41.3	12.9	0.0
3 月	2950.8	0.0	111.6	187.8	41.3	33.0	0.0
4 月	2576.8	351.9	111.6	187.8	41.3	39.7	0.0
5 月	2548.3	0.0	111.6	0.0	41.3	44.2	0.0
6 月	2346.7	0	111.6	0.0	0.0	40.0	0.0
7 月	2191.1	0	111.6	0.0	0.0	30.5	0.0
8 月	2045.8						
总量		448.4	1115.8	563.4	330.4	312.6	0.0

表 11.6　龙角山水库水资源优化年内调节配置结果（方案二，以供定需）　（单位：万 m^3）

时间	V_t	W_{lin}	W_c	W_n	W_{st}	W_{zf}	W_q
2011 年 10 月	3931.9	47.9	247.9	187.8	41.3	56.7	0.0
11 月	3446.1	0.0	247.9	0.0	41.3	29.8	0.0
12 月	3127.3	0.0	247.9	0.0	41.3	13.0	0.0
2012 年 1 月	2825.3	0.0	247.9	0.0	41.3	10.3	0.0
2 月	2526.0	48.6	247.9	0.0	41.3	11.3	0.0
3 月	2274.5	0.0	247.9	187.8	41.3	27.9	0.0
4 月	1770.7	351.9	247.9	187.8	41.3	31.5	0.0
5 月	1616.2	0.0	247.9	0.0	41.3	32.5	0.0
6 月	1293.0	0	247.9	0.0	0.0	27.2	0.0
7 月	1017.2	0	247.9	0.0	0.0	19.0	0.0
8 月	750.0						
总量		448.4	2478.5	563.4	330.4	259.0	0.0

由表 11.5 可见，在充分满足农业、生态和城市供水的情况下，水库配置时段末仍有剩余水量，此时可适当增加供水，以增加效益。

由表 11.6 可见，在满足农业、生态用水的情况下，龙角山水库为乳山市区供水的最大可供水量为 247.9 万 m^3/月。

3. 方案三

本方案为当年汛期来水频率为 5%、当年非汛期降水频率为 5%，而次年汛期降水频率为 50%的情况，配置时段为 2011 年 10 月 1 日 8:00 至 2012 年 8 月 1 日 8:00，以需定供配置结果见表 11.7，以供定需配置结果见表 11.8。

表 11.7　龙角山水库水资源优化年内调节配置结果（方案三，以需定供）　（单位：万 m^3）

时间	V_t	W_{lin}	W_c	W_n	W_{st}	W_{zf}	W_q
2011 年 10 月	3931.9	221.5	111.6	187.8	41.3	56.7	0.0
11 月	3756.1	0.0	111.6	0.0	41.3	32.0	0.0
12 月	3571.2	0.0	111.6	0.0	41.3	14.4	0.0
2012 年 1 月	3403.9	0.0	111.6	0.0	41.3	11.9	0.0
2 月	3239.2	0.0	111.6	0.0	41.3	13.5	0.0
3 月	3072.8	0.0	111.6	187.8	41.3	34.4	0.0
4 月	2697.7	1004.1	111.6	187.8	41.3	41.3	0.0
5 月	3319.8	423.7	111.6	0.0	41.3	60.8	0.0
6 月	3529.8	0.0	111.6	0.0	0.0	62.0	0.0
7 月	3356.3	0.0	111.6	0.0	0.0	48.1	0.0
8 月	3196.6						
总量		1649.3	1115.8	563.4	330.4	375.0	0.0

表 11.8　龙角山水库水资源优化年内调节配置结果（方案三，以供定需）　（单位：万 m^3）

时间	V_t	W_{lin}	W_c	W_n	W_{st}	W_{zf}	W_q
2011 年 10 月	3931.9	221.5	368.9	187.8	41.3	56.7	0.0
11 月	3467.2	0.0	368.9	0.0	41.3	30.1	0.0
12 月	3164.4	0.0	368.9	0.0	41.3	12.6	0.0
2012 年 1 月	2879.7	0.0	368.9	0.0	41.3	9.6	0.0
2 月	2596.4	0.0	368.9	0.0	41.3	9.8	0.0
3 月	2311.5	0.0	368.9	187.8	41.3	22.3	0.0
4 月	1824.7	1004.1	368.9	187.8	41.3	21.9	0.0
5 月	1487.9	423.7	368.9	0.0	41.3	33.2	0.0
6 月	1261.9	0.0	368.9	0.0	0.0	31.8	0.0
7 月	1001.7	0.0	368.9	0.0	0.0	20.8	0.0
8 月	750.0						
总量		1649.3	3688.7	563.4	330.4	248.7	0.0

由表 11.7 可见，在充分满足农业、生态和城市供水的情况下，水库配置时段末库容

为 3196.6 万 m³, 剩余水量较多, 由于 8 月一般来水较多, 应考虑防洪要求适量泄水或者适当增加供水, 以增加效益。

由表 11.8 可见, 在满足农业、生态用水的情况下, 龙角山水库为乳山市区供水的最大可供水量为 368.9 万 m³/月。

11.3.2　多年调节的配置结果

1. 方案一

本方案为当年降水频率为 95%、次年降水频率为 95%, 时段初可供水量频率为 95% 的情况。以需定供配置结果见表 11.9, 以供定需配置结果见表 11.10。

表 11.9　龙角山水库水资源优化多年调节配置结果(方案一, 以需定供)　　(单位: 万 m³)

时间	V_t	W_{lin}	W_c	W_n	W_{st}	W_{zf}	W_q
当年 10 月	2278.3	200.1	111.6	187.8	41.3	35.8	
11 月	2101.9	0.0	111.6	0.0	41.3	19.7	
12 月	1929.3	0.0	111.6	0.0	41.3	8.7	
1 月	1767.8	0.0	111.6	0.0	41.3	7.0	
2 月	1608.0	0.0	111.6	0.0	41.3	7.7	
3 月	1447.4	0.0	111.6	187.8	41.3	19.0	
4 月	1087.7	0.0	111.6	187.8	41.3	20.8	23.8
5 月	750.0	0.0	111.6	0.0	41.3	20.4	173.3
6 月	750.0	804.2	111.6	0.0	0.0	19.8	
7 月	1422.8	510.9	111.6	0.0	0.0	24.3	
8 月	1797.9	146.6	111.6	0.0	0.0	31.5	
9 月	1801.4	103.1	111.6	0.0	0.0	36.0	
次年 10 月	1756.9	200.1	111.6	187.8	41.3	29.2	
11 月	1587.2	0.0	111.6	0.0	41.3	15.9	
12 月	1418.4	0.0	111.6	0.0	41.3	6.9	
1 月	1258.7	0.0	111.6	0.0	41.3	5.4	
2 月	1100.3	0.0	111.6	0.0	41.3	5.9	
3 月	941.6	0.0	111.6	187.8	41.3	14.2	163.3
4 月	750.0	0.0	111.6	187.8	41.3	16.5	357.2
5 月	750.0	0.0	111.6	0.0	41.3	20.4	173.3
6 月	750.0	804.2	111.6	0.0	0.0	19.8	
7 月	1422.8	510.9	111.6	0.0	0.0	24.3	
8 月	1797.9	146.6	111.6	0.0	0.0	31.5	
9 月	1801.4	103.1	111.6	0.0	0.0	36.0	
10 月	1756.9						
总量		3529.9	2678.0	1126.8	660.8	476.5	890.9

表 11.10　龙角山水库水资源优化多年调节配置结果(方案一,以供定需)　　(单位:万 m³)

时间	V_t	W_{lin}	W_c	W_n	W_{st}	W_{zf}	W_q
当年 10 月	2278.3	200.1	86.1	187.8	41.3	35.8	0.0
11 月	2127.4	0.0	86.1	0.0	41.3	19.9	0.0
12 月	1980.0	0.0	86.1	0.0	41.3	8.8	0.0
1 月	1843.8	0.0	86.1	0.0	41.3	7.2	0.0
2 月	1709.1	0.0	86.1	0.0	41.3	8.0	0.0
3 月	1573.7	0.0	86.1	187.8	41.3	20.2	0.0
4 月	1238.2	0.0	86.1	187.8	41.3	22.7	0.0
5 月	900.2	0.0	86.1	0.0	41.3	22.8	0.0
6 月	750.0	804.2	51.6	0.0	0.0	19.8	0.0
7 月	1482.9	510.9	51.6	0.0	0.0	25.0	0.0
8 月	1917.2	146.6	51.6	0.0	0.0	33.1	0.0
9 月	1979.2	103.1	51.6	0.0	0.0	38.7	0.0
次年 10 月	1992.0	200.1	51.6	187.8	41.3	32.1	0.0
11 月	1879.3	0.0	51.6	0.0	41.3	18.1	0.0
12 月	1768.3	0.0	51.6	0.0	41.3	8.1	0.0
1 月	1667.4	0.0	51.6	0.0	41.3	6.7	0.0
2 月	1567.9	0.0	51.6	0.0	41.3	7.5	0.0
3 月	1467.5	0.0	51.6	187.8	41.3	19.2	0.0
4 月	1167.6	0.0	51.6	187.8	41.3	21.8	0.0
5 月	865.1	0.0	51.6	0.0	41.3	22.2	0.0
6 月	750.0	804.2	368.7	0.0	0.0	19.8	0.0
7 月	1165.7	510.9	368.7	0.0	0.0	21.1	0.0
8 月	1286.7	146.6	368.7	0.0	0.0	24.6	0.0
9 月	1040.0	103.1	368.7	0.0	0.0	24.4	0.0
10 月	750.0						
总量		3529.9	2782.9	1126.8	660.8	487.7	

　　由表 11.9 可见,当年 4 月、5 月和次年 3～5 月缺水,缺水总量为 890.9 万 m³。此种情况下,需开辟新水源或节约用水。

　　由表 11.10 可见,根据汛期与非汛期来水差异,配置分成 3 个阶段,第一阶段为当年的非汛期,由于时段初水库需水量少、来水少,所以最大供水量也少,每月最大可供水量为 86.1 万 m³;第二阶段为当年的汛期加上次年非汛期,此阶段的最大供水量为 51.6 万 m³/月;第三阶段为次年的汛期,此阶段的最大供水量为 368.7 万 m³/月。

2. 方案二

本方案为当年降水频率为 50%、次年降水频率为 50%，时段初可供水量频率为 95% 的情况。以需定供配置结果见表 11.11，以供定需配置结果见表 11.12。

表 11.11　龙角山水库水资源优化多年调节配置结果(方案二，以需定供)　　(单位：万 m³)

时间	V_t	W_{lin}	W_c	W_n	W_{st}	W_{zf}	W_q
当年 10 月	2278.3	82.6	111.6	187.8	41.3	35.8	
11 月	1984.5	0.0	111.6	0.0	41.3	18.8	
12 月	1812.8	33.8	111.6	0.0	41.3	8.3	
1 月	1685.5	0.0	111.6	0.0	41.3	6.7	
2 月	1525.9	0.0	111.6	0.0	41.3	7.4	
3 月	1365.6	0.0	111.6	187.8	41.3	18.2	
4 月	1006.7	0.0	111.6	187.8	41.3	19.8	103.8
5 月	750.0	494.2	111.6	0.0	41.3	20.4	
6 月	1070.9	745.2	111.6	0.0	0.0	24.6	
7 月	1679.9	1565.2	111.6	0.0	0.0	27.5	
8 月	3106.1	1039.6	111.6	0.0	0.0	49.0	
9 月	3985.0	0.0	111.6	0.0	0.0	69.4	
次年 10 月	3804.0	82.6	111.6	187.8	41.3	55.0	
11 月	3490.9	0.0	111.6	0.0	41.3	30.0	
12 月	3308.0	33.8	111.6	0.0	41.3	13.5	
1 月	3175.5	0.0	111.6	0.0	41.3	11.2	
2 月	3011.4	0.0	111.6	0.0	41.3	12.7	
3 月	2845.9	0.0	111.6	187.8	41.3	32.3	
4 月	2472.9	0.0	111.6	187.8	41.3	38.4	
5 月	2093.8	494.2	111.6	0.0	41.3	41.5	
6 月	2393.5	745.2	111.6	0.0	0.0	44.7	
7 月	2982.5	1565.2	111.6	0.0	0.0	43.5	−460.7
8 月	3931.9	1039.6	111.6	0.0	0.0	60.1	−867.9
9 月	3931.9	0.0	111.6	0.0	0.0	68.6	
10 月	3751.7						
总量		7921.4	2678.0	1126.8	660.8	757.6	−1224.8

由表 11.11 可见，当年 4 月缺水 103.8 万 m³，而次年 7 月、8 月却出现弃水现象，弃水量分别为 460.7 万 m³ 和 867.9 万 m³，说明降水在时间上分布不均，此时应增大水库蓄水能力。

表 11.12 龙角山水库水资源优化多年调节配置结果(方案二，以供定需) （单位：万 m³）

时间	V_t	W_{lin}	W_c	W_n	W_{st}	W_{zf}	W_q
当年 10 月	2278.3	82.6	96.4	187.8	41.3	35.8	0.0
11 月	1999.6	0.0	96.4	0.0	41.3	18.9	0.0
12 月	1843.0	33.8	96.4	0.0	41.3	8.4	0.0
1 月	1730.8	0.0	96.4	0.0	41.3	6.8	0.0
2 月	1586.2	0.0	96.4	0.0	41.3	7.6	0.0
3 月	1440.9	0.0	96.4	187.8	41.3	18.9	0.0
4 月	1096.5	0.0	96.4	187.8	41.3	20.9	0.0
5 月	750.0	494.2	228.9	0.0	41.3	20.4	0.0
6 月	953.5	745.2	228.9	0.0	0.0	22.9	0.0
7 月	1447.0	1565.2	228.9	0.0	0.0	24.6	0.0
8 月	2758.7	1039.6	228.9	0.0	0.0	44.4	0.0
9 月	3525.0	0.0	228.9	0.0	0.0	62.4	0.0
次年 10 月	3233.6	82.6	228.9	187.8	41.3	47.8	0.0
11 月	2810.4	0.0	228.9	0.0	41.3	25.0	0.0
12 月	2515.2	33.8	228.9	0.0	41.3	10.7	0.0
1 月	2268.1	0.0	228.9	0.0	41.3	8.5	0.0
2 月	1989.5	0.0	228.9	0.0	41.3	9.0	0.0
3 月	1710.2	0.0	228.9	187.8	41.3	21.5	0.0
4 月	1230.7	0.0	228.9	187.8	41.3	22.6	0.0
5 月	750.0	494.2	425.5	0.0	41.3	20.4	0.0
6 月	757.0	745.2	425.5	0.0	0.0	19.9	0.0
7 月	1056.9	1565.2	425.5	0.0	0.0	19.8	0.0
8 月	2176.9	1039.6	425.5	0.0	0.0	36.6	0.0
9 月	2754.4	0.0	425.5	0.0	0.0	50.6	0.0
10 月	2278.3						
总量		7921.4	5549.3	1126.8	660.8	584.5	

由表 11.12 可见，最小城市供水量为 96.4 万 m³/月，说明此种情况下，龙角山水库可以保证每月不低于 96.4 万 m³ 的城市供水。

3. 方案三

本方案为当年降水频率为 5%、次年降水频率为 5%，时段初可供水量频率为 5%的情况。以需定供配置结果见表 11.13，以供定需配置结果见表 11.14。

表 11.13 龙角山水库水资源优化多年调节配置结果(方案三,以需定供) (单位:万 m³)

时间	V_t	W_{lin}	W_c	W_n	W_{st}	W_{zf}	W_q
当年 10 月	3931.9	16.4	111.6	187.8	41.3	56.7	
11 月	3551.0	129.5	111.6	0.0	41.3	30.5	
12 月	3497.1	0.0	111.6	0.0	41.3	14.1	
1 月	3330.1	0.0	111.6	0.0	41.3	11.6	
2 月	3165.6	0.0	111.6	0.0	41.3	13.2	
3 月	2999.5	0.0	111.6	187.8	41.3	33.7	
4 月	2625.1	110.7	111.6	187.8	41.3	40.4	
5 月	2354.7	598.5	111.6	0.0	41.3	45.6	
6 月	2754.7	1221.6	111.6	0.0	0.0	50.2	
7 月	3814.5	844.5	111.6	0.0	0.0	53.7	−561.7
8 月	3931.9	3185.2	111.6	0.0	0.0	60.1	−3013.5
9 月	3931.9	885.5	111.6	0.0	0.0	68.6	−705.2
次年 10 月	3931.9	16.4	111.6	187.8	41.3	56.7	
11 月	3551.0	129.5	111.6	0.0	41.3	30.5	
12 月	3497.1	0.0	111.6	0.0	41.3	14.1	
1 月	3330.1	0.0	111.6	0.0	41.3	11.6	
2 月	3165.6	0.0	111.6	0.0	41.3	13.2	
3 月	2999.5	0.0	111.6	187.8	41.3	33.7	
4 月	2625.1	110.7	111.6	187.8	41.3	40.4	
5 月	2354.7	598.5	111.6	0.0	41.3	45.6	
6 月	2754.7	1221.6	111.6	0.0	0.0	50.2	
7 月	3814.5	844.5	111.6	0.0	0.0	53.7	−561.7
8 月	3931.9	3185.2	111.6	0.0	0.0	60.1	−3013.5
9 月	3931.9	885.5	111.6	0.0	0.0	68.6	−705.2
10 月	3931.9						
总量		13983.6	2678.0	1126.8	660.8	957.2	−8560.9

由表 11.13 可见,当年 7~9 月和翌年 7~9 月均有弃水,弃水总量为 8560.9 万 m³,由此可见,在此种情况下,龙角山水库水资源量充沛,此时应增大蓄水能力和汛期的供水。

由表 11.14 可见,城市月供水量最小值为 346.2 万 m³,是龙角山水库在满足农业和水库生态用水的前提下,保证城市供水的最大值。

表 11.14　龙角山水库水资源优化多年调节配置结果(方案三，以供定需)　　(单位：万 m³)

时间	V_t	W_{lin}	W_c	W_n	W_{st}	W_{zf}	W_q
当年 10 月	3931.9	16.4	346.2	187.8	41.3	56.7	0.0
11 月	3316.4	129.5	346.2	0.0	41.3	28.7	0.0
12 月	3029.7	0.0	346.2	0.0	41.3	12.5	0.0
1 月	2629.7	0.0	346.2	0.0	41.3	9.5	0.0
2 月	2232.7	0.0	346.2	0.0	41.3	9.9	0.0
3 月	1835.3	0.0	346.2	187.8	41.3	22.7	0.0
4 月	1237.3	110.7	346.2	187.8	41.3	22.7	0.0
5 月	750.0	598.5	346.2	0.0	41.3	20.4	0.0
6 月	940.6	1221.6	751.1	0.0	0.0	22.7	0.0
7 月	1388.5	844.5	751.1	0.0	0.0	23.9	0.0
8 月	1458.0	3185.2	751.1	0.0	0.0	26.9	0.0
9 月	3865.1	885.5	751.1	0.0	0.0	67.6	0.0
次年 10 月	3931.9	16.4	346.2	187.8	41.3	56.7	0.0
11 月	3316.4	129.5	346.2	0.0	41.3	28.7	0.0
12 月	3029.7	0.0	346.2	0.0	41.3	12.5	0.0
1 月	2629.7	0.0	346.2	0.0	41.3	9.5	0.0
2 月	2232.7	0.0	346.2	0.0	41.3	9.9	0.0
3 月	1835.3	0.0	346.2	187.8	41.3	22.7	0.0
4 月	1237.3	110.7	346.2	187.8	41.3	22.7	0.0
5 月	750.0	598.5	346.2	0.0	41.3	20.4	0.0
6 月	940.6	1221.6	751.1	0.0	0.0	22.7	0.0
7 月	1388.5	844.5	751.1	0.0	0.0	23.9	0.0
8 月	1458.0	3185.2	751.1	0.0	0.0	26.9	0.0
9 月	3865.1	885.5	751.1	0.0	0.0	67.6	0.0
10 月	3931.9						
总量		13983.6	11547.5	1126.8	660.8	648.5	

11.4　二次配置

对于可供水量小于需水量的情况(缺水情况)，考虑到水资源的优化配置，需要对城市供水进行二次配置，由于城市关系着整个社会的安稳、发展，原则上城市用水保证率不能低于 90%。下面针对龙角山水库的城市供水、生态供水、农业供水等不同用水户的用水特点，对缺水情况进行二次配置。

11.4.1　年内调节二次配置

年内配置中，只有方案一情况下水库不能完全满足城市供水、生态需水和农业灌溉用水等三方面的用水需求，因此需要对方案一进行二次配置。由于方案一的来水频率小于 50%，属于枯水年，在满足城市用水的基础上，适当考虑农业用水和生态用水，给出以下四个配置方案，见表 11.15。

表 11.15　年内调节方案一的二次配置方案　　　　　　　　　　　　（单位：%）

方案	城市用水	生态用水	农业用水
a 统筹兼顾	90	50	50
b 保障生活	95	44	44
c 保护环境	90	55	47
d 保证农业	90	41	55

统筹兼顾方案为最优方案，其配置结果见表 11.16。

表 11.16　龙角山水库水资源优化年内调节配置结果(方案一，统筹兼顾)　　（单位：万 m³）

时间	V_t	W_{lin}	W_c	W_n	W_{st}	W_{zf}	W_q
2011 年 10 月	2278.3	0.0	100.4	93.7	20.6	35.8	
11 月	2028.3	0.0	100.4	0.0	20.6	19.2	
12 月	1888.6	0.0	100.4	0.0	20.6	8.5	
2012 年 1 月	1759.5	0.0	100.4	0.0	20.6	6.9	
2 月	1632.0	0.0	100.4	0.0	20.6	7.8	
3 月	1503.7	0.0	100.4	93.7	20.6	19.5	
4 月	1270.0	78.7	100.4	93.7	20.6	23.1	
5 月	1111.3	0.0	100.4	0.0	20.6	26.1	
6 月	964.7	26.7	100.4	0.0	0.0	23.0	
7 月	867.9	0.0	100.4	0.0	0.0	17.5	
8 月	750.0						
总量		105.4	1004.2	281.1	164.9	187.4	

11.4.2　多年调节二次配置

对于多年调节情况，方案一和方案二均存在缺水时段，参照 11.4.1 节年内调节二次分配的方法，针对多年调节方案一和方案二中缺水时段制订了四个二次分配方案，分别见表 11.17 和表 11.18。

表 11.17　多年调节方案一的二次分配方案　　　　　　　　　　　（单位：%）

方案	城市用水	生态用水	农业用水
a 统筹兼顾	90	60	60
b 保障生活	95	54	54
c 保护环境	90	65	57
d 保证农业	90	51	65

表 11.18　多年调节方案二的二次分配方案　　　　　　　　（单位：%）

方案	城市用水	生态用水	农业用水
a 统筹兼顾	95	92	92
b 保障生活	98	89	89
c 保护环境	95	95	91
d 保证农业	95	87	95

统筹兼顾方案为最优方案，方案一和方案二的配置结果分别见表 11.19 和表 11.20。

表 11.19　龙角山水库水资源优化多年调节配置结果（方案一，统筹兼顾）　　（单位：万 m³）

时间	V_t	W_{lin}	W_c	W_n	W_{st}	W_{zf}	W_q
当年 10 月	2278.3	200.1	100.4	112.3	24.7	35.8	0.0
11 月	2205.2	0.0	100.4	0.0	24.7	20.5	0.0
12 月	2059.6	0.0	100.4	0.0	24.7	9.1	0.0
1 月	1925.3	0.0	100.4	0.0	24.7	7.4	0.0
2 月	1792.8	0.0	100.4	0.0	24.7	8.3	0.0
3 月	1659.3	0.0	100.4	112.3	24.7	21.0	0.0
4 月	1400.9	0.0	100.4	112.3	24.7	24.8	0.0
5 月	1138.7	0.0	100.4	0.0	24.7	26.5	0.0
6 月	987.0	804.2	100.4	0.0	0.0	23.4	0.0
7 月	1667.4	510.9	100.4	0.0	0.0	27.3	0.0
8 月	2050.5	146.6	100.4	0.0	0.0	34.9	0.0
9 月	2061.9	103.1	100.4	0.0	0.0	40.0	0.0
次年 10 月	2024.5	200.1	100.4	112.3	24.7	32.6	0.0
11 月	1954.6	0.0	100.4	0.0	24.7	18.6	0.0
12 月	1810.9	0.0	100.4	0.0	24.7	8.2	0.0
1 月	1677.5	0.0	100.4	0.0	24.7	6.7	0.0
2 月	1545.7	0.0	100.4	0.0	24.7	7.5	0.0
3 月	1413.1	0.0	100.4	112.3	24.7	18.7	0.0
4 月	1157.0	0.0	100.4	112.3	24.7	21.7	0.0
5 月	897.9	0.0	100.4	0.0	24.7	22.8	0.0
6 月	750.0	804.2	111.6	0.0	0.0	19.8	0.0
7 月	1422.8	510.9	111.6	0.0	0.0	24.3	0.0
8 月	1797.9	146.6	111.6	0.0	0.0	31.5	0.0
9 月	1801.4	103.1	111.6	0.0	0.0	36.0	0.0
10 月	1756.9						
总量		3529.9	2455.2	673.7	395.1	527.3	

表 11.20　龙角山水库水资源优化多年调节配置结果(方案二，统筹兼顾)　　（单位：万 m³）

时间	V_t	W_{lin}	W_c	W_n	W_{st}	W_{zf}	W_q
当年 10 月	2278.3	82.6	106.0	173.1	38.1	35.8	0.0
11 月	2008.0	0.0	106.0	0.0	38.1	19.0	0.0
12 月	1845.0	33.8	106.0	0.0	38.1	8.4	0.0
1 月	1726.4	0.0	106.0	0.0	38.1	6.8	0.0
2 月	1575.5	0.0	106.0	0.0	38.1	7.6	0.0
3 月	1423.9	0.0	106.0	173.1	38.1	18.8	0.0
4 月	1088.0	0.0	106.0	173.1	38.1	20.8	0.0
5 月	750.0	494.2	228.9	0.0	41.3	20.4	0.0
6 月	953.5	745.2	228.9	0.0	0.0	22.9	0.0
7 月	1447.0	1565.2	228.9	0.0	0.0	24.6	0.0
8 月	2758.7	1039.6	228.9	0.0	0.0	44.4	0.0
9 月	3525.0	0.0	228.9	0.0	0.0	62.4	0.0
次年 10 月	3233.6	82.6	228.9	187.8	41.3	47.8	0.0
11 月	2810.4	0.0	228.9	0.0	41.3	25.0	0.0
12 月	2515.2	33.8	228.9	0.0	41.3	10.7	0.0
1 月	2268.1	0.0	228.9	0.0	41.3	8.5	0.0
2 月	1989.5	0.0	228.9	0.0	41.3	9.0	0.0
3 月	1710.2	0.0	228.9	187.8	41.3	21.5	0.0
4 月	1230.7	0.0	228.9	187.8	41.3	22.6	0.0
5 月	750.0	494.2	425.5	0.0	41.3	20.4	0.0
6 月	757.0	745.2	425.5	0.0	0.0	19.9	0.0
7 月	1056.9	1565.2	425.5	0.0	0.0	19.8	0.0
8 月	2176.9	1039.6	425.5	0.0	0.0	36.6	0.0
9 月	2754.4	0.0	425.5	0.0	0.0	50.6	0.0
10 月	2278.3						
总量		7921.4	5616.5	1082.6	638.1	584.2	

第三篇　水资源综合利用与管理效果评价及应用

第12章　水资源配置方案效果评价指标体系构建

12.1　水资源配置方案效果评价指标体系构建的基础

12.1.1　水资源配置方案效果评价的概念

水资源配置方案效果评价是对水资源被运用于生产部门或非生产部门所产生的社会、经济和生态环境效果进行分析判断，在分析计算的基础上，得到水资源配置方案的综合效果，选择最佳的水资源配置方案。

从本质上讲，水资源配置方案效果评价是对优化配置过的水资源调控方案进行进一步的分析、优选，为水资源优化配置方案的选取提供决策依据。

12.1.2　评价指标体系构建的原则

为了全面、客观和科学地进行综合评价，在研究和确定评价指标体系过程中，应遵循以下原则：

(1)系统全面性原则。各指标之间不但要从不同的侧面反映出社会、经济和生态环境子系统的主要特征和状态，而且还要反映社会-经济-生态环境系统之间的内在联系。指标体系应在运行中能全面反映评价对象系统的各个要素的指标内容，并使评价目标和评价指标能有机地结合起来，组成一个比较合理严密的、逻辑层次分明的综合评价指标体系。评价指标体系应以多层次、多指标的方式揭示事物间的相关性和系统性，必须能够系统全面地反映方案实施效果的综合水平。同时，各评价指标以其特有的内容属性而独立存在，要避免指标间的重叠。

(2)典型代表性原则。在进行指标的筛选时，应尽量选取那些具有共性的代表性指标，同时尽量选择处理后的组合指标，尽可能准确反映出研究区社会、经济和生态环境变化的综合特征，即使在减少指标数量的情况下，也要便于数据计算和提高结果的可靠性。

(3)简明科学性原则。对任何一个对象进行系统的评价，都要有一定数量和层次的指标，才能达到正确评价的目的。但是，如果在考核和评价方案实施效果时设计评价指标体系层次和指标过多，评价活动就十分复杂，计算繁琐，不仅评价结果的精确程度很难把握，而且不易操作，因此，在结合统计学、经济学和社会学等科学理论的前提下，指标体系结构应尽量简明，提高评价工作的效率。

(4)动态可操作性原则。社会-经济-生态效益的互动发展需要通过一定时间尺度的指标才能反映出来。指标体系的设置要考虑数据的可得性和可靠性。指标的含义必须明确，具有一定的现实统计与核算基础，可作计量分析之用。

(5)全面综合性原则。社会-经济-生态效益的互动"双赢"是生态经济建设的最终目标，也是综合评价的重点。在相应的评价层次上，全面考虑影响社会、经济和生态环境系统的诸多因素，并进行综合分析和评价。

12.1.3　评价指标体系构建的方法（步骤）

　　评价指标的形成过程是一个从表面到内部、从现象到本质、从个别到一般、从偶然到必然的转变过程。采用抽象化的方法，根据那些有显著区别的特殊性标识对事实资料进行综合，在特殊性标识的基础上形成评价指标，从而把握对象的本质特征和客观规律性的过程。

　　由于水资源配置方案效果评价指标体系是一个涉及社会、经济和生态环境等多方面的复杂的系统，要建立一个系统、科学的水资源配置方案效果评价指标体系是一件相当有挑战性的工作，其关键在于水资源配置效果评价指标的选取。简单地说，水资源配置效果评价指标的选取要经过如下步骤：

　　(1)确定初始指标。根据评价指标体系构建原则，初步构建水资源配置方案效果评价指标体系，确定出比较系统、完整且层次分明的初始指标。

　　(2)筛选评价指标。它是对初始指标的精选，是确定评价指标权重的前提。在初步构建的评价指标体系中，指标数目众多，我们应尽量舍弃与研究目标关系不大的次要指标，根据研究目标的具体需要，筛选出有代表性评价指标，有利于评价指标体系的数学计算。

12.2　水资源配置效果评价指标体系构建

12.2.1　确定初始评价指标体系

　　水资源配置方案效果评价是对配置方案所实现的水资源利用效益和效果进行评价，判断方案的综合效益，从而挑选出最优方案。水资源配置方案效果和效益是多方面的，评价对象具有复杂性。因此，水资源配置方案效果评价是一个多层次、多目标的决策问题，需要一个综合的评价准则，每个准则都由相应的多个指标来体现，所有评价准则的指标综合起来则构成评价的指标体系。

　　现有的水资源配置评价指标体系准则层主要有三类：第一类是以社会、经济和生态环境等三个方面作为评价准则。李洋(2011)、姜文来(1998)等选取人均用水量、区域缺水率、用水结构系数作为社会指标来反映社会影响，选取人均 GDP、单方水 GDP 作为经济指标来反映经济效果，选取生态缺水量、纳污能力作为生态指标来反映生态效果；第二类是以社会、经济、生态环境和水资源开发利用等四个方面作为评价准则。崔萌(2005)、黄旭(2008)、余建星(2009)等认为水资源配置的综合评价除了研究第一类评价准则外，还需要考虑水资源开发利用合理性准则，它是保障社会经济健康发展的重要物质基础，也是水资源条件和水资源开发的综合反映，该准则选取的评价指标为：农业灌溉用水利用系数、工业用水重复利用率和供水管网漏失率等；第三类是以社会、经济、生态环境、水资源开发利用和水资源配置效率等五个方面作为评价准则。刘剑(2011)、冯巧(2006)、曾国熙(2004)等对水资源配置效率评价准则进行了阐述，认为配置前后水资源利用效率的对比是评价水资源配置的核心标准，该准则评价指标有：亩均灌溉用水量、城市污水资源化率、灌溉利用系数、水资源配置效率系数、用水结构比例系数、工业用水重复率、工业用水定额和城市供水管网漏失率等。

　　目前，国内关于水资源配置方案效果评价指标体系的研究尚无统一的标准，本书综合分析以上三类评价指标体系，选取以社会、经济和生态环境三个方面作为评价准则，其优点在于：

(1)社会、经济和生态环境三个评价准则在相关文献中出现频率较高，具有普遍性和代表性。

(2)从社会、经济、生态环境、水资源开发利用和水资源配置效率等方面虽然能够全方位进行评价，体现水资源开发、利用和治理情况，反映水资源与社会经济生态环境的协调性，然而本书认为，水资源开发利用和水资源配置效率中的指标与社会、经济和生态环境三个评价准则有密切的关联性，可以统一归类，如农业灌溉用水有效利用系数、工业用水重复利用率和城市供水管网漏失率等指标可用来评价水资源配置的经济效果，城市污水资源化率指标可用来评价水资源配置的生态环境效果等。

(3)设置三个评价准则大小适宜，结构简明，减少了评价过程中的计算量，易于操作，提高了评价工作的效率。

(4)水本身是一种有价值的物质，姜文来(1998)等提出水资源的价值因素可分为社会、经济和环境三方面因素，将水资源配置效果评价准则与水资源的价值因素对应，便于运用经济手段管理水资源的优化配置，也便于探讨方案的综合效益。

综上所述，本书建立含有目标层、准则层和指标层的三层递阶结构体系。目标层(O)综合反映了水资源配置方案对社会经济影响的程度；准则层(G)由社会效果、经济效果和生态环境效果组成；指标层(C)结合研究区实际情况，初步选取由 50 个反映准则层(G)的指标构成，见表 12.1。

表 12.1　水资源配置方案效果初始评价指标体系

目标层(O)	水资源配置方案效果评价		
准则层(G)	社会效果	经济效果	生态环境效果
指标层(C)	$C1_1$(−)区域缺水率	$C2_1$(+)单方水工业产值	$C3_1$(+)水面率
	$C1_2$(−)工业缺水率	$C2_2$(+)单方水农业产值	$C3_2$(+)植被覆盖率
	$C1_3$(−)农业缺水率	$C2_3$(+)单方水资源量 GDP 产值	$C3_3$(−)COD 浓度
	$C1_4$(−)生活缺水率	$C2_4$(+)工业用水重复利用率	$C3_4$(−)人均 COD 排放量
	$C1_5$(−)生态缺水率	$C2_5$(−)城市供水管网漏失率	$C3_5$(−)废污水排放率
	$C1_6$(+)供水普及率	$C2_6$(+)农业水分生产率	$C3_6$(+)中水回用率
	$C1_7$(+)工业用水保证率	$C2_7$(+)农业灌溉用水有效利用系数	$C3_7$(+)河流水质达标率
	$C1_8$(+)农业用水保证率	$C2_8$(+)工业增加值增加率	$C3_8$(+)城市污水集中处理率
	$C1_9$(+)生活用水保证率	$C2_9$(+)人均 GDP	$C3_9$(+)工业废水排放达标率
	$C1_{10}$(+)生态用水保证率	$C2_{10}$(−)外调水占总供水比例	$C3_{10}$(+)城市污水资源化率
	$C1_{11}$(+)人均水资源量	$C2_{11}$(+)人均粮食占有量	$C3_{11}$(+)地表水水源地水质达标率
	$C1_{12}$(+)社会安全饮用水比例	$C2_{12}$(−)工业万元增加值用水量	$C3_{12}$(+)地下水水源地水质达标率
	$C1_{13}$(+)防洪能力指数	$C2_{13}$(−)单方水供水成本	$C3_{13}$(+)人均水域面积
	$C1_{14}$(+)用户对项目实施的接受程度	$C2_{14}$(−)新增单方水供水成本	$C3_{14}$(+)城市人均绿化面积
	$C1_{15}$(+)就业率	$C2_{15}$(−)中水回用成本	$C3_{15}$(−)地下水平均矿化度
	$C1_{16}$(+)人均纯收入	$C2_{16}$(−)海水淡化成本	
		$C2_{17}$(−)单方外调水供水成本	
		$C2_{18}$(−)单方节水工程投资	
		$C2_{19}$(−)单方污水处理回用工程投资	

注：表中 Ci_j(i=1,2,3;j=1,2,···,n)代表指标编号；(−)代表指标为逆指标，即越小越优型指标；(+)代表指标为正指标，即越大越优型指标。

下面对水资源配置方案效果评价体系各评价准则及指标具体阐述：

(1)社会效果。水资源同时具有自然属性和商品属性，在缺水的地区它首先表现出来的是生活和生产的基本需求。水资源配置是为了解决或缓和由于水资源短缺、不合理的开发利用方式等引起的人们生活、生态环境和社会经济等方面的矛盾问题，以保障人们生活水平的提高。因此，水资源配置评价应考虑其是否促进了社会进步。合理的水资源配置方案应保证社会健康稳定发展，满足人们必要的生产、生活和生态用水。因此，选用以下指标来评价水资源配置的社会效果：

区域缺水率(%)=区域缺水量/区域需水量×100%；

工业缺水率(%)=工业缺水量/工业需水量×100%；

农业缺水率(%)=农业缺水量/农业需水量×100%；

生活缺水率(%)=生活缺水量/生活需水量×100%；

生态缺水率(%)=生态缺水量/生态需水量×100%；

供水普及率(%)=供水人口数/总人口数×100%；

工业用水保证率(%)=满足工业用水要求的平均保证程度；

农业用水保证率(%)=满足农业用水要求的平均保证程度；

生活用水保证率(%)=满足生活用水要求的平均保证程度；

生态用水保证率(%)=满足生态用水要求的平均保证程度；

人均水资源量$(m^3/人)$=水资源量/人口；

社会安全饮用水比例(%)=饮水安全人口/总人口×100%；

防洪能力指数(%)=防洪面积/防洪保护区总面积×100%；

用户对方案实施的接受程度(%)=接受的人数/调查总人数×100%；

就业率(%)=就业人口/总人口×100%；

人均纯收入(元/人)=居民家庭纯收入之和/人口总数。

(2)经济效果。在市场经济条件下，任何行为都要考虑经济效益，水资源配置方案也不例外。国际上采用的水资源配置方案经济效果评价的标准是以经济学为理论基础，是经济规律作用下的自然趋向。因此，选用以下指标来评价水资源配置的经济效果：

单方水工业产值$(元/m^3)$=工业产值/工业用水量；

单方水农业产值$(元/m^3)$=农业产值/农业用水量；

单方水资源量GDP产值$(元/m^3)$=GDP总量/总用水量；

工业用水重复利用率(%)=工业用水重复利用量/工业用水总量×100%；

城市供水管网漏失率(%)=损失水量/管网供水总量×100%；

农业水分生产率(kg/m^3)=灌溉作物产量/灌溉用水量；

农业灌溉用水有效利用系数(%)=田间净灌溉水量/干渠渠首总引水量×100%；

工业增加值增长率(%)=(规划年工业增加值−现状年工业增加值)/现状年工业增加值×100%；

人均GDP(元/人)=GDP/总人口；

外调水占总供水比例(%)=外调水量/总供水量×100%；

人均粮食占有量(kg/人)=粮食产量/总人口；

工业万元增加值用水量(m^3/万元)=工业用水量/工业增加值；

单方水供水成本(元/m^3)=供水成本/供水量；

新增单方水供水成本(元/m^3)=供水成本/新增供水量；

中水回用成本(元)=中水回用量×单方中水回用成本；

海水淡化成本=海水淡化量×单方海水淡化成本；

单方外调水供水成本(元/m^3)=外调水工程成本/外调水量；

单方节水工程投资(元/m^3)=节水工程投资/节水量；

单方污水处理回用工程投资(元/m^3)=污水处理回用工程投资/污水回用量。

(3)生态环境效果。在可持续发展的大趋势下水资源是生态环境系统不可或缺的重要资源，所以，对水资源配置方案的生态环境效果评价至关重要。其评价准则主要有两条：一是以现有生态环境状况作为生态环境保护的起点来考虑生态环境的维持和改善；二是必须满足区域生态保护准则中关于天然生态保护的最低要求，以维护生态系统结构的稳定。因此，选用以下指标来评价水资源配置的生态环境效果：

水面率(%)=水域面积/土地总面积×100%；

植被覆盖率(%)=植被覆盖面积/土地总面积×100%；

COD 浓度(mg/L)：每升水中污染物 COD 的含量；

人均 COD 排放量(kg/L)=COD 排放量/总人口；

废污水排放率(%)=废污水排放量/用水量×100%；

中水回用率(%)=中水回用量/中水排放量×100%；

河流水质达标率(%)=水质达标河流长度/河流总长度×100%；

城市污水集中处理率(%)=污水处理量/污水排放量×100%；

工业废水排放达标率(%)=工业达标废水量/工业污水排放量×100%；

城市污水资源化率(%)=城市污水利用量/城市污水排放总量×100%；

地表水水源地水质达标率(%)：排污控制区以下游功能区水质目标为控制目标的达标情况；

地下水水源地水质达标率(%)=水质达标地下水水源地/总地下水水源地×100%；

人均水域面积(m^3/人)=水域面积/总人口；

城市人均绿化面积(m^3/人)=城市绿化面积/城市人口；

地下水平均矿化度(g/L)：每升地下水中各种元素的离子、分子、化合物(不包括气体)的含量。

以上所列的水资源方案效果评价指标，可根据具体情况选出部分指标作评价，也可适当调整增加别的指标。

12.2.2　筛选评价指标

12.2.1 节初步构建了水资源配置方案效果评价指标体系，但评价指标偏多，本次根据研究区的情况和研究目标，筛选出具有代表性评价指标。同前，将水资源配置方案效果评价指标体系分为三个层次，即目标层、准则层和指标层，其构成见表 12.2，具体说明如下。

表 12.2　水资源配置方案效果评价指标体系

目标层(O)	水资源配置方案效果评价		
准则层(G)	社会效果	经济效果	生态环境效果
指标层(C)	$C1_1(-)$ 工业缺水率	$C2_1(+)$ 单方水工业产值	$C3_1(-)$ COD 浓度
	$C1_2(-)$ 农业缺水率	$C2_2(+)$ 单方水农业产值	$C3_2(-)$ 人均 COD 排放量
	$C1_3(-)$ 生活缺水率	$C2_3(+)$ 单方水资源量 GDP 产值	$C3_3(+)$ 水功能区水质达标率
	$C1_4(-)$ 生态缺水率	$C2_4(+)$ 工业用水重复利用率	
	$C1_5(+)$ 人均水资源量	$C2_5(-)$ 城市供水管网漏失率	
		$C2_6(-)$ 单方供水成本	

注：表中 $Ci_j(i=1,2,3; j=1,2,\cdots,n)$ 代表指标编号；$(-)$ 代表指标为逆指标，即越小越优型指标；$(+)$ 代表指标为正指标，即越大越优型指标。

1. 目标层(O)

水资源配置方案效果评价的目的在于得到水资源配置方案的综合影响程度，选择最佳方案，为水资源优化配置最优方案的提出提供决策依据。

2. 准则层(G)

水资源系统十分复杂，本书从三个方面即社会效果、经济效果和生态环境效果对水资源配置方案效果进行评价。

3. 指标层(C)

1) 社会效果

社会效果指标中缺水率和用水保证率存在关联性，为避免指标间的重叠，本书保留缺水率相关指标，人均水资源量指标数据容易得到且真实可靠，故保留该指标。社会安全饮用水比例、防洪能力指数及用户对项目实施后的接受程度指标数据收集过程中人为影响因素较大，就业率和人均纯收入指标与水资源优化配置方案没有直接的影响关系，因此这些指标本书暂不予考虑。

2) 经济效果

经济效果指标中需要考虑产值与成本，本书保留产值的相关指标。新增单方水供水成本、中水回用成本、海水淡化成本、单方外调水供水成本、单方节水工程投资及单方污水处理回用工程投资等指标为供水成本的具体方面，仅保留单方供水成本指标。工业万元增加值用水量与单方水工业产值指标有一定的关联，本次只选择考虑后者。工业用水重复利用率、城市供水管网漏失率间接反映了水资源配置的经济效果，故指标保留。

3) 生态环境效果

在经济快速发展的今天，城市污水和工业废水的排放造成生态环境严重污染，导致很多生态问题，本书选取 COD 浓度、人均 COD 排放量和水功能区水质达标率作为生态效果的评价指标。

12.3　评价指标权重方法概述与选择

权重表示在评价过程中对评价对象不同侧面重要程度的定量分配，对各评价因子在总体评价中的作用进行区别对待。目前常用的有主观赋权法、客观赋权法和组合赋权法（或称为主客观赋权法）三大类。

12.3.1　主观赋权法

主观赋权法，是采用综合咨询评分的定性方法确定权重，然后对标准化后的数据进行综合，包括层次分析法（AHP）和二元比较模糊决策分析法等。

1. 层次分析法

层次分析法基本原理为：将一个复杂的被评价系统按其内在的逻辑关系，以评价指标（因素）为代表构成一个有序的层次结构，然后针对每一层指标（或某一指标域），运用专家的知识、经验、信息和价值观，对同一层或同一域的指标进行两两比较，按规定的标度值构造比较判断矩阵 $A = \left(a_{ij} \right)_{n \times n}$，对 A 作一致性检验，计算比较判断矩阵的最大特征值 $\lambda_{\max}$，并由 $\lambda_{\max}$ 解特征方程，见式（12.1）：

$$AX = \lambda_{\max} X \tag{12.1}$$

得到对应 $\lambda_{\max}$ 的特征向量 $X = \{X_1, X_2, \cdots, X_n\}$，最后将特征向量归一化得到指标的权重向量 $w = \{w_1, w_2, \cdots, w_n\}$。

2. 二元比较模糊决策分析法

二元比较模糊决策分析法是决策者依据专业知识或地区政策、规划等确定的因素权重，因其更符合实际情况，故认为其结论更具有可靠性。

1）因素集权重重要性定性排序

设因素 C_k 与 C_l 之间作重要性二元比较，以 f_{kl} 表示重要性定性排序标度，若 C_k 比 C_l 优越，取 $f_{kl} = 1, f_{lk} = 0$；若 C_l 比 C_k 优越，取 $f_{kl} = 0, f_{lk} = 1$；若 C_k 与 C_l 同样优越，取 $f_{kl} = f_{lk} = 0.5$。则得到因素集关于重要性的二元对比矩阵：

$$F = \begin{bmatrix} f_{11} & f_{12} & \cdots & f_{1m} \\ f_{21} & f_{22} & \cdots & f_{2m} \\ \vdots & \vdots & & \vdots \\ f_{m1} & f_{m2} & \cdots & f_{mm} \end{bmatrix} = (f_{kl}) \quad k=1,2,\cdots,m; l=1,2,\cdots,m \tag{12.2}$$

再根据下述条件做矩阵一致性检验，若 $f_{kk} > f_{kl}$ 时，有 $f_{kl} = 0$；若 $f_{kk} < f_{kl}$ 时，有 $f_{kl} = 1$；若 $f_{kk} = f_{kl}$ 时，有 $f_{kl} = 0.5$。

若不能通过一致性检验条件，则说明思维过程自相矛盾，需要重新修正排序标度；若通过了一致性检验条件，则可计算二元对比矩阵中各行元素之和：

$$t_i = \sum_{l=1}^{m} f_{kl} \tag{12.3}$$

式中，t_i 的大小反映了因素集在满足排序一致性条件下的重要性定性排序。

2) 因素集权重重要性定量排序

根据重要性排序一致性标度矩阵 F，参考语气算子与重要性标度之间的对应关系，对各因素进行二元对比重要性比较。表 12.3 给出的语气算子与定量标度、相对隶属度之间的关系，同样可用于因素集权重的确定，则得因素集对重要性的相对隶属度向量（非归一化）：

$$\omega_i = (\omega_1, \omega_2, \cdots, \omega_m) \tag{12.4}$$

将向量 ω_i 归一化，得到因素集的权向量：

$$\omega_i' = (\omega_1', \omega_2', \cdots, \omega_m'), \ \sum_{i=1}^{m} \omega_i' = 1, \ 0 < \omega_i' = 1 \tag{12.5}$$

表 12.3　语气算子与定量标度、相对隶属度关系

语气算子	定量标度	相对隶属度
同样	0.500～0.525	1.000～0.905
稍微	0.550～0.575	0.818～0.739
略为	0.600～0.625	0.667～0.600
较为	0.650～0.675	0.538～0.481
明显	0.700～0.725	0.429～0.379
显著	0.750～0.775	0.333～0.290
十分	0.800～0.825	0.250～0.212
非常	0.850～0.875	0.176～0.143
极其	0.900～0.925	0.111～0.081
极端	0.950～0.975	0.053～0.026
无可比拟	1.000	0

12.3.2　客观赋权法

客观赋权是利用资料本身提供的信息给出评价指标的权重。主要包括熵值赋权法和均方差法等。

1. 熵值赋权法

计算步骤如下：

(1) 构建 m 个对象 n 个评价指标的判断矩阵:

$$R = \left(x_{ij}\right)_{nm},(i=1,2,\cdots,m) \tag{12.6}$$

(2) 将判断矩阵归一化处理, 得到归一化判断矩阵 B:

$$b_{ij} = \frac{x_{ij} - x_{\min}}{x_{\max} - x_{\min}} \tag{12.7}$$

式中, $x_{\max}$ 为同指标下不同对象中最满意者; $x_{\min}$ 为同指标下不同对象中最不满意者。

(3) 根据熵的定义, m 个对象 n 个评价指标, 可以确定评价指标的熵为

$$H_i = -\frac{1}{\ln m}\left(\sum_{j=1}^{m} f_{ij} \ln f_{ij}\right) \tag{12.8}$$

$$f_{ij} = \frac{1+b_{ij}}{\sum_{j=1}^{m}\left(1+b_{ij}\right)} \qquad \left(i=1,2,\cdots,n; j=1,2,\cdots,m\right) \tag{12.9}$$

(4) 计算评价指标的熵权 ω_i'':

$$\omega_i'' = \left(\omega_i\right)_{1\times n} \tag{12.10}$$

$$\omega_i = \frac{1-H_i}{n-\sum_{i=1}^{n} H_i},\text{且满足}\sum_{i=1}^{n}\omega_i =1 \tag{12.11}$$

2. 均方差法

均方差法的基本思路是: 以各评价指标为随机变量, 各方案 A_i 在指标 G_j 下的无量纲化属性值 y_{ij} 为该随机变量的取值, 首先求出这些随机变量的均方差, 然后将均方差归一化, 其结果即为各指标的权重系数, 该方法的计算步骤为:

(1) 求随机变量的均值 $E\left(G_j\right)$:

$$E\left(G_j\right) = \frac{1}{n}\sum_{i=1}^{n} y_{ij} \tag{12.12}$$

(2) 求各指标的均方差 $F\left(G_j\right)$:

$$F\left(G_j\right) = \sqrt{\sum_{i=1}^{n}\left[y_{ij} - E\left(G_j\right)\right]^2} \tag{12.13}$$

(3) 求指标 G_j 的权重系数 $W(G_j)$：

$$W(G_j) = \frac{F(G_j)}{\sum_{j=1}^{m} F(G_j)} \tag{12.14}$$

12.3.3　组合赋权法

组合赋权法确定属性的综合权重是将主观权重 ω_i' 和客观权重 ω_i'' 线性组合，即 $\omega = \alpha\omega_i' + \beta\omega_i''$，$\omega$ 称为组合权重，线性系数 α、β 分别表示主、客观方法的相对重要程度，满足 $0 \leqslant \alpha \leqslant 1$，$0 \leqslant \beta \leqslant 1$，且 $\alpha + \beta = 1$。

12.3.4　权重确定方法的选择

主观赋权法基于评价者的主观偏好信息，可以反映评价者的经验和直觉，但容易受人为主观因素的影响，夸大或降低某些指标的作用，使评价结果可能产生较大的主观随意性，不能很好地反映客观事物之间的现实关系。客观赋权法可以在一定程度上克服主观因素的不利影响，同时减轻计算工作量。但是，这样确定的权重多属于信息权重，没有充分考虑指标本身的相对重要程度，更容易忽视评价者的主观信息。因此，即便是方法本身的数学理论很牢靠，对于有大量人为因素存在的复杂系统评价问题来讲，客观赋权法有其局限性。

组合主观权重法和客观权重法的组合赋权法是一种更合理的方法，因此本书采用组合赋权法确定指标的综合权重，即将主观赋权方法中二元比较模糊决策分析法所得到的主观权重和客观赋权方法中熵值赋权法所得到的客观权重线性组合。

第13章 水资源配置方案效果评价模型

13.1 评价方法概述与选择

目前，用于水资源评价的方法有主成分分析法、灰色关联分析法和模糊综合评判法等。下面对有关方法进行简要介绍。

13.1.1 主成分分析法

主成分分析法随着近年来多元统计方法的普及与应用而兴起，是一种较新的评估方法。其本质的目的是对高维变量系统进行最佳综合与简化，同时客观地确定每个指标权重，避免主观随意性。主成分分析法是在追求数据信息丢失最小的原则下，对高维变量进行降维处理，即在保证数据信息损失最小的前提下，经线性变换和舍弃一小部分信息，以少数的综合变量取代原始采用的多维变量，但这种方法的不足之处在于：在对高维变量空间进行降维处理的时候，要保证数据信息损失最小比较困难，评价因素越多，降维处理时遗失的有用信息就越多，误判的可能性就越大。

13.1.2 灰色关联分析法

灰色关联分析法，它善于处理贫信息系统(部分信息已知，部分信息未知的灰色系统)，注重动态研究、定性与定量紧密结合，能在短资料、少信息条件下建模、预测和决策。灰色关联是指事物之间不确定性关联，或系统因子与主行为因子之间的不确定性关联。关联分析主要针对态势的发展变化，也就是对系统动态发展过程的量化分析。它根据因素之间发展态势的相似或相异程度来衡量因素间接近的程度。灰色关联分析法一般适用于评价指标不多的简单模型。

13.1.3 模糊综合评判法

模糊综合评判法是对受多种因素影响的事物作出全面评价的一种十分有效的多因素决策方法，模糊综合评判又称为模糊综合决策或模糊多元决策。模糊综合评判主要考虑到人们对一种受多因素影响的事物评价不是简单的"好不好"或者"是不是"，而是采用模糊语言分成不同的等级进行评价；另外，模糊综合评判注重各因素在评价目标中的重要性排序。因此，模糊综合评判的方法有效且简单易行。模糊综合评判的数学模型可分为一级模型和多级模型。因为指标体系在评价时涉及分级问题，一般讲，等级划分本身具有中间过渡不分明性或相邻等级之间的界限具有模糊性，再加上评价指标系统本身是多级的，故评价时采用模糊多级综合评判模型。

13.1.4　评价方法的选择

在具体评价方法确定时，既要注重方法的科学性，又要考虑不同类型指标对于不同方法的具体要求，从而提高评价结果的准确性、可靠性及应用性。本书在总结前人研究成果的基础上，通过比较分析各种评价方法的优缺点，利用多层次模糊优选模型的方法，建立水资源配置方案模糊优选评价模型，对水资源配置方案进行评价，从而获得促进社会、经济和生态环境的最佳水资源配置方案。

13.2　多层次模糊综合优选

13.2.1　确定方案集和指标集

1. 方案集 S

m 个决策方案 $s_j (j=1,2,\cdots,m)$ 构成优选方案集 $S=\{s_1,s_2,\cdots,s_m\}$。

2. 指标集 G

有 n 个相互独立的影响因素 $C_i (i=1,2,\cdots,n)$ 构成指标集 $G=\{C_1,C_2,\cdots,C_n\}$，并将 n 个指标按 l 个评价标准分为 l 类，称 $G=\{G_1,G_2,\cdots,G_l\}$ 为第一层次指标集(即准则层组合的集合，以下简称一级指标集)。

设 $G_k=\left\{{}_kG_1,{}_kG_2,\cdots,{}_kG_{t_k}\right\},(k=1,2,\cdots,l),\ t_1+t_2+\cdots+t_l=\sum\limits_{k=1}^{l}t_k=n$，为第二层次指标集(以下简称二级指标集)。

由表 12.2 水资源配置方案效果评价指标体系可知，社会效果、经济效果和生态环境效果三个要素组成水资源配置方案效果评价的准则层，也就是水资源配置方案效果评价的第一层指标(一级指标)；每个准则下又有各自的指标，组成水资源配置方案效果评价的第二层指标(二级指标)，即

$$G=\{C1_1,C1_2,\cdots,C3_{15}\}$$

第一层次指标集：$G=\{G_1,G_2,G_3\}$ [3 个一级指标(准则)]。

第二层次指标集：社会效果 $G_1=\{C1_1,C1_2,C1_3,C1_4,C1_{15}\}$；经济效果 $G_2=\{C2_1,C2_2,C2_3,C2_4,C2_5,C2_6\}$；生态环境效果 $G_3=\{C3_1,C3_2,C3_3\}$。

13.2.2　确定第二层次指标的权重系数

评价指标权重的确定采用组合赋权法，详见 2.3 节，本节不再赘述。如何科学合理地对评价指标进行排序对水资源配置效果评价结果至关重要，因为评价指标排序不同，对目标层的影响程度就不一样。若对指标重要程度本末倒置，计算结果将会使原本重要的指标变为次要指标，导致评价结果不准确。本节主要针对拟选取的指标重要性定性排

序做具体探讨。

1. 一级指标重要性定性排序

本书选取了社会效果、经济效果和生态环境效果三个方面作为一级指标。从数学角度出发，三个评价准则的排列方式共 6 种，也就是有 6 种不同的指标对目标层的贡献程度的数据。从实际角度出发，在社会经济发展的初级阶段，为了不断改善人民生活，必须保持经济的快速发展，此时经济效果的重要程度高于社会效果和生态环境效果；随着经济快速发展所带来的生态环境问题越来越引起人们的关注，在经济发展的过程中尽可能减少对生态环境的破坏，寻求经济与生态环境协调发展已成为当代人类关注的主题，此时生态环境效果的重要程度高于经济效果与社会效果。本次研究规定社会效果、经济效果和生态环境效果三个方面同等重要。

2. 二级指标重要性定性排序

从社会效果、经济效果和生态环境效果三个方面选取了 14 个二级指标，本次研究规定社会效果中二级指标重要程度从高到低依次为：人均水资源量、生活缺水率、农业缺水率、工业缺水率、生态缺水率；经济效果中二级指标重要程度从高到低依次为：单方水资源量 GDP 产值、单方水工业产值、单方水农业产值、工业用水重复利用率、城市供水管网漏失率；生态环境效果中二级指标重要程度从高到低依次为：河流水质达标率、COD 浓度、人均 COD 排放量。

13.2.3　对第二层次指标集方案模糊优选

1. 建立优属度矩阵

用向量 $_k x_{t_k i}$ 表示二级指标集 G_k 对第 i 个方案的 t_k 个评价指标特征值，则 $_k x_{t_k i} = \left(_k x_{11}, _k x_{12}, \cdots, _k x_{t_k m} \right)$，从而 G_k 对于全体待优选 m 个方案的 t_k 个评价指标的特征值用矩阵式 (13.1) 表示：

$$_k X_{t_k \times m} = \begin{bmatrix} _k x_{11} & _k x_{12} & \cdots & _k x_{1m} \\ _k x_{21} & _k x_{22} & \cdots & _k x_{2m} \\ \vdots & \vdots & & \vdots \\ _k x_{t_k 1} & _k x_{t_k 2} & \cdots & _k x_{t_k m} \end{bmatrix}_{t_k \times m} \tag{13.1}$$

再根据指标类型按式 (13.2)~式 (13.4) 对矩阵 $_k X_{t_k \times m}$ 进行标准化计算，将 $_k X_{t_k \times m}$ 中的评价指标特征值转化为相对隶属度。

$$越大越优型：\quad _k r_{lj} = \frac{_k x_{lj}}{\overset{m}{\underset{j=1}{\vee}}\left\{ _k x_{lj} \right\} + \overset{m}{\underset{j=1}{\wedge}}\left\{ _k x_{lj} \right\}} \tag{13.2}$$

$$越小越优型：{}_k r_{lj} = 1 - \frac{{}_k x_{lj}}{\overset{m}{\underset{j=1}{\vee}}\left\{{}_k x_{lj}\right\} + \overset{m}{\underset{j=1}{\wedge}}\left\{{}_k x_{lj}\right\}} \tag{13.3}$$

$$适度中间型\ {}_k r_{lj} = 1 - \frac{\left|{}_k x_{lj} - {}_k \overline{x}_{lj}\right|}{\overset{m}{\underset{j=1}{\vee}}\left\{{}_k x_{lj} - {}_k \overline{x}_{lj}\right\} + \overset{m}{\underset{j=1}{\wedge}}\left\{{}_k x_{lj} - {}_k \overline{x}_{lj}\right\}} \tag{13.4}$$

式中，${}_k \overline{x}_{lj}$ 为某一指标的理想值。

从而得到 G_k 的优属度矩阵：

$$
{}_k R_{t_k \times m} = \begin{bmatrix} {}_k r_{11} & {}_k r_{12} & \cdots & {}_k r_{1m} \\ {}_k r_{21} & {}_k r_{22} & \cdots & {}_k r_{2m} \\ \vdots & \vdots & & \vdots \\ {}_k r_{t_k 1} & {}_k r_{t_k 2} & \cdots & {}_k r_{t_k m} \end{bmatrix}_{t_k \times m} \tag{13.5}
$$

2. 确定方案隶属度

设 G_k 系统的优等方案为 ${}_k a = \left({}_k a_1, {}_k a_2, \cdots, {}_k a_{t_k}\right)^{\mathrm{T}}$，其中 ${}_k a_l = \overset{m}{\underset{j=1}{\vee}} {}_k r_{lj}, \left(l = 1, 2, \cdots, t_k\right)$；$G_k$ 系统的劣等方案为 ${}_k b = \left({}_k b_1, {}_k b_2, \cdots, {}_k b_{t_k}\right)^{\mathrm{T}}$，其中 ${}_k b_l = \overset{m}{\underset{j=1}{\wedge}} {}_k r_{lj}, \left(l = 1, 2, \cdots, t_k\right)$。

3. 计算各方案隶属于优等矩阵的最优值

取 ${}_k \omega = \left({}_k \omega_1, {}_k \omega_2, \cdots, {}_k \omega_{t_k}\right)^{\mathrm{T}}$ 表示第 k 个二级指标集 G_k 中 t_k 个评价指标的权向量，其中 $\sum\limits_{l=1}^{t_k} {}_k \omega_l = 1$。

则广义优距离为

$$\left\|{}_k \omega \cdot \left({}_k r - {}_k a\right)\right\| = \left\{\sum_{l=1}^{t_k}\left[{}_k \omega_l \cdot \left({}_k r_{lj} - {}_k a_l\right)\right]^p\right\}^{\frac{1}{p}}, \ (p \geqslant 1; j = 1, 2, \cdots, m) \tag{13.6}$$

广义劣距离为

$$\left\|{}_k \omega \cdot \left({}_k r - {}_k b\right)\right\| = \left\{\sum_{l=1}^{t_k}\left[{}_k \omega_l \cdot \left({}_k r_{lj} - {}_k b_l\right)\right]^p\right\}^{\frac{1}{p}}, \ (p \geqslant 1; j = 1, 2, \cdots, m) \tag{13.7}$$

第 j 个方案权广义优距离为

$$D\left(_k r,_k a\right) = g_{1j}\left\|_k \omega\left(_k r_j -_k a\right)\right\|, \quad (j = 1, 2, \cdots, m) \tag{13.8}$$

第 j 个方案权广义劣距离为

$$D\left(_k r,_k b\right) = g_{2j}\left\|_k \omega\left(_k r_j -_k b\right)\right\|, \quad (j = 1, 2, \cdots, m) \tag{13.9}$$

按 "m 个参与评价优选的方案的权广义优距离平方与广义劣距离平方之和最小" 的优选原则，构造目标函数：

$$\left.\begin{array}{l} F\left(g_{lj}\right) = \sum_{j=1}^{m}\left[D^2\left(_k r_j,_k a\right) + D^2\left(_k r_j,_k b\right)\right] \\[2mm] = \sum_{j=1}^{m}\left[_k g^2{}_{1j}\left\|_k \omega\left(_k r_j -_k a\right)\right\|^2 +_k g^2{}_{2j}\left\|_k \omega\left(_k r_j -_k b\right)\right\|^2\right] \\[2mm] F\left(_k g^*{}_{lj}\right) = \min_{_k u_{lj} \in [0,1]}\left\{F\left(_k u_{lj}\right)\right\}, \quad (j = 1, 2, \cdots, m) \end{array}\right\} \tag{13.10}$$

令 $\dfrac{\mathrm{d}F\left(_k u_{lj}\right)}{\mathrm{d}_k u_{lj}} = 0$，从而解得：

$$_k g^*{}_{lj} = \cfrac{1}{1 + \cfrac{\left\|_k \omega\left(_k r_j -_k a\right)\right\|^2}{\left\|_k \omega\left(_k r_j -_k b\right)\right\|^2}}, \quad (j = 1, 2, \cdots, m) \tag{13.11}$$

将式 (13.6)、式 (13.7) 代入上式，从而得到对于第 k 个二级指标集 G_k，m 个方案分别从属于该二级指标集的优等方案的隶属度的最优值 $_k g^*{}_{lj}$。

$$_k g^*{}_{lj} = \cfrac{1}{1 + \left\{\cfrac{\sum_{l=1}^{t_k}\left[_k \omega_l\left(_k r_{lj} -_k a_l\right)\right]^p}{\sum_{l=1}^{t_k}\left[_k \omega_l \cdot \left(_k r_{lj} -_k b_l\right)\right]^p}\right\}^{\frac{2}{p}}}, \quad (p \geqslant 1; k = 1, 2, \cdots, l; j = 1, 2, \cdots, m) \tag{13.12}$$

本书中，取 $p=2$，即欧式距离，则

$$_k g^*{}_{lj} = \cfrac{1}{1 + \left\{\cfrac{\sum_{l=1}^{t_k}\left[_k \omega_l\left(_k r_{lj} -_k a_l\right)\right]^2}{\sum_{l=1}^{t_k}\left[_k \omega_l \cdot \left(_k r_{lj} -_k b_l\right)\right]^2}\right\}}, \quad (k = 1, 2, \cdots, l; j = 1, 2, \cdots, m) \tag{13.13}$$

通过上述计算得到的第二层次指标集 G_k 的评价结果 $_kg^*_{lj}$，它是进行高一层次模糊优选的基础和依据，为简单和方便起见，设 $_kg^*_{lj} = g_{kj}$。

13.2.4　进行方案整体综合优选

1. 计算一级指标权重系数

采用组合赋权法得到一级指标的权重分配系数 $\omega = (\omega_1, \omega_2, \cdots, \omega_k)^T$。

2. 计算方案的综合优属度值

由前面计算所得的第二层次指标集 G_k 隶属于优等矩阵的最优值 $g_{kj}(k=1,2,\cdots,l;\ j=1,2,\cdots,m)$，可进一步计算得到高一层次系统(即目标层)的优属度矩阵：

$$G_{l\times m} = \begin{bmatrix} g_{11} & g_{12} & \cdots & g_{1m} \\ g_{21} & g_{22} & \cdots & g_{2m} \\ \vdots & \vdots & & \vdots \\ g_{l1} & g_{l2} & \cdots & g_{lm} \end{bmatrix}_{l\times m} \tag{13.14}$$

3. 对 G 进行整体方案优选

与 G_k 最优值 $_kg^*_{1j}$ 计算过程类似，每个方案从属于目标层系统的优等方案的隶属度 $d_{1j}(j=1,2,\cdots,m)$ 的最优值为

$$d^*_{1j} = \cfrac{1}{1 + \cfrac{\sum\limits_{t=1}^{l}\left[\omega_t\left(g_{tj}-A_t\right)\right]^2}{\sum\limits_{t=1}^{l}\left[\omega_t\left(g_{tj}-B_t\right)\right]^2}} \tag{13.15}$$

式中，$j=1,2,\cdots,m$；$A=(A_1,A_2,\cdots,A_l)^T$；$A_t = \overset{m}{\underset{i=1}{\vee}}g_{tj},\ (t=1,2,\cdots,l)$；$B=(B_1,B_2,\cdots,B_l)^T$；$B_t = \overset{m}{\underset{i=1}{\wedge}}g_{tj},\ (t=1,2,\cdots,l)$；$\omega=(\omega_1,\omega_2,\cdots,\omega_l)$ 且满足 $\sum\limits_{t=1}^{l}\omega_t = 1$。

至此，便可根据 $d^*_{1j}(j=1,2,\cdots,m)$ 的大小次序确定出 m 个方案的最终优选结果，为方案实施决策提供理论依据。

13.3　山东省水资源配置方案效果评价

13.3.1　多层次模糊优选计算

本次研究以山东省为例，以 2010 年为基准年对方案效果进行评价。

1. 确定方案集 S 和指标集 G

设关于山东省水资源配置有 3 个方案构成评价优选方案集，各方案对应的具体指标值见表 13.1。

表 13.1　不同配置方案对应的指标值

评价准则	评价指标(+：正指标；−：逆指标)	不同水资源配置方案		
		方案一	方案二	方案三
社会效果	$C1_1$ (−) 工业缺水率(%)	15	14	13
	$C1_2$ (−) 农业缺水率(%)	30	25	23
	$C1_3$ (−) 生活缺水率(%)	8	5	3
	$C1_4$ (−) 生态缺水率(%)	50	25	20
	$C1_5$ (+) 人均水资源量(m^3)	324	293	265
经济效果	$C2_1$ (+) 单方水工业产值(元/m^3)	702	811	1035
	$C2_2$ (+) 单方水农业产值(元/m^3)	22.99	24.92	25.68
	$C2_3$ (+) 单方水资源量 GDP 产值(元/m^3)	126.71	130.5	182.48
	$C2_4$ (+) 工业用水重复利用率(%)	88.78	89.24	89.54
	$C2_5$ (−) 城市供水管网漏失率(%)	13	12	11
	$C2_6$ (−) 单方供水成本(元/m^3)	3.15	3.55	3.95
生态环境效果	$C3_1$ (−) COD 浓度(mg/L)	25.8	24.8	23.7
	$C3_2$ (−) 人均 COD 排放量(吨)	0.0077	0.0068	0.0065
	$C3_3$ (+) 水功能区水质达标率(%)	36.2	42.9	45

2. 计算 3 组二级指标的权重系数

这里以第一个二级指标集 $G_1 = \{C1_1, C1_2, C1_3, C1_4, C1_5\}$ 为例，对权重求解过程进行简要说明如下。

1) 主观权重 ω'

主观权重的确定采用二元比较模糊决策分析法。应用确定指标重要性排序一致性定理，得到 5 项评价指标的排序一致性标度矩阵为

$$F = \begin{bmatrix} 0.5 & 1 & 0 & 1 & 1 \\ 0 & 0.5 & 0 & 0.5 & 1 \\ 1 & 1 & 0.5 & 1 & 1 \\ 0 & 0.5 & 0 & 0.5 & 1 \\ 0 & 0 & 0 & 0 & 0.5 \end{bmatrix} \qquad 排序：C1_3 > C1_1 > C1_2 = C1_4 > C1_5$$

应用表 12.3 可得 5 项评价指标的非归一化权重为 $\omega_1 = (0.739, 0.538, 1, 0.538, 0.379)$，则指标的归一化权重为 $\omega'_{社} = (0.23, 0.17, 0.31, 0.17, 0.12)$。同理可得 $\omega'_{经} = (0.21, 0.17,$

$0.28,\ 0.10,\ 0.09,\ 0.15)$，$\omega'_{\text{生}}=(0.26,\ 0.42,\ 0.32)$。

2) 客观权重 ω''

客观权重的确定采用熵值赋权法。根据熵权法的流程，按照公式在 excel 表中计算得到客观权重为 $\omega''_{\text{社}}=(0.18,\ 0.21,\ 0.19,\ 0.23,\ 0.19)$。同理可得 $\omega''_{\text{经}}=(0.17,\ 0.16,\ 0.22,\ 0.15,\ 0.15,\ 0.15)$，$\omega''_{\text{生}}=(0.31,\ 0.36,\ 0.32)$。

3) 组合权重 ω

在确定主客观权重的基础上，利用公式 $\omega=\alpha\omega'+\beta\omega''$，取 $\alpha=\beta=0.5$，得到的组合权重为 $\omega_{\text{社}}=(0.21,\ 0.19,\ 0.25,\ 0.20,\ 0.15)$。同理可得 $\omega_{\text{经}}=(0.19,\ 0.16,\ 0.25,\ 0.13,\ 0.12,\ 0.15)$，$\omega_{\text{生}}=(0.29,\ 0.39,\ 0.32)$。

3. 计算隶属度最优值

计算每个配置方案在二级指标集下从属于相应优等方案的隶属度的最优值。依旧以第一个二级指标集 $G_1=\{C1_1,C1_2,C1_3,C1_4,C1_5\}$ 为例，对隶属度最优值的求解过程进行简要说明如下：

计算在 G_1 的分指标下各方案的优度值：

建立全体待优选的三个方案的特征值矩阵

$$
{}_1X_{5\times3}=\begin{bmatrix}
15 & 14 & 13\\
30 & 25 & 23\\
8 & 5 & 3\\
50 & 25 & 20\\
324 & 293 & 265
\end{bmatrix}_{5\times3}
$$

根据指标类型按式（13.2）～式（13.4）对矩阵 ${}_1X_{5\times3}$ 进行标准化计算，求得 G_1 的优属度矩阵：

$$
{}_1R_{5\times3}=\begin{bmatrix}
0.464 & 0.500 & 0.536\\
0.434 & 0.528 & 0.566\\
0.273 & 0.545 & 0.727\\
0.286 & 0.643 & 0.714\\
0.550 & 0.497 & 0.450
\end{bmatrix}_{5\times3}
$$

求评价指标集 G_1 的优属度矩阵 ${}_1R_{5\times3}$ 的优等方案 ${}_1a$ 和劣等方案 ${}_1b$ 分别为 ${}_1a=(0.536,\ 0.566,\ 0.727,\ 0.714,\ 0.550)^{\mathrm{T}}$ 和 ${}_1b=(0.464,\ 0.434,\ 0.273,\ 0.286,\ 0.450)^{\mathrm{T}}$。

根据式（13.15）计算每个方案从属于 G_1 的优等方案 ${}_1a$ 的隶属度最优值为 ${}_1g^*=\left({}_1g^*_{11},\ {}_1g^*_{12},\ {}_1g^*_{13}\right)=(0.0109,\ 0.8067,\ 0.9891)$。

简单起见，记 ${}_1g^*_{1j}=g_{1j}$，$(j=1,2,\cdots,3)$，${}_1g^*=g_1$。按照求 g_1 的步骤，求得 $g_2=$

$(0.0773,\ 0.1052,\ 0.9227)$，　$g_3=(0,\ 0.8836,\ 1)$。

求解过程分别见表 13.2 和表 13.3。

表 13.2　各方案从属于 G_2 的优等方案的隶属度最优值

指标	权重	方案 1	方案 2	方案 3	$_2a$	$_2b$
$C2_1$	0.19	0.404	0.467	0.596	0.596	0.404
$C2_2$	0.16	0.472	0.512	0.528	0.528	0.472
$C2_3$	0.25	0.410	0.422	0.590	0.590	0.410
$C2_4$	0.13	0.498	0.500	0.502	0.502	0.498
$C2_5$	0.12	0.458	0.500	0.542	0.542	0.458
$C2_6$	0.15	0.556	0.500	0.444	0.556	0.444
g_2		0.0773	0.1052	0.9227		

表 13.3　各方案从属于 G_3 的优等方案的隶属度最优值

指标	权重	方案 1	方案 2	方案 3	$_3a$	$_3b$
$C3_1$	0.29	0.479	0.499	0.521	0.521	0.479
$C3_2$	0.39	0.458	0.521	0.542	0.542	0.458
$C3_3$	0.32	0.446	0.528	0.554	0.554	0.446
g_3		0	0.8836	1		

4. 配置方案的综合优选

(1) 把每个二级指标集 $G_k(k=1,2,3)$ 当成一个指标，即一级指标，求出 3 个一级指标的权重分配系数：$\omega=(0.31,0.37,0.32)^{\mathrm{T}}$；

(2) 利用第一步求得的各二级指标集 G_k 的最优值 $(g_1,g_2,g_3)^{\mathrm{T}}$，得到高一层次系统的优属度矩阵

$$G_{3\times3}\begin{bmatrix}0.0109 & 0.8067 & 0.9891\\0.0773 & 0.1052 & 0.9227\\0.0000 & 0.8836 & 1.0000\end{bmatrix}_{3\times3}$$

与计算 $_1g^*_{1j}(j=1,2,3)$ 的方法和步骤相同，按式(13.15)求得每个方案从属于高一层次系统的优等方案的隶属度最优值为 $d^*=(0,0.5892,1)$。

13.3.2　确定水资源配置效果最优方案

根据各方案从属于水资源配置评价指标体系优等方案隶属度最优值的大小，列出各方案由优到劣的顺序依次为：方案 3、方案 2 和方案 1。显然，方案 3 为水资源配置方案效果最优方案。

第14章 最优方案实施效果协调性定量评估方法

在建立水资源配置方案效果评价模型后，通过该体系得到方案隶属度最优值，可确定出水资源配置效果相对最优方案。为了直观地反映最优方案在系统中的长期影响，需要对该最优方案实施后效果协调性定量评估。

水资源是融入生产环节的基本要素，是人类生存发展不可缺少的条件，是生态环境的控制性要素。如何规划水资源的配置，促进社会经济生态系统持续协调发展已成为关注的热点。本章将首先对最优方案实施后水资源系统与社会经济生态系统的协调性进行定量分析，然后对供水系统与需水系统的协调性进行评估，以直观地反映最优方案在系统中的长期影响。

14.1 系统协调性评价指标体系构建的原则

在指标选取方面，应至少满足以下原则：

(1)全面性。不管是水资源系统与社会经济生态系统还是供水系统与需水系统，他们的涵盖范围都非常广，而二者的联动系统所包含的内容就更为丰富了，因此，所选取的指标应该能够反映整个系统的特征，即要保证全面性。

(2)代表性。所选取的指标必须对复杂庞大的系统及其发展变化十分敏感，能如实反映其特征，需要具有代表性。

(3)可操作性。在全面性和代表性的前提之下，所选指标必须要有实际的统计意义，能够查询相关统计信息得到或通过科学的人工收集得到，即需要有可操作性。

(4)简明性。所取指标要能表现出系统的内在规律及真实特性，但不应过多，指标过多会造成数据的重复，并给资料收集和数据加工带来不便。

14.2 水资源系统与社会经济生态系统协调性定量评估方法

14.2.1 评价指标体系的构建

本次研究以山东省为例对水资源系统与社会经济生态系统协调性进行评估。在遵循指标选取原则的基础上，将评价指标体系的总框架划分为目标层、系统层、指标类型和单项指标层。选取水资源供给结构、水资源利用结构、水资源量和水资源投入产出四类评价指标，共13个单项指标构成水资源系统；选取人口发展、经济实力、公用基础设施和环境保护四类评价指标，共7个单项指标，构成社会经济生态系统，见表14.1。

表 14.1　协调性评价指标体系

目标层	系统层	指标类型	单项指标
水资源与社会经济生态系统协调性评价指标体系	水资源系统	水资源供给结构	供水总量
			地表供水量
			地下供水量
			其他供水量
		水资源利用结构	农业用水量
			工业用水量
			生活用水量
			生态用水量
		水资源量	地表水资源量
			地下水资源量
			水资源总量
		水资源投入产出	万元 GDP 用水量
			万元工业增加值用水量
	社会经济生态系统	人口发展	人口密度
		经济实力	GDP
			工业增加值
			人均可支配收入
		公共基础设施	建成区绿化覆盖率
			人均公园绿地面积
		环境保护	水功能区水质达标率

14.2.2　子系统综合发展水平计算方法

为定量评估水资源系统与社会经济生态系统之间的协调性,需要估算各子系统综合发展水平,即综合评价指数值。本书选用主成分分析法,用 SPSS 19.0 软件对系统综合发展状况进行定量评估。

1. 主成分分析法概述及基本思想

主成分分析也称主分量分析,是由霍特林在 1933 年提出的,它是把多指标转化为少数几个综合指标,降低观测空间维数的一种统计分析方法。从数学角度来看,这是一种简化数据集的技术。主成分分析法是一个线性变换,这个变换把数据变换到一个新的坐标系统中,使得任何数据投影的第一大方差在第一个坐标(称为第一主成分)上,第二大方差在第二个坐标(称为第二主成分)上,依次类推,试图在力保数据信息丢失最少的原则下,对数据进行最佳综合简化。

一个研究对象往往是多要素的复杂系统,为了全面地分析系统,我们必须考虑众多影响因素。这些涉及的因素一般称为指标,在多元统计分析中也称为变量。因为每个变量都在不同程度上反映了所研究问题的某些信息,并且指标之间彼此有一定的相关性,因而所得的统计数据反映的信息在一定程度上有重叠。在用统计方法研究多变量问题时，变量大多会增加计算量和增加分析问题的复杂性，人们希望在进行定量分析的过程中，涉及的变量较少，而得到的信息量较多，主成分分析正是适应这一要求产生的，是解决这类问题的理想工具。其优点在于可消除评估指标之间的相关影响，减少指标选择的工作量，对各原始指标的权属确定不带有人为主观意识，比较客观科学，从而提高了评价结果的可靠性和准确性。

2. 主成分的一般定义及性质

1) 定义

设有随机变量 $X_1, X_2, \cdots, X_p$，样本标准差记 $S_1, S_2, \cdots, S_p$。首先作标准化变换：

$$C_j = a_{j1}X_1 + a_{j2}X_2 + \cdots + a_{jp}X_p, \quad j = 1, 2, \cdots, p$$

若 $C_1 = a_{11}X_1 + a_{12}X_2 + \cdots + a_{1p}X_p$，$(a_{11}, a_{12}, \cdots, a_{1p})$，且使 $\mathrm{Var}(C_1)$ 最大，则称 C_1 为第一主成分。

若 $C_2 = a_{21}X_1 + a_{22}X_2 + \cdots + a_{2p}X_p$，$(a_{21}, a_{22}, \cdots, a_{2p})$，$(a_{21}, a_{22}, \cdots, a_{2p})$ 垂直于 $(a_{11}, a_{12}, \cdots, a_{1p})$，且使 $\mathrm{Var}(C_2)$ 最大，则称 C_2 为第二主成分。

类似地可有第三、四、五等主成分，至多有 p 个。

2) 主成分的性质

主成分间互不相关，即对任意 i 和 j，C_i 和 C_j 的相关系数 $\mathrm{Corr}(C_i, C_j) = 0$。

组合系数 $(a_{i1}, a_{i2}, \cdots, a_{ip})$ 构成的向量为单位向量。

各主成分的方差是依次递减的，总方差不增不减，这一性质说明，主成分是原变量的线性组合，是对原变量信息的一种改组，主成分不增加总信息量，也不减少总信息量。

3. 主成分分析法的计算步骤

1) 数据标准化

由于所选指标的类型、量纲、单位等的不同，指标数据无法直接进行比较，所以首先将数据标准化。本书主要采用直线型指标标准化方法，其公式如下：

$$Z_{ij} = \left(X_{ij} - \overline{X}_j\right) \big/ S_j \quad (i = 1, 2, \cdots, n; j = 1, 2, \cdots, P) \tag{14.1}$$

式中，X_{ij} 为 j 指标历年的原始数据；Z_{ij} 为标准化后的数据；$S_j = \sqrt{\dfrac{1}{n-1}\sum\limits_{i=1}^{n}\left(T_{ij} - \overline{T}_j\right)^2}$；$\overline{X}_j$ 为 j 指标在选取时段的平均值；S_j 为指标的标准差。

2) 各子系统主成分得分

在进行主成分分析时可以得到相关矩阵的特征根，各指标的贡献率、累积贡献率和主成分载荷值矩阵，选用前 k 个指标作为主成分，用主成分载荷矩阵中的数据除以主成分相对应的特征值开平方根便得到两个主成分中每个指标所对应的系数，即每个指标的特征向量，然后运用式(14.2)得到各主成分得分：

$$F_k = C_{k1}Z_{i1} + C_{k2}Z_{i2} + \cdots + C_{kp}Z_{ip} \tag{14.2}$$

式中，$C_{k1}, C_{k2}, \cdots, C_{kp}$ 为指标特征向量。

3) 系统综合发展水平

根据各主成分的贡献率利用式(14.3)，对各主成分加权求和，计算系统综合得分，求得各年的系统综合发展评价指数，来表示系统综合发展水平：

$$F_i = \sum_{m=1}^{k} a_m F_{im} \tag{14.3}$$

式中，F_i 为 i 年各指标综合发展评价指数 $(i = 1, 2, \cdots, n)$；a_m 为第 m 个主成分的贡献率 $(m = 1, 2, \cdots, k)$；F_{im} 为第 i 年第 m 个主成分得分。

设利用主成分分析法求出的水资源系统与社会经济生态系统的综合发展评价指数分别为 $f(x)$ 和 $g(y)$，以下同。它具有两个性质：①由于主成分分析法是以某一系统若干年的指标为一整体，通过分析每个指标求出的系统各年的综合发展指数，这个指数反映的仅是该年度在整个评价体系中的相对水平，而不是绝对水平。也就是说利用主成分分析法求得的指数既有正值，也有负值。当其为正值时表明该年度的发展水平高于评价范围内的平均发展水平；当其为 0 时表明为平均发展水平；当其为负值时表明该年度的发展水平低于评价范围内的平均发展水平。系统发展水平越高的年度其评价指数越大 。②由系统分析的性质知水资源系统的得分值与社会经济生态系统的得分值在数值上是对等的，即水资源系统得分的 1 分与社会经济生态得分的 1 分是等值的。

14.2.3 系统协调度计算模型

本节分析了部分现有的协调度模型，包括离差系数最小化协调度模型、隶属函数协调度模型和距离协调度模型。

1. 离差系数最小化协调度模型

离差系数最小化协调度计算公式如下：

$$U = \left\{ \frac{f(x) \cdot g(y)}{\left\{ \frac{1}{2}[f(x) + g(y)] \right\}^2} \right\}^2$$

该模型规定，协调度越大则系统越协调。在一定综合发展水平下，若子系统发展度越接近综合发展水平，则判定系统越协调。由此可知，该模型隐含着的系统理想协调状态假定：系统处于理想协调状态时，在一定综合发展水平下，各子系统的实际发展状态是一致，且接近系统综合发展水平。其协调度反映了系统实际状态到理想协调状态的距离。

2. 隶属函数协调度模型

一般评价对象的协调发展并不是一种简单的 "非此即彼"，而是更多地处于 "协调" 和 "不协调" 之间的 "亦此亦彼" 的状态之中，协调发展具有极大的不确定性和模糊性。

利用模糊数学中的隶属度概念，对两个系统之间的协调程度进行评价，建立状态协调度函数见式（14.4）：

$$U(i/j) = \exp\left[-(F_i - F')^2 / S^2\right] \tag{14.4}$$

式中，$U(i/j)$ 为 i 系统相对于 j 系统的状态协调度；F_i 为 i 系统的实际综合评价指数值；F' 为 j 系统对 i 系统要求的协调值；S^2 为 i 系统的实际综合评价指数的方差。

在理想状态下，i 系统与 j 系统应该同步发展，即 i 系统与 j 系统的综合评价指数值应该相等，但实际中两者同步的情况很少，本书规定 F' 取 $0.8g(y)$。

由式（14.4）可以看出，实际值越接近于协调值，状态协调度 $U(i/j)$ 越大，说明系统的协调发展程度越高。通过状态协调度 $U(i/j)$ 可以对系统间协调发展程度进行评价，计算方法见式（14.5）：

$$U = \frac{\min\{U(i/j), U(j/i)\}}{\max\{U(i/j), U(j/i)\}} \tag{14.5}$$

式中，U 为 i，j 两个系统的协调度指数；$U(i/j)$ 为 i 系统对 j 系统的状态协调度；$U(j/i)$ 为 j 系统对 i 系统的状态协调度。

上式表明 $U(i/j)$ 与 $U(j/i)$ 的值越接近，U 的值越大，说明两系统间协调发展的程度越高；反之，$U(i/j)$ 与 $U(j/i)$ 的值相差越大，U 的值越小，说明两系统间协调发展的程度越低。当 $U=1$ 时，两系统间完全协调。

该模型隐含着的系统理想协调状态假定：当系统处于理想协调时，在一定的差异水平下，各子系统的实际发展状态与所要求的协调发展状态的偏差是一致的。

3. 距离协调度模型

具体计算公式如下：

1）系统发展度

$$V = \alpha f(x) \beta g(y) \tag{14.6}$$

式中，α、β 为各子系统的权重，本次研究规定 $\alpha = \beta = 0.5$。

2) 系统协调度

(1) 首先计算实际状态与理想协调状态距离的度量：

$$S_{(i/j)} = \left(\sqrt{ \sum_{i=1}^{n} \left(F_i - F' \right) \Big/ \sum_{i=1}^{2} s_i^2 } \right)^2 \tag{14.7}$$

其中，本书假定当系统处于理想协调时，两子系统相互拉动，发展状态是一致的。根据理想协调状态，设定各子系统的综合评价指数为评价变量，其理想值等于另一子系统综合评价指数的实际值，则 F' 取 $g(y)$；S_i 为各评价变量的实际值与理想值的最大可能距离，系统综合评价指数标准化处理后 $f(x), g(y) \in [0,1]$，令 $s_1 = s_2 = 1$。

(2) $S_{(i/j)}$ 值越大表示系统实际状态越偏离理想协调状态，系统协调效应则越低。为与其他大多模型计算结果的值大小代表意义一致，构造距离协调度模型如下：

$$U = \left(\sqrt{1 - S_{(i/j)}} \right)^k \tag{14.8}$$

式中，k 为调节系数，本书取 $k = 2$。

3) 系统协调发展度

$$D = \sqrt{VU} \tag{14.9}$$

综合上述分析可知，各协调模型间有着紧密的联系，本次选用距离协调度模型进行计算，其优势在于：

(1) 该模型拥有着欧氏距离公式所独具的意义直观、计算简便等优势，能较为有效、直接地反映出系统实际状态与理想协调状态的距离。

(2) 该模型的理想协调状态假定具有一般性，没有固定的评价变量及其理想值，从而使模型的运用更为灵活，具有较强的普适性。

14.2.4　协调等级的确定

协调性是描述各系统相互协调的重要指标，为对协调性进行定量分析(廖重斌，1999)，本书确定的协调性指数与协调等级划分标准见表 14.2。

表 14.2　协调性指数与协调等级

协调性指数	0~0.09	0.10~0.19	0.20~0.29	0.30~0.39	0.40~0.49
协调等级	极度失调	严重失调	中度失调	轻度失调	濒临失调
协调性指数	0.50~0.59	0.60~0.69	0.70~0.79	0.80~0.89	0.90~1.00
协调等级	勉强协调	初级协调	中级协调	良好协调	优质协调

14.2.5　协调性定量评估计算举例

1. 原始数据

本节仍以山东省为例说明协调度的计算方法。山东省水资源系统和社会经济生态系统指标的原始数据，分别见表 14.3 和表 14.4，资料源于 2001~2012 年的《山东统计年鉴》、《山东省国民经济和社会发展统计公报》和《山东省水资源公报》。

表 14.3　山东省水资源系统指标原始数据

指标	2001 年	2002 年	2003 年	2004 年	2005 年	2006 年	2007 年	2008 年	2009 年	2010 年	2011 年	2012 年
供水总量	251.61	252.39	219.34	214.88	211.02	225.53	219.55	219.89	219.99	222.47	224.05	221.79
地表供水量	115.60	117.66	104.12	106.28	106.70	119.77	115.59	115.51	119.62	127.15	127.33	126.12
地下供水量	133.71	132.96	113.95	107.40	102.67	103.90	101.98	101.23	97.05	91.31	89.34	89.26
其他供水量	2.30	1.77	1.27	1.20	1.65	1.86	1.98	3.15	3.33	4.01	7.38	6.41
农业用水量	187.40	192.87	162.54	160.14	161.73	175.07	164.81	162.76	161.60	159.65	154.26	154.23
工业用水量	41.92	36.59	27.96	24.81	18.38	18.93	24.12	24.69	24.70	26.84	29.72	28.10
生活用水量	23.08	14.98	23.92	24.67	25.17	25.62	27.42	28.71	29.77	31.34	32.89	32.81
生态用水量	0.34	0.29	1.38	1.68	2.37	2.62	3.20	3.73	3.94	4.64	7.17	6.66
地表水资源量	170.42	52.02	349.29	234.51	295.85	109.56	280.19	228.96	173.80	199.08	237.49	182.17
地下水资源量	60.11	29.01	140.40	114.55	120.01	90.22	106.93	99.75	111.16	110.04	110.12	91.90
水资源总量	230.53	98.14	489.69	349.46	415.86	199.78	387.11	328.71	284.95	309.12	347.61	274.08
万元 GDP 用水量	273.64	245.63	181.60	143.05	114.89	102.98	85.17	71.09	64.90	56.80	49.39	44.35
万元工业增加值用水量	144.12	104.48	59.54	38.18	21.85	17.02	18.16	15.53	14.62	14.23	13.97	12.32

注：表中万元 GDP 用水量和万元工业增加值用水量的单位为 m^3，其他均为亿 m^3。

表 14.4　山东省社会经济生态系统指标原始数据

指标	2001 年	2002 年	2003 年	2004 年	2005 年	2006 年	2007 年	2008 年	2009 年	2010 年	2011 年	2012 年
人口密度 /(人/m²)	577	580	582	586	589	592	596	599	603	610	613	616
GDP/亿元	9195.04	10275.5	12078.15	15021.84	18366.87	21900.19	25776.91	30933.28	33896.65	39169.92	45361.85	50013.24
工业增加值/亿元	2908.4	3502.45	4695.22	6498.31	8411.92	11122.76	13283.72	15894.95	16896.14	18861.45	21275.89	22798.33
城镇居民人均可支配收入/元	7101.1	7614.5	8399.91	9437.8	10744.79	12192.24	14265	16305	17811	19945.83	22791.84	25755.19
建成区绿化覆盖率 /%	33.26	32.98	35.45	36.6	36.97	37.45	38.6	39.8	41.18	41.47	41.51	42.12
人均公园绿地面积 /m²	8.55	9.74	11.7	13.7	13.93	12.77	13.33	14.2	15.09	15.84	16	16.37
水功能区水质达标率/%	37	37	37.3	37.5	38.2	38	38.3	47.2	43	39.7	42	42

2. 数据标准化

运用式(14.1)将水资源系统和社会经济生态系统原始数据标准化处理，标准化后的数据分别见表 14.5 和表 14.6。

表 14.5　山东省水资源系统指标标准化数据

指标	2001 年	2002 年	2003 年	2004 年	2005 年	2006 年	2007 年	2008 年	2009 年	2010 年	2011 年	2012 年
供水总量	2.016	2.076	−0.448	−0.789	−1.084	0.025	−0.432	−0.406	−0.399	−0.209	−0.089	−0.261
地表供水量	−0.149	0.109	−1.587	−1.317	−1.264	0.374	−0.150	−0.160	0.355	1.299	1.321	1.170
地下供水量	1.892	1.842	0.572	0.134	−0.182	−0.100	−0.228	−0.278	−0.558	−0.941	−1.073	−1.078
其他供水量	−0.361	−0.625	−0.874	−0.909	−0.685	−0.581	−0.521	0.062	0.151	0.490	2.168	1.685
农业用水量	1.701	2.145	−0.315	−0.509	−0.380	0.701	−0.131	−0.297	−0.391	−0.549	−0.986	−0.989
工业用水量	2.209	1.407	0.110	−0.364	−1.331	−1.248	−0.468	−0.382	−0.380	−0.059	0.374	0.131
生活用水量	−0.721	−2.335	−0.554	−0.404	−0.305	−0.215	0.144	0.401	0.612	0.925	1.234	1.218
生态用水量	−1.277	−1.300	−0.808	−0.672	−0.361	−0.248	0.014	0.254	0.349	0.665	1.807	1.577
地表水资源量	−0.482	−1.943	1.726	0.309	1.066	−1.233	0.873	0.241	−0.440	−0.128	0.346	−0.337
地下水资源量	−1.320	−2.385	1.428	0.543	0.730	−0.290	0.282	0.037	0.427	0.389	0.391	−0.232
水资源总量	−0.763	−2.041	1.739	0.385	1.026	−1.060	0.748	0.185	−0.238	−0.005	0.367	−0.343
万元 GDP 用水量	2.000	1.637	0.806	0.306	−0.059	−0.214	−0.445	−0.627	−0.708	−0.813	−0.909	−0.974
万元工业增加值用水量	2.449	1.521	0.469	−0.031	−0.413	−0.526	−0.500	−0.561	−0.583	−0.592	−0.598	−0.636

表 14.6　山东省社会经济生态系统标准化数据

指标	2001 年	2002 年	2003 年	2004 年	2005 年	2006 年	2007 年	2008 年	2009 年	2010 年	2011 年	2012 年
人口密度	−1.383	−1.156	−1.004	−0.701	−0.474	−0.246	0.057	0.284	0.587	1.118	1.346	1.573
GDP	−1.207	−1.130	−1.000	−0.789	−0.548	−0.295	−0.016	0.355	0.567	0.946	1.391	1.725
工业增加值	−1.320	−1.236	−1.066	−0.809	−0.537	−0.150	0.157	0.529	0.672	0.952	1.296	1.512
城镇居民人均可支配收入	−1.170	−1.088	−0.961	−0.794	−0.583	−0.350	−0.016	0.313	0.556	0.900	1.358	1.836
建成区绿化覆盖率	−1.519	−1.607	−0.834	−0.474	−0.358	−0.208	0.151	0.527	0.959	1.049	1.062	1.253
人均公园绿地面积	−2.000	−1.513	−0.710	0.109	0.203	−0.272	−0.043	0.313	0.678	0.985	1.050	1.202
水功能区水质达标率	−0.875	−0.875	−0.780	−0.717	−0.496	−0.559	−0.464	2.351	1.023	−0.021	0.706	0.706

3. 各子系统主成分得分

利用 SPSS19.0 软件求得两系统的各指标特征值、贡献率、累积贡献率和主成分载荷值矩阵分别见表 14.7～表 14.9。由表 14.7 和表 14.8 可知，两个系统主成分的累积贡献率分别为 97.019% 和 89.677%。

表 14.7　水资源系统主成分分析结果

主成分	特征根	贡献率/%	累积贡献率/%
1	7.878	60.601	60.601
2	3.542	27.246	87.847
3	1.192	9.172	97.019

表 14.8　社会经济生态系统主成分分析结果

主成分	特征根	贡献率/%	累积贡献率/%
1	6.277	89.677	89.677

表 14.9　两个系统的主成分载荷值矩阵表

水资源系统原变量	第一主成分	第二主成分	第三主成分	社会经济生态系统原变量	第一主成分
供水总量	0.883	0.414	0.191	人口密度	0.989
地表供水量	−0.229	0.946	0.026	GDP	0.986
地下供水量	0.963	−0.243	0.102	工业增加值	0.993
其他供水量	−0.504	0.748	0.379	人均可支配收入	0.980
农业用水量	0.966	0.079	−0.150	建成区绿化覆盖率	0.984
工业用水量	0.692	0.337	0.618	人均公园绿地面积	0.927
生活用水量	−0.876	0.342	0.204	水功能区水质达标率	0.743
生态用水量	−0.804	0.562	0.150		
地表水资源量	−0.548	−0.690	0.443		
地下水资源量	−0.802	−0.532	0.134		
水资源总量	−0.622	−0.679	0.374		
万元 GDP 用水量	0.929	−0.283	0.206		
万元工业增加值用水量	0.920	−0.066	0.368		

运用式(14.2)可求得两个系统各主成分得分表，见表 14.10。

表 14.10　两个系统的主成分得分表

年份	水资源系统			社会经济生态系统
	第一主成分	第二主成分	第三主成分	第一主成分
2001	5.185	0.356	1.686	−3.590
2002	6.127	1.365	−0.770	−3.259
2003	−0.055	−3.455	1.309	−2.405
2004	−0.087	−2.023	−0.403	−1.574
2005	−1.243	−2.481	−0.557	−1.054
2006	0.433	0.635	−2.206	−0.757
2007	−1.049	−0.993	−0.106	−0.023
2008	−1.105	−0.090	−0.284	1.610
2009	−1.297	0.612	−0.597	1.867
2010	−1.808	1.341	0.027	2.304
2011	−2.797	2.231	1.450	3.130
2012	−2.304	2.503	0.453	3.752

4. 系统综合发展水平

根据式(14.3)求得到水资源系统与社会经济生态系统的综合发展水平，见表 14.11。

表 14.11　水资源系统与社会经济生态系统综合评价指数

年份	水资源系统 $f(x)$	社会经济生态系统 $g(y)$
2001	3.498	−3.590
2002	4.138	−3.259
2003	−0.881	−2.405
2004	−0.661	−1.574
2005	−1.526	−1.054
2006	0.240	−0.757
2007	−0.944	−0.023
2008	−0.742	1.610
2009	−0.695	1.867
2010	−0.750	2.304
2011	−0.984	3.130
2012	−0.694	3.752

基于上述分析，紧扣协调度模型本质及两个相关结论，本书构建了距离协调度模型及系统协调发展定量评价方法。设利用 SPSS 19.0 软件主成分分析法求得的水资源系统、社会经济生态系统的综合发展评价指数分别为 $f(x)$ 和 $g(y)$。为了突出数值的意义，本书将各个子系统综合评价指数进行标准化处理的基础上再计算系统协调度。

根据 14.2.3 节以山东省为例进行实证研究，协调指数计算结果见表 14.12，变化趋势见图 14.1。

表 14.12　山东省水资源系统与社会经济生态系统协调指数

年份	发展度	协调度	协调发展度	协调等级
2001	0.46	0.08	0.19	严重失调
2002	0.52	0.04	0.15	严重失调
2003	0.25	0.80	0.45	濒临失调
2004	0.32	0.88	0.53	勉强协调
2005	0.30	0.94	0.53	勉强协调
2006	0.43	0.87	0.61	初级协调
2007	0.40	0.88	0.60	初级协调
2008	0.52	0.70	0.60	初级协调
2009	0.54	0.67	0.60	初级协调
2010	0.57	0.60	0.58	勉强协调
2011	0.60	0.47	0.53	勉强协调
2012	0.66	0.42	0.53	勉强协调

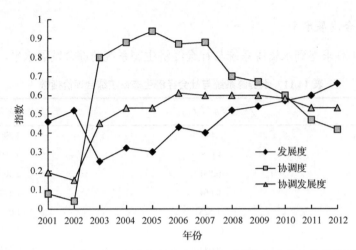

图 14.1　山东省水资源系统与社会经济生态系统协调指数变化趋势图

(1)发展度：由表 14.12 和图 14.1 可见，在 2001～2012 年，除 2001 年与 2002 年外，山东省水资源系统与社会经济生态系统的相对发展度稳步上升，虽然有部分波动，但整体是向良性循环发展。通过表 14.11 两个系统综合评价指数具体来看，水资源系统的综合发展水平是逐渐下降的，社会经济生态系统向良性方向演化，且后者变化速度相对较快，使两系统总体的发展度出现上升的趋势，2001 年与 2002 年水资源系统中供水总量、地表供水量和地下供水量等指标值较 2003 年有明显的优势，可见，由于不合理的开发利用使水资源系统可供水量严重恶化，导致水资源系统综合评价指数下降。

(2)协调度：山东省 2001～2012 年水资源系统和社会经济生态系统相对协调度总体上呈现倒"U"形变化，2001～2005 年，除 2002 年外，系统相对协调度稳步上升，经分析发现，2002 年山东省为极端干旱年，地表水资源量、地下水资源量和水资源总量等指标急剧下降，对水资源系统有一定的影响，致使协调度下滑。2006～2012 年，经济得到了快速发展，然而对水资源系统的破坏也是逐年加剧，两系统向着相反方向发展，协调度下降。通过表 14.11 两个系统综合评价指数具体来看，2001～2004 年 $f(x) > g(y)$，说明当时的水资源系统发展相对超前，社会经济生态系统发展相对滞后；2005～2006 年有所反复，2007 年起 $f(x) > g(y)$，说明当时的水资源系统发展相对滞后，社会经济生态系统发展相对超前，由于在变化过程中，2005 年时两系统综合评价指数最接近，因此此时相对协调度最高。

(3)协调发展度：在发展度和协调度共同作用下，山东省 2001～2012 年水资源系统和社会经济生态系统相对协调发展水平总体趋好(从 0.15 增至 0.61)，2001～2006 年，除 2002 年外(为百年一遇的极端干旱年)，系统相对协调发展度稳步上升。2007～2009 年，基本处于稳定状态，2010～2012 年虽然出现了下降趋势，但并不明显。从时序上来看，协调等级总体表现从严重失调—濒临失调—勉强协调—初级协调演进的趋势。

基于距离协调度模型对山东省水资源系统和社会经济生态系统协调性评价的结果显示：2001～2009 年两系统协调发展度不断提高，协调等级由 2001 年严重失调演进到 2009 年初级协调，这一变化说明山东省两系统协调发展水平越来越高。研究后期山东省社会经济生态发展对水资源的压力越来越大，且有继续加大的趋势，两者的协调度水平降低，协调发展度呈现出波动的特点。

目前，山东省正处在快速工业化阶段，人类社会经济活动对水资源系统施加的压力持续加大，保护水资源任重道远。对此，山东省应积极调整产业结构，使各产业需水量年增长率控制在稳定的范围内，提高水资源利用效率；继续坚持退耕还林为主的生态环境建设，不断提高森林覆盖率和增强生态系统的自我调节能力；大力发展节水型先进工艺推进清洁生产和循环经济实现污水减量化和资源化；加强环境教育，培养个人良好节水习惯以确保我们有限的水源能充分利用。

14.3　供水系统与需水系统协调性定量评估方法

14.3.1　供水系统与需水系统之间的关系

具体而言，供水系统与需水系统之间的协调关系表现在以下方面：

(1)供水系统与生产需水系统之间通过水资源的开发、利用、配置和保护构成了有机的整体。供水系统既为生产的发展提供保障和支持，同时又对无节制的用水进行制约，提高用水效率；生产需水系统既消耗水资源，同时又对水利建设和水资源保护提供物质条件。

(2)供水系统与生活需水系统之间有密不可分的关系。水资源是人类生存和发展不可缺少的资源。随着经济的发展，人口数量的增加，对水资源提出了更高的要求。

(3)供水系统与生态需水系统之间通过水文循环构成了有机整体。生态环境有强大的蓄水能力和净化水质的能力，促进了水文循环的良性进行；同时生态环境的演变无法脱离水资源独立存在，水资源有助于涵养生态环境，保障生态环境用水，有利于提高生态系统的承载能力，增强抗干扰能力。

从上述三个方面可以看出：供水系统发挥着重要的纽带作用，保障人们基本生活用水，维护社会安定，同时保障生态环境用水，使水资源处于良性循环。

14.3.2　评价指标体系的构建

本节以山东省为例对供水系统与需水系统的协调性定量评估。两系统包含众多影响因子，根据 14.1.1 节评价指标体系构建的原则选取供水总量、地表供水量、地下供水量、其他供水量、城市自来水综合生产能力和城市供水管道长度，共 6 个单项指标，构成供水系统；选取用水总量、农业用水量、工业用水量、生活用水量、生态用水量、城市用水普及率和城市人均生活用水量，共 7 个单项指标，构成需水系统，见表 14.13。

表 14.13　供水系统和需水系统协调度评价指标体系

目标层	系统层	单项指标
供水系统与需水系统协调度评价指标体系	供水系统	供水总量
		地表供水量
		地下供水量
		其他供水量
		城市自来水综合生产能力
		城市供水管道长度
	需水系统	用水总量
		农业用水量
		工业用水量
		生活用水量
		生态用水量
		城市用水普及率
		城市人均生活用水量

14.3.3　评价方法

在 14.2 节评价方法的基础上,本节再介绍一种方法。首先采用水资源供需比隶属度函数表示协调度,然后利用模糊数学中的隶属度概念对协调程度进行评价,最后根据 14.2.3 节确定协调等级,具体步骤如下:

采用式(14.10)对水资源供需比进行计算:

$$r_{02} = \frac{SW}{DW} \tag{14.10}$$

式中,SW 为表示规划水平年供水量;DW 为表示规划水平年需水量;r_{02} 为表示规划水平年水资源供需比。

当协调性表示状态时,呈现出"亦此亦彼"性,是一个模糊概念。设模糊概念 A 代表各需水子系统与供水子系统的协调性,则可用隶属度函数 μ_A 表示协调度 r,见式(14.11)。

$$r = \mu_A(r_{02}) \tag{14.11}$$

式中,r 为供水系统与需水系统之间的协调度。$0 < r < 1.0$,r 越大,表明协调状况越好。

利用模糊数学中的隶属度概念对协调程度进行评价,建立状态协调度隶属函数见式(14.12),曲线形式如图 14.2 所示。

$$\mu_A = \begin{cases} 1.0 & r_{02} \geqslant r_{02}{}^* \\ \exp\left[-\left(\frac{r_{02} - r_{02}{}^*}{\sigma}\right)^2\right] & r_{02} \leqslant r_{02}{}^* \end{cases} \tag{14.12}$$

式中,$r_{02}{}^*$ 为 r_{02} 的理想值,即指标理想供需比,可根据具体情况确定,σ 为反映隶属函数的离散程度的参数，在此反映指标对供需比变化的容忍程度。

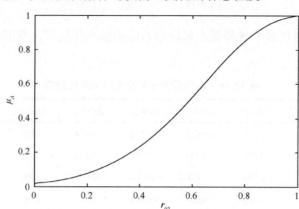

图 14.2　协调度隶属函数曲线

　　然而考虑到资料的可获得性及可靠性等因素，本次研究仍选用距离协调度模型对供水系统和需水系统进行协调度分析。

14.3.4　协调性定量评估计算举例

　　供水系统与需水系统协调度计算采用与 14.2 节相同的协调度计算原理计算。

1. 原始数据

　　山东省供水系统和需水系统指标的原始数据，分别见表 14.14 和表 14.15，资料源于 2006～2012 年的《山东统计年鉴》。

表 14.14　山东省供水系统指标原始数据

指标	2006 年	2007 年	2008 年	2009 年	2010 年	2011 年	2012 年
供水总量/亿 m³	225.53	219.55	219.89	219.99	222.47	224.05	221.79
地表供水量/亿 m³	119.77	115.59	115.51	119.62	127.15	127.33	126.12
地下供水量/亿 m³	103.9	101.98	101.23	97.05	91.31	89.34	89.26
其他供水量/亿 m³	1.86	1.98	3.15	3.33	4.01	7.38	6.41
城市自来水综合生产能力/(万 m³/d)	1461.4	1474.5	1435.4	1458.3	1477.6	1616.9	1644.5
城市供水管道长度/km	32669	32695	32970	34814	37313	39568	41934

表 14.15　山东省需水系统指标原始数据

指标	2006 年	2007 年	2008 年	2009 年	2010 年	2011 年	2012 年
用水总量/亿 m³	222.24	219.55	219.89	219.99	222.47	224.05	221.79
农业用水量/亿 m³	175.07	164.81	162.76	161.60	159.65	154.26	154.23
工业用水量/亿 m³	18.93	24.12	24.69	24.70	26.84	29.72	28.10
生活用水量/亿 m³	25.62	27.42	28.71	29.77	31.34	32.89	32.81
生态用水量/亿 m³	2.62	3.20	3.73	3.94	4.64	7.17	6.66
城市用水普及率/%	97.17	98.79	99.39	99.47	99.57	99.74	99.87
城市人均生活用水量/L	140.88	132.91	127.87	129.91	129.52	129.79	131.58

2. 数据标准化

运用式(14.1)将供水系统和需水系统原始数据标准化处理,标准化后的数据分别见表 14.16 和表 14.17。

表 14.16　山东省供水系统指标标准化数据

指标	2006 年	2007 年	2008 年	2009 年	2010 年	2011 年	2012 年
供水总量	1.590	−1.026	−0.878	−0.834	0.251	0.943	−0.046
地表供水量	−0.346	−1.145	−1.160	−0.375	1.063	1.097	0.866
地下供水量	1.208	0.903	0.784	0.120	−0.792	−1.105	−1.118
其他供水量	−1.016	−0.959	−0.408	−0.324	−0.003	1.583	1.127
城市自来水综合生产能力	−0.576	−0.420	−0.885	−0.612	−0.383	1.274	1.602
城市供水管道长度	−0.898	−0.891	−0.817	−0.319	0.356	0.965	1.604

表 14.17　山东省需水系统标准化数据

指标	2006 年	2007 年	2008 年	2009 年	2010 年	2011 年	2012 年
用水总量	0.488	−1.124	−0.920	−0.860	0.626	1.572	0.218
农业用水量	1.866	0.427	0.139	−0.024	−0.297	−1.053	−1.058
工业用水量	−1.833	−0.340	−0.176	−0.173	0.443	1.272	0.806
生活用水量	−1.519	−0.864	−0.395	−0.009	0.563	1.127	1.097
生态用水量	−1.126	−0.790	−0.484	−0.362	0.043	1.507	1.212
城市用水普及率	−2.109	−0.377	0.264	0.350	0.457	0.638	0.777
城市人均生活用水量	2.106	0.262	−0.905	−0.433	−0.523	−0.461	−0.046

3. 各子系统主成分得分

利用 SPSS19.0 软件求得两系统的各指标特征根、贡献率和累积贡献率和主成分载荷值矩阵分别见表 14.18~表 14.20。由表 14.18 和表 14.19 可知,两个系统主成分的累积贡献率分别为 76.512%和 96.523%。

表 14.18　供水系统主成分分析结果

主成分	特征根	贡献率/%	累积贡献率/%
1	4.591	76.512	76.512

表 14.19　需水系统主成分分析结果

主成分	特征根	贡献率/%	累积贡献率/%
1	5.365	76.638	76.638
2	1.392	19.885	96.523

表14.20 两个系统的主成分载荷值矩阵

供水系统原变量	第一主成分	需水系统原变量	第一主成分	第二主成分
供水总量	0.385	用水总量	0.377	0.893
地表供水量	0.925	农业用水量	−0.991	0.061
地下供水量	−0.950	工业用水量	0.990	0.003
其他供水量	0.949	生活用水量	0.977	0.150
城市自来水综合生产能力	0.911	生态用水量	0.909	0.364
城市供水管道长度	0.976	城市用水普及率	0.938	−0.340
		城市人均生活用水量	−0.774	0.565

运用式(14.2)可求得两个系统各主成分得分，见表14.21。

表14.21 两个系统的主成分得分

年份	供水系统	需水系统	
	第一主成分	第一主成分	第二主成分
2006	−1.502	−4.128	1.540
2007	−2.087	−1.418	−0.955
2008	−1.937	−0.233	−1.405
2009	−0.916	−0.064	−1.078
2010	0.848	1.027	0.164
2011	2.816	2.720	1.350
2012	2.778	2.096	0.384

4. 系统综合发展水平

根据式(14.3)求得水资源系统与社会经济生态系统的综合发展水平，见表14.22。

表14.22 供水系统与需水系统综合评价指数

年份	供水系统	需水系统
2006	−1.502	−2.961
2007	−2.087	−1.322
2008	−1.937	−0.474
2009	−0.916	−0.273
2010	0.848	0.849
2011	2.816	2.438
2012	2.778	1.743

供水系统与需水系统协调指数的计算结果见表14.23和变化趋势见图14.3。

表 14.23　山东省供水系统与需水系统协调指数

年份	发展度	协调度	协调发展度	协调等级
2006	0.126	0.747	0.307	轻度失调
2007	0.217	0.868	0.434	濒临失调
2008	0.304	0.747	0.476	濒临失调
2009	0.410	0.889	0.603	初级协调
2010	0.659	1.000	0.812	良好协调
2011	0.967	0.935	0.951	优质协调
2012	0.904	0.821	0.861	良好协调

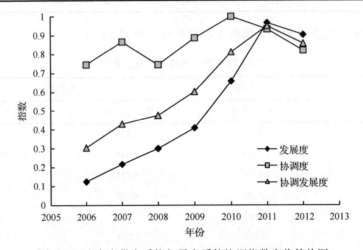

图 14.3　山东省供水系统与需水系统协调指数变化趋势图

(1) 发展度：由表 14.23 和图 14.3 可知，2006～2012 年山东省供水系统与需水系统良性循环，总体趋好。通过表 14.22 两个系统综合评价指数具体来说，2006～2011 年供水系统和需水系统总体都是向良性方向演化的，使两个系统总体的发展度呈现上升的趋势。2012 年由于供水系统中供水总量、地表供水量、地下供水量和其他供水量指标值，以及需水系统中用水总量、农业用水量、工业用水量、生活用水量和生态用水量指标值较 2011 年有所下降，使系统供水能力和用水保证率下降，导致发展度有下滑的趋势。

(2) 协调度：山东省 2006～2012 年，除 2008 年外，供水系统和需水系统相对协调度一直处于上升趋势，然而虽有波动，总体仍处于较高水平。经分析，两系统都向良性方向演化，2008 年供水系统发展速度比需水系统快，致使两系统协调度下滑。通过表 14.22 两个系统综合评价指数具体来说，2006 年时，供水系统的综合发展水平超前于需水系统，2007～2010 年出现滞后的趋势，2010 年以后再次超前于需水系统，两系统综合发展水平一直相差不大。基于此，协调度也出现了波动的趋势。

(3) 协调发展度：山东省 2006～2012 年供水系统和需水系统相对协调发展水平总体趋好（从 0.307 增至 0.951）。2006～2011 年供水系统和需水系统总体都是向良性方向演化的，使两个系统总体的相对协调发展度呈现上升的趋势，2012 年由于发展度和协调度的双重影响下，出现下滑的趋势。从时序上来看，协调等级总体表现从轻度失调—濒临失调—初级协调—良好协调—优质协调演进的趋势。

基于距离协调度模型对山东省供水系统和需水系统协调性评价的结果显示：2006～2012 年两系统综合评价指数都处于上升趋势，协调等级由 2006 年轻度失调演进到 2011 年优质协调，这一变化说明山东省两系统协调发展水平越来越高。

近年来，随着经济的快速发展，人们对水资源的需求越来越大，为满足用水需求，通过工程措施跨流域调水、提高用水效率等方式促进了供水系统的发展，但相对于需水系统仍略为滞后，在一定程度上制约了其协调发展，应积极调整产业结构，继续坚持节水措施，尽量达到供需平衡，使两系统处于良性发展。

第15章 水资源综合利用与管理效果评价应用实例

发展是无止境的,协调发展没有绝对标准,它是动态的、相对的,单纯对某一区域或某一时间段进行协调性定量评估求出的协调指数是一个无量纲代表值,这个代表值本身不具备实际意义,只是选取不同区域或时间段作为参照物,进行对比分析,才能表现出定量评价数值的相对意义。因此,可采取横向和纵向相结合的原则。

横向是指对不同区域的协调性定量评估,使区域之间相互成为参照;纵向是指对某一区域一定时间段内的协调性定量评估。

本次研究选取的试点城市为山东半岛蓝色经济区内的胶南市和乳山市。本章首先对山东半岛蓝色经济区进行横向分析研究,然后分别对胶南市和乳山市进行纵向分析研究。

15.1 山东半岛蓝色经济区水资源系统与社会经济生态系统协调性分析

山东半岛蓝色经济区规划范围包括青岛、东营、烟台、潍坊、威海、日照等沿海六市全部行政区域及滨州市的无棣、沾化2个沿海县,共包括52个县(市、区)。本次研究以青岛、威海和烟台三个沿海城市为代表,对2012年山东半岛蓝色经济区水资源系统与社会经济生态系统的协调性定量评估。

1. 原始数据

依据2012年的《山东省统计年鉴》、《青岛市统计年鉴》、《威海市统计年鉴》和《烟台市统计年鉴》,得到2012年三市水资源系统和社会经济生态系统指标的原始数据,分别见表15.1和表15.2。

表 15.1 2012 年三市水资源系统原始数据

指标	青岛	威海	烟台
供水总量/亿 m^3	9.810	3.620	9.550
地表供水量/亿 m^3	6.020	2.150	5.410
地下供水量/亿 m^3	3.380	1.480	4.120
其他供水量/亿 m^3	0.420	0.000	0.020
农业用水量/亿 m^3	3.690	2.020	6.440
工业用水量/亿 m^3	1.820	0.650	1.240
生活用水量/亿 m^3	3.780	0.890	1.770
生态用水量/亿 m^3	0.520	0.060	0.100
地表水资源量/亿 m^3	7.000	16.050	21.300
地下水资源量/亿 m^3	4.180	2.030	4.260
水资源总量/亿 m^3	11.180	18.080	25.560
万元 GDP 用水量/m^3	13.434	15.484	18.082
万元工业增加值用水量/m^3	5.984	5.789	4.602

表 15.2　2012 年三市社会经济生态系统原始数据

指标	青岛	威海	烟台
人口密度/(人/km²)	676	437	474
GDP/亿元	7302.110	2337.860	5281.380
工业增加值/亿元	3041.310	1122.800	2694.250
城镇居民人均可支配收入/元	32145.000	28630.000	30045.000
建成区绿化覆盖率/%	43.200	47.920	42.050
人均公园绿地面积/m²	14.540	25.080	19.370
水功能区水质达标率/%	71.400	50.000	63.600

2. 数据标准化

运用式(14.1)将水资源系统和社会经济生态系统原始数据标准化处理,标准化后的数据分别见表 15.3 和表 15.4。

表 15.3　三市水资源系统指标标准化数据

指标	青岛	威海	烟台
供水总量	0.614	−1.154	0.540
地表供水量	0.718	−1.142	0.425
地下供水量	0.284	−1.111	0.827
其他供水量	1.154	−0.619	−0.535
农业用水量	−0.161	−0.910	1.071
工业用水量	0.997	−1.003	0.006
生活用水量	1.103	−0.848	−0.254
生态用水量	1.151	−0.654	−0.497
地表水资源量	−1.076	0.175	0.901
地下水资源量	0.545	−1.154	0.609
水资源总量	−0.986	−0.027	1.013
万元 GDP 用水量	−0.958	−0.078	1.037
万元工业增加值用水量	0.703	0.442	−1.145

表 15.4　三市社会经济生态系统指标标准化数据

指标	青岛	威海	烟台
人口密度	1.143	−0.715	−0.428
GDP	0.933	−1.056	0.123
工业增加值	0.739	−1.138	0.399
城镇居民人均可支配收入	1.058	−0.929	−0.129
建成区绿化覆盖率	−0.383	1.135	−0.752
人均公园绿地面积	−0.971	1.027	−0.056
水功能区水质达标率	0.899	−1.077	0.179

3. 各子系统主成分得分

利用 SPSS19.0 软件进行主成分分析，求得两系统的各指标特征根、贡献率、累积贡献率和主成分载荷值分别见表 15.5～表 15.7。由表 15.5 和表 15.6 可知，两个系统主成分的累积贡献率分别为 100% 和 90.698%。

表 15.5　2012 年三市水资源系统主成分分析结果

主成分	特征根	贡献率/%	累积贡献率/%
1	7.462	57.403	57.403
2	5.538	42.597	100.000

表 15.6　2012 年三市社会经济生态系统主成分分析结果

主成分	特征根	贡献率/%	累积贡献率/%
1	6.349	90.698	90.698

表 15.7　两个系统的主成分载荷值矩阵

水资源系统原变量	第一主成分	第二主成分	社会经济生态系统原变量	第一主成分
供水总量	0.767	0.641	人口密度	0.878
地表供水量	0.833	0.553	GDP	1.000
地下供水量	0.533	0.846	工业增加值	0.973
其他供水量	0.963	−0.268	人均可支配收入	0.973
农业用水量	0.173	0.985	建成区绿化覆盖率	−0.831
工业用水量	0.977	0.213	人均公园绿地面积	−0.998
生活用水量	1.000	−0.012	水功能区水质达标率	0.999
生态用水量	0.972	−0.233		
地表水资源量	−0.774	0.633		
地下水资源量	0.721	0.693		
水资源总量	−0.652	0.758		
万元 GDP 用水量	−0.617	0.787		
万元工业增加值用水量	0.334	−0.942		

运用式 (14.2) 可求得两个系统各主成分得分表，见表 15.8。

表 15.8　两个系统的主成分得分

城市	水资源系统		社会经济生态系统
	第一主成分	第二主成分	第一主成分
青岛	3.004	−0.843	2.348
威海	−2.341	−1.803	−2.695
烟台	−0.663	2.647	0.347

4. 系统综合发展水平

根据式(14.3)求得水资源系统与社会经济生态系统的综合发展水平，见表 15.9。

表 15.9　水资源系统与社会经济生态系统综合评价指数

城市	水资源系统 $f(x)$	社会经济生态系统 $g(y)$
青岛	1.365	2.348
威海	−2.112	−2.695
烟台	0.747	0.347

水资源系统与社会经济生态系统协调指数的计算结果见表 15.10，变化趋势见图 15.1。

表 15.10　水资源系统与社会经济生态系统协调指数

城市	发展度	协调度	协调发展度	协调等级
青岛	0.903	0.805	0.852	良好协调
威海	0.058	0.884	0.226	极度失调
烟台	0.643	0.921	0.769	中度协调

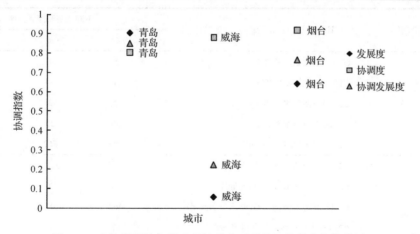

图 15.1　水资源系统与社会经济生态系统协调指数变化趋势图

由图 15.1 可知，青岛市属于良好协调类，协调发展度明显领先于其他城市。考察表 15.10，与其他城市相比，青岛市水资源系统和社会经济生态系统综合评价指数具有显著优势，这与青岛作为沿海城市，区位优势和政策支持等条件密切相关，同时青岛聚集了大量优秀的企业和高校，为青岛的经济发展和社会进步提供了良好的智力支持和保障。

烟台市属于中度协调类，结合区域发展度和协调度分析，协调度明显高于发展度，表明烟台市子系统具备较好的协调能力，但与青岛相比发展程度相对弱一点，所以发展度相对小，应大量引进外地资金的注入，带动本地企业的发展，同时努力扶持本地中小企业发展，增强市场竞争力。

威海市协调发展度偏低,考察表15.10,与其他城市相比,威海市水资源系统和社会经济生态系统综合评价指数处于明显的劣势,结合区域发展度和协调度来分析,协调度高于发展度,表明威海市具备较好的子系统协调能力,能够正视水系统与社会经济生态系统的统一,威海的发展并非以牺牲资源环境为代价。通过大力发展对韩贸易和对外经济技术合作、充分培育特色产业,以及不断促进机制创新,威海经济有了一定的发展,但与其他两个城市相比,威海市经济发展还是相对滞后,大项目少、群山无峰是制约威海市工业发展的薄弱环节,应把大项目建设作为推动发展的主攻方向,以大项目带动大投入,促进大集聚,实现大发展。

15.2 胶南市水资源综合利用与管理效果评价

15.2.1 水资源配置方案效果评价

1. 确定方案集 S 和指标集 G

以2010年为基准年,设胶南市有3个水资源配置方案,各方案对应的具体指标值见表15.11。

表 15.11 不同配置方案对应的具体指标值

评价准则	评价指标(+:正指标;-:逆指标)	不同水资源配置方案		
		方案一	方案二	方案三
社会效果	$C1_1$(-)工业缺水率(%)	5	4	3
	$C1_2$(-)农业缺水率(%)	10	9	8
	$C1_3$(-)生活缺水率(%)	2	2	1
	$C1_4$(-)生态缺水率(%)	50	25	10
	$C1_5$(+)人均水资源量(m³)	585	562	535
经济效果	$C2_1$(+)单方水工业产值(元/m³)	2532	3186	4212
	$C2_2$(+)单方水农业产值(元/m³)	74	80	100
	$C2_3$(+)单方水资源量 GDP 产值(元/m³)	462	581	680
	$C2_4$(+)工业用水重复利用率(%)	57	65	70
	$C2_5$(-)城市供水管网漏失率(%)	12	11.5	11
	$C2_6$(-)单方供水成本(元/m³)	3.15	3.55	3.95
生态环境效果	$C3_1$(-)COD 浓度(mg/L)	28	26	25
	$C3_2$(-)人均 COD 排放量(t)	0.0016	0.0013	0.0011
	$C3_3$(+)水功能区水质达标率(%)	77.8	88.9	90.0

2. 计算 3 组二级指标的权重系数

1)主观权重 ω'

由于胶南市水资源配置方案指标与13.3节山东省水资源配置方案选取指标相同,指标重要性排序一致且指标的权重相等。指标的归一化权重为 $\omega'_{社}$=(0.23,0.17,0.31, 0.17,0.12)，$\omega'_{经}$=(0.21,0.17,0.28,0.10,0.09,0.15)，$\omega'_{生}$=(0.26,0.42,0.32)。

2) 客观权重 ω''

客观权重的确定采用熵值赋权法。根据熵权法的流程，按照公式在 excel 表中计算得到客观权重为 $\omega''_{社}$=(0.19,0.19,0.22,0.21,0.19)。同理可得 $\omega''_{经}$=(0.17,0.19,0.16,0.16,0.16, 0.16)，$\omega''_{生}$=(0.34,0.32,0.34)。

3) 组合权重 ω

在确定主客观权重的基础上，利用公式 $\omega=\alpha\omega'+\beta\omega''$，取 $\alpha=\beta=0.5$，得到的组合权重为 $\omega_{社}$=(0.20,0.18,0.27,0.19,0.16)。同理可得 $\omega_{经}$=(0.19,0.18,0.21,0.13,0.13,0.16)，$\omega_{生}$=(0.30,0.37,0.33)。

3. 计算隶属度最优值

计算每个配置方案在二级指标集下从属于相应优等方案的隶属度最优值。依旧以第一个二级指标集 $G_1=\{C1_1,C1_2,C1_3,C1_4,C1_5\}$ 为例，对隶属度最优值的求解过程进行简要说明如下：

计算在 G_1 的分指标下各方案的优度值：

建立全体待优选的三个方案的特征值矩阵

$$
{}_1X_{5\times3}=\begin{bmatrix} 5 & 4 & 3 \\ 10 & 9 & 8 \\ 2 & 2 & 1 \\ 50 & 25 & 10 \\ 585 & 562 & 535 \end{bmatrix}_{5\times3}
$$

根据指标类型按式(13.2)～式(13.4)对矩阵 ${}_1X_{5\times3}$ 进行标准化计算，求得 G_1 的优属度矩阵：

$$
{}_1R_{5\times3}=\begin{bmatrix} 0.375 & 0.500 & 0.625 \\ 0.444 & 0.500 & 0.556 \\ 0.333 & 0.333 & 0.667 \\ 0.167 & 0.583 & 0.833 \\ 0.522 & 0.502 & 0.478 \end{bmatrix}_{5\times3}
$$

求评价指标集 G_1 的优属度矩阵 ${}_1R_{5\times3}$ 的优等方案 ${}_1a$ 和劣等方案 ${}_1b$ 分别为 ${}_1a=(0.625,0.556,0.667,0.833,0.522)^{\mathrm{T}}$ 和 ${}_1b=(0.375,0.444,0.333,0.167,0.478)^{\mathrm{T}}$。

根据式(13.13)计算每个方案从属于 G_1 的优等方案 ${}_1a$ 的隶属度最优值为 ${}_1g^*=\left({}_1g^*_{11},{}_1g^*_{12},{}_1g^*_{13}\right)=(0.0018,0.3859,0.9982)$。

简单起见，记 $_1g_{1j}^* = g_{1j}$，$(j = 1, 2, 3)$，$_1g^* = g_1$。按照求 g_1 的步骤，求得 $g_2 = (0.0590,$ $0.3783, 0.9410)$，$g_3 = (0, 0.7442, 1)$。

求解过程分别见表 15.12 和表 15.13。

表 15.12　各方案从属于 G_2 的优等方案的隶属度最优值

指标	权重	方案 1	方案 2	方案 3	$_2a$	$_2b$
$C2_1$	0.19	0.375	0.472	0.625	0.625	0.375
$C2_2$	0.18	0.425	0.460	0.575	0.575	0.425
$C2_3$	0.21	0.405	0.509	0.595	0.595	0.405
$C2_4$	0.13	0.449	0.512	0.551	0.551	0.449
$C2_5$	0.13	0.478	0.500	0.522	0.522	0.478
$C2_6$	0.16	0.556	0.500	0.444	0.556	0.444
g_2		0.0590	0.3783	0.9410		

表 15.13　各方案从属于 G_3 的优等方案的隶属度最优值

指标	权重	方案 1	方案 2	方案 3	$_3a$	$_3b$
$C3_1$	0.30	0.472	0.509	0.528	0.528	0.472
$C3_2$	0.37	0.407	0.519	0.593	0.593	0.407
$C3_3$	0.33	0.464	0.530	0.536	0.536	0.464
g_3		0.0000	0.7442	1.0000		

4. 配置方案效果的综合优选

(1) 把每个二级指标集 $G_k (k = 1, 2, 3)$ 当成一个指标，即一级指标，求出 3 个一级指标的权重分配系数：$\omega = (0.33, 0.34, 0.33)^T$。

(2) 利用第一步求得的各二级指标集 G_k 的最优值 $(g_1, g_2, g_3)^T$，得到高一层次系统的优属度矩阵 $G_{3\times3}$

$$G_{3\times3} = \begin{bmatrix} 0.0018 & 0.3859 & 0.9982 \\ 0.0590 & 0.3783 & 0.9410 \\ 0.0000 & 0.7442 & 1.0000 \end{bmatrix}_{3\times3}$$

与计算 $_1g_{1j}^* (j = 1, 2, 3)$ 的方法和步骤相同，按式 (13.15) 求得每个方案从属于高一层次系统的优等方案的隶属度最优值为 $d^* = (0, 0.5101, 1)$。

根据各方案从属于水资源配置评价指标体系优等方案的隶属度最优值的大小，列出各方案由优到劣的顺序依次为：方案 3、方案 2、方案 1。显然，方案 3 为水资源配置方案效果最优方案。

15.2.2　水资源系统与社会经济生态系统协调性分析

1. 原始数据

胶南市水资源系统和社会经济生态系统指标的原始数据，分别见表 15.14 和表 15.15，资料源于 2007～2012 年的《胶南市统计年鉴》、《胶南市国民经济和社会发展统计公报》和《胶南市水资源公报》。

表 15.14　胶南市水资源系统指标原始数据

指标	2007 年	2008 年	2009 年	2010 年	2011 年	2012 年
供水总量/亿 m³	1.153	1.152	1.299	1.375	1.310	1.226
地表供水量/亿 m³	0.531	0.511	0.583	0.664	0.620	0.620
地下供水量/亿 m³	0.622	0.642	0.716	0.711	0.690	0.606
农业用水量/亿 m³	0.451	0.477	0.569	0.585	0.608	0.520
工业用水量/亿 m³	0.186	0.179	0.131	0.128	0.180	0.167
生活用水量/亿 m³	0.245	0.244	0.267	0.298	0.179	0.208
林牧渔用水量/亿 m³	0.082	0.087	0.092	0.093	0.064	0.062
城镇公共用水量/亿 m³	0.000	0.007	0.047	0.061	0.059	0.069
其他用水量/亿 m³	0.017	0.019	0.023	0.023	0.026	0.041
地表水资源量/亿 m³	8.547	6.308	0.792	1.688	2.064	1.802
地下水资源量/亿 m³	1.160	0.823	0.751	0.833	0.882	0.830
水资源总量/亿 m³	9.707	7.130	1.543	2.521	2.946	2.632
万元 GDP 用水量/m³	25.145	23.035	23.341	21.639	17.192	14.695
万元工业增加值用水量/m³	8.498	7.206	5.132	3.948	4.709	3.954

表 15.15　胶南市社会经济生态系统指标原始数据

指标	2007 年	2008 年	2009 年	2010 年	2011 年	2012 年
人口密度/(人/km²)	448	452	454	455	456	457
GDP/亿元	390.060	439.630	483.320	549.460	648.510	725.710
工业增加值/亿元	218.520	248.000	254.300	324.440	381.860	422.650
城镇居民人均可支配收入/元	15255	17416	19092	21421	24529	27600
建成区绿化覆盖率/%	43.910	44.590	45.200	45.540	45.900	46.200
人均公园绿地面积/m²	16.290	16.990	17.600	18.020	18.500	18.900
水功能区水质达标率/%	77.800	77.800	77.800	77.800	88.900	88.900

2. 数据标准化

运用式 (14.1) 将水资源系统和社会经济生态系统原始数据标准化处理，标准化后的数据分别见表 15.16 和表 15.17。

表 15.16 胶南市水资源系统指标标准化数据

指标	2007 年	2008 年	2009 年	2010 年	2011 年	2012 年
供水总量	−1.095	−1.107	0.507	1.351	0.637	−0.294
地表供水量	−0.971	−1.328	−0.095	1.298	0.549	0.546
地下供水量	−0.898	−0.482	1.086	0.985	0.542	−1.233
农业用水量	−1.337	−0.931	0.549	0.802	1.159	−0.242
工业用水量	0.933	0.661	−1.208	−1.301	0.704	0.211
生活用水量	0.109	0.102	0.625	1.378	−1.451	−0.764
林牧渔用水量	0.176	0.502	0.880	0.924	−1.176	−1.306
城镇公共用水量	−1.371	−1.127	0.206	0.704	0.633	0.955
其他用水量	−0.922	−0.688	−0.209	−0.173	0.095	1.896
地表水资源量	1.603	0.887	−0.876	−0.590	−0.470	−0.554
地下水资源量	1.952	−0.399	−0.897	−0.325	0.015	−0.347
水资源总量	1.633	0.838	−0.885	−0.584	−0.453	−0.549
万元 GDP 用水量	1.067	0.544	0.620	0.198	−0.905	−1.524
万元工业增加值用水量	1.566	0.874	−0.237	−0.871	−0.464	−0.868

表 15.17 胶南市社会经济生态系统指标标准化数据

指标	2007 年	2008 年	2009 年	2010 年	2011 年	2012 年
人口密度	−1.735	−0.510	0.102	0.408	0.714	1.021
GDP	−1.166	−0.779	−0.438	0.078	0.851	1.453
工业增加值	−1.099	−0.738	−0.661	0.198	0.901	1.400
城镇居民人均可支配收入	−1.225	−0.755	−0.390	0.117	0.793	1.461
建成区绿化覆盖率	−1.540	−0.742	−0.027	0.371	0.793	1.145
人均公园绿地面积	−1.474	−0.751	−0.121	0.313	0.809	1.223
水功能区水质达标率	−0.646	−0.646	−0.646	−0.646	1.291	1.291

3. 各子系统主成分得分

利用 SPSS19.0 软件进行主成分分析,求得两系统的各指标特征根、贡献率、累积贡献率和主成分载荷值分别见表 15.18～表 15.20。由表 15.18 和表 15.19 可知,两个系统的第一、第二主成分的累积贡献率分别为 86.882%和 92.977%。

表 15.18 胶南市水资源系统主成分分析结果

主成分	特征根	贡献率/%	累积贡献率/%
1	8.226	58.759	58.759
2	3.937	28.123	86.882

表 15.19 胶南市社会经济生态系统主成分分析结果

主成分	特征根	贡献率/%	累积贡献率/%
1	6.508	92.977	92.977

表 15.20　胶南市两个系统的主成分载荷值矩阵

水资源系统原变量	第一主成分	第二主成分	社会经济生态系统原变量	第一主成分
供水总量	−0.880	0.337	人口密度	0.940
地表供水量	−0.892	−0.036	GDP	0.994
地下供水量	−0.585	0.687	工业增加值	0.983
农业用水量	−0.898	0.133	人均可支配收入	0.996
工业用水量	0.667	−0.670	建成区绿化覆盖率	0.976
生活用水量	0.000	0.882	人均公园绿地面积	0.988
林牧渔用水量	0.176	0.965	水功能区水质达标率	0.867
城镇公共用水量	−0.963	−0.233		
其他用水量	−0.586	−0.682		
地表水资源量	0.980	−0.027		
地下水资源量	0.721	−0.151		
水资源总量	0.977	−0.032		
万元 GDP 用水量	0.607	0.784		

运用式 (14.2) 可求得两个系统各主成分得分表，见表 15.21。

表 15.21　两个系统的主成分得分

年份	水资源系统		社会经济生态系统
	第一主成分	第二主成分	第一主成分
2007	4.455	0.052	−3.892
2008	2.741	0.325	−1.937
2009	−1.542	1.999	−0.503
2010	−2.450	2.142	0.929
2011	−1.636	−1.576	3.196
2012	−1.567	−2.943	4.547

4. 系统综合发展水平

根据式 (14.3) 求得水资源系统与社会经济生态系统的综合发展水平，见表 15.22。

表 15.22　水资源系统与社会经济生态系统综合评价指数

年份	水资源系统 $f(x)$	社会经济生态系统 $g(y)$
2007	3.030	−3.892
2008	1.959	−1.937
2009	−0.396	−0.503
2010	−0.964	0.929
2011	−1.617	3.196
2012	−2.012	4.547

水资源系统与社会经济生态系统协调指数的计算结果见表 15.23、变化趋势见图 15.2。

表 15.23　胶南市水资源系统与社会经济生态系统协调指数

年份	发展度	协调度	协调发展度	协调等级
2007	0.410	0.180	0.272	中度失调
2008	0.462	0.538	0.499	濒临失调
2009	0.408	0.987	0.635	初级协调
2010	0.459	0.776	0.597	勉强协调
2011	0.555	0.430	0.488	濒临失调
2012	0.611	0.223	0.369	轻度失调

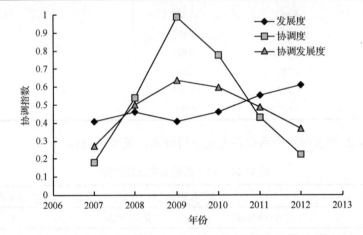

图 15.2　胶南市水资源系统与社会经济生态系统协调指数变化趋势图

（1）发展度：由表 15.23 和图 15.2 可见，2007～2012 年，除 2008 年，胶南市水资源系统与社会经济生态系统的相对发展度总体上处于上升趋势，整体是向良性循环发展的。2008 年胶南市降水量较少，地表水资源量和水资源总量等指标对水资源系统产生一定的影响，致使发展度下滑。通过表 15.22 两个系统综合评价指数具体来看，水资源系统的综合发展水平是逐渐下降的，社会经济生态系统向良性方向演化，且后者变化速度相对较快，使两系统总体的发展度出现上升的趋势。

（2）协调度：胶南市 2007～2012 年水资源系统和社会经济生态系统相对协调度总体上呈现倒"U"形变化。2007～2009 年，系统相对协调度稳步上升。2009～2012 年，经济得到了快速发展，然而对水资源系统的破坏也是逐年加剧，两系统向着相反方向发展，协调度下降。通过表 15.22 两个系统综合评价指数具体来看，2007～2009 年 $f(x) > g(y)$，说明当时的水资源系统发展相对超前，社会经济生态系统发展相对滞后；2009～2012 年 $f(x) < g(y)$，说明当时的水资源系统发展相对滞后，社会经济生态系统发展相对超前。由于在变化过程中，2009 年两系统综合评价指数最接近，因此此时相对协调度最高。

（3）协调发展度：在发展度和协调度共同作用下，胶南市 2007～2012 年水资源系统和社会经济生态系统相对协调发展水平总体上也呈现倒"U"形变化。山东省 2007～2012 年水资源系统和社会经济生态系统相对协调发展水平总体趋好（从 0.272 增至 0.635），2007～2009 年，系统相对协调发展度稳步上升，2009～2012 年出现了下降趋势。从时序上来看，协调等级总体表现从中度失调—轻度失调—濒临失调—勉强协调—初级协调演进的趋势。

　　基于距离协调度模型对胶南市水资源系统和社会经济生态系统协调性评价的结果显示：2007～2009 年两系统协调发展度不断提高，协调等级由 2001 年中度失调演进到 2009 年初级协调，这一变化说明胶南市两系统协调发展水平越来越高。研究后期社会经济生态发展对水资源的压力越来越大，且有继续加大的趋势，两者的协调度水平降低，协调发展度有所下降。

　　近年来，随着工业化阶段的推进，人类社会经济活动对水资源系统施加的压力持续加大，保护水资源任重道远。基于此，应积极调整产业结构，使各产业需水量年增长率控制在稳定的范围内，提高水资源利用效率；大力发展节水型先进工艺，推进清洁生产和循环经济实现污水减量化和资源化；加强环境教育，培养个人良好节水习惯以确保我们有限的水资源能充分利用，促进水资源系统良性循环，使两系统协调发展度稳定提高。

15.2.3　供水系统与需水系统协调性分析

1. 原始数据

胶南市供水系统和需水系统指标的原始数据，分别见表 15.24 和表 15.25，资料源于 2007～2012 年的《胶南市统计年鉴》、《胶南市国民经济和社会发展统计公报》和《胶南市水资源公报》。

表 15.24　胶南市供水系统指标原始数据

指标	2007 年	2008 年	2009 年	2010 年	2011 年	2012 年
供水总量/亿 m^3	1.153	1.152	1.299	1.375	1.310	1.226
地表供水量/亿 m^3	0.531	0.511	0.583	0.664	0.620	0.620
地下供水量/亿 m^3	0.622	0.642	0.716	0.711	0.690	0.606
自来水覆盖率/%	100.00	99.70	99.70	99.70	99.70	100.00

表 15.25　胶南市需水系统指标原始数据　　　　　（单位：亿 m^3）

指标	2007 年	2008 年	2009 年	2010 年	2011 年	2012 年
农业用水量	0.451	0.4765	0.5693	0.5852	0.6076	0.5197
工业用水量	0.1857	0.1787	0.1305	0.1281	0.1798	0.1671
生活用水量	0.2447	0.2444	0.2665	0.2983	0.1788	0.2078
林牧渔用水量	0.0824	0.0869	0.0921	0.0927	0.0638	0.062
城镇公共用水量	0	0.0072	0.0466	0.0613	0.0592	0.06869
其他用水量	0.017	0.019	0.0231	0.0234	0.0257	0.04112

2. 数据标准化

运用式(14.1)将供水系统和需水系统原始数据标准化处理，标准化后的数据分别见表 15.26 和表 15.27。

表 15.26　胶南市供水系统指标标准化数据

指标	2007 年	2008 年	2009 年	2010 年	2011 年	2012 年
供水总量	−1.095	−1.107	0.507	1.351	0.637	−0.294
地表供水量	−0.971	−1.328	−0.095	1.298	0.549	0.546
地下供水量	−0.898	−0.482	1.086	0.985	0.542	−1.233
自来水覆盖率	1.291	−0.646	−0.646	−0.646	−0.646	1.291

表 15.27　胶南市需水系统指标标准化数据

指标	2007 年	2008 年	2009 年	2010 年	2011 年	2012 年
农业用水量	−1.337	−0.931	0.549	0.802	1.159	−0.242
工业用水量	0.933	0.661	−1.208	−1.301	0.704	0.211
生活用水量	0.109	0.102	0.625	1.378	−1.451	−0.764
林牧渔用水量	0.176	0.502	0.880	0.924	−1.176	−1.306
城镇公共用水量	−1.371	−1.127	0.206	0.704	0.633	0.955
其他用水量	−0.922	−0.688	−0.209	−0.173	0.095	1.896

3. 各子系统主成分得分

利用 SPSS19.0 软件进行主成分分析,求得两系统的各指标特征根、贡献率、累积贡献率和主成分载荷值分别见表 15.28~表 15.30。由表 15.28 和表 15.29 可知,两个系统的第一、第二主成分的累积贡献率分别为 72.205%和 89.252%。

表 15.28　胶南市供水系统主成分分析结果

主成分	特征根	贡献率/%	累积贡献率/%
1	2.888	72.205	72.205

表 15.29　胶南市需水系统主成分分析结果

主成分	特征根	贡献率/%	累积贡献率/%
1	2.903	48.383	48.383
2	2.452	40.869	89.252

表 15.30　胶南市两个系统的主成分载荷值矩阵

供水系统原变量	第一主成分	需水系统原变量	第一主成分	第二主成分
供水总量	0.963	农业用水量	0.419	0.753
地表供水量	0.743	工业用水量	0.231	−0.958
地下供水量	0.925	生活用水量	−0.792	0.535
自来水覆盖率	−0.743	林牧渔用水量	−0.923	0.372
		城镇公共用水量	0.704	0.705
		其他用水量	0.835	0.211

运用式(14.2)可求得两个系统各主成分得分表,见表 15.31。

表 15.31　两个系统的主成分得分

年份	供水系统	需水系统	
	第一主成分	第一主成分	第二主成分
2007	−1.977	−1.362	−1.868
2008	−0.873	−1.258	−1.291
2009	2.157	−0.812	1.490
2010	3.150	−0.911	2.163
2011	1.971	1.997	−0.351
2012	−1.188	2.346	−0.142

4. 系统综合发展水平

根据式(14.3)求得供水系统与需水系统的综合发展水平，见表 15.32。

表 15.32　供水系统与需水系统综合评价指数

年份	供水系统	需水系统
2007	−1.977	−1.594
2008	−0.873	−1.273
2009	2.157	0.242
2010	3.150	0.497
2011	1.971	0.922
2012	−1.188	1.207

供水系统与需水系统协调指数的计算结果见表 15.33、变化趋势见图 15.3。

表 15.33　胶南市供水系统与需水系统协调指数

年份	发展度	协调度	协调发展度	协调等级
2007	0.037	0.925	0.186	严重失调
2008	0.176	0.922	0.403	濒临失调
2009	0.62	0.626	0.623	初级协调
2010	0.741	0.482	0.598	勉强协调
2011	0.668	0.795	0.729	中级协调
2012	0.387	0.533	0.454	濒临失调

(1)发展度：由表 15.33 和图 15.3 可见，2007~2010 年胶南市供水系统与需水系统的相对发展度处于上升的趋势，2011 年起相对发展度下降。具体原因通过分析表 15.32可知，供水系统的综合评价指数在 2007~2010 年时呈现上升的趋势，2011~2012 年处于下降的趋势，主要是因为供水能力下降；需水系统的综合评价指数一直处于良性发展状态，在两者的共同作用下相对发展度有波动。

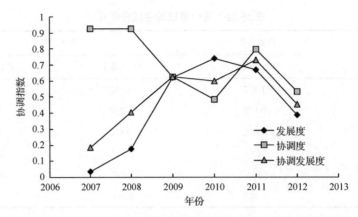

图 15.3　2007~2012 年胶南市供水系统与需水系统协调指数变化趋势图

(2)协调度：山东省 2007~2012 年供水系统和需水系统相对协调度总体都处于较高水平，但有波动。通过表 15.32 两个系统综合评价指数具体来说，2007 年时，供水系统的综合发展水平滞后于需水系统，但相差不大，此时协调性较高。2008~2011 年供水系统的综合发展水平出现超前的趋势且发展速度明显优于需水系统。2012 年时供水系统的综合发展水平超前于需水系统。基于此，协调度也出现了波动的趋势。

(3)协调发展度：胶南市 2007~2012 年供水系统和需水系统相对协调发展水平总体趋好(从 0.186 增至 0.454)，2007~2011 年供水系统和需水系统总体都是向良性方向演化的，使两个系统总体的相对协调发展度呈现上升的趋势，2012 年在发展度和协调度的双重影响下，出现下滑的趋势。从时序上来看，协调等级总体表现从严重失调—濒临失调—勉强协调—初级协调—中级协调演进的趋势。

基于距离协调度模型对胶南市供水系统和需水系统协调性评价的结果显示：2007~2011 年两系统协调发展度不断提高，协调等级由 2007 年严重失调演进到 2011 年中级协调，这一变化说明胶南市两系统协调发展水平越来越高。研究后期需水系统对供水系统的压力越来越大，且有继续加大的趋势，两者的协调度水平降低，协调发展度呈现出波动的特点。

近年来，随着经济的快速发展，人们对水资源的需求越来越大，通过工程措施跨流域调水、提高用水效率等方式在一定时间内缓解了用水压力，使供水系统良性循环发展，然而随着工业化进程的推进，这些措施仍不足以满足用水需求，相对于需水系统仍略为滞后，在一定程度上制约了其协调发展。

15.3　乳山市水资源综合利用与管理效果评价

15.3.1　水资源配置方案效果评价

1. 确定方案集 S 和指标集 G

以 2010 年为基准年，设乳山市有 3 个水资源配置方案，各方案对应的具体指标值见表 15.34。

表 15.34　不同配置方案对应的指标值

评价准则	评价指标 (+: 正指标; −: 逆指标)	不同水资源配置方案		
		方案一	方案二	方案三
社会效果	$C1_1$ (−) 工业缺水率/%	3	2	1
	$C1_2$ (−) 农业缺水率/%	10	9	8
	$C1_3$ (−) 生活缺水率/%	2	1	1
	$C1_4$ (−) 生态缺水率/%	50	20	10
	$C1_5$ (+) 人均水资源量/m^3	816	714	674
经济效果	$C2_1$ (+) 单方水工业产值/(元/m^3)	1718	2406	3536
	$C2_2$ (+) 单方水农业产值/(元/m^3)	59.85	64.09	70.21
	$C2_3$ (+) 单方水资源量 GDP 产值/(元/m^3)	336	378	486
	$C2_4$ (+) 工业用水重复利用率/%	60	70	75
	$C2_5$ (−) 城市供水管网漏失率/%	12	11	10
	$C2_6$ (−) 单方供水成本/(元/m^3)	3.15	3.55	3.95
生态环境效果	$C3_1$ (−) COD 浓度/(mg/L)	17	16	15
	$C3_2$ (−) 人均 COD 排放量/t	0.0037	0.0035	0.0025
	$C3_3$ (+) 水功能区水质达标率/%	66.7	71.4	75.0

2. 计算 3 组二级指标的权重系数

1) 主观权重 ω'

由于乳山市水资源配置方案指标与 13.3 节山东省水资源配置方案选取指标相同，指标重要性排序一致且指标的权重相等。指标的归一化权重为 $\omega'_{社}$ =(0.23,0.17,0.31, 0.17,0.12)，$\omega'_{经}$ =(0.21,0.17,0.28,0.10,0.09,0.15)，$\omega'_{生}$ =(0.26,0.42,0.32)。

2) 客观权重 ω''

客观权重的确定采用熵值赋权法。根据熵权法的流程，按照公式在 excel 表中计算得到客观权重为 $\omega''_{社}$ =(0.17,0.17,0.27,0.20,0.19)。同理可得 $\omega''_{经}$ =(0.17,0.17,0.18,0.16,0.16, 0.16)，$\omega''_{生}$ =(0.33,0.34,0.33)。

3) 组合权重 ω

在确定主客观权重的基础上，利用公式 $\omega = \alpha\omega' + \beta\omega''$，取 $\alpha = \beta = 0.5$，得到的组合权重为 $\omega_{社}$ =(0.20,0.17,0.29,0.18,0.16)。同理可得 $\omega_{经}$ =(0.19,0.17,0.22,0.13,0.13,0.16)，$\omega_{生}$ =(0.30,0.38,0.32)。

3. 计算隶属度最优值

计算每个配置方案在二级指标集下从属于相应优等方案的隶属度的最优值。依旧以第一个二级指标集 $G_1 = \{C1_1, C1_2, C1_3, C1_4, C1_5\}$ 为例，对隶属度最优值的求解过程进行简要说明如下：

计算在 G_1 的分指标下各方案的优度值：

建立全体待优选的三个方案的特征值矩阵

$$
{}_1X_{5\times3} = \begin{bmatrix} 3 & 2 & 1 \\ 10 & 9 & 8 \\ 2 & 1 & 1 \\ 50 & 20 & 10 \\ 816 & 714 & 674 \end{bmatrix}_{5\times3}
$$

根据指标类型按式 $(13.2)\sim$ 式 (13.4) 对矩阵 ${}_1X_{5\times3}$ 进行标准化计算，求得 G_1 的优属度矩阵

$$
{}_1R_{5\times3} = \begin{bmatrix} 0.250 & 0.500 & 0.750 \\ 0.444 & 0.500 & 0.556 \\ 0.333 & 0.667 & 0.667 \\ 0.167 & 0.667 & 0.833 \\ 0.548 & 0.479 & 0.452 \end{bmatrix}_{5\times3}
$$

求评价指标集 G_1 的优属度矩阵 ${}_1R_{5\times3}$ 的优等方案 ${}_1a$ 和劣等方案 ${}_1b$ 分别为 ${}_1a = (0.750, 0.556, 0.667, 0.833, 0.548)^{\mathrm{T}}$ 和 ${}_1b = (0.250, 0.444, 0.333, 0.167, 0.452)^{\mathrm{T}}$ 。

根据式 (13.13) 计算每个方案从属于 G_1 的优等方案 ${}_1a$ 的隶属度最优值为 ${}_1g^* = \left({}_1g_{11}^*, {}_1g_{12}^*, {}_1g_{13}^*\right) = (0.0063, 0.8474, 0.9937)$ 。

简单起见，记 ${}_1g_{1j}^* = g_{1j}$, $(j=1,2,3)$, ${}_1g^* = g_1$ 。 按照求 g_1 的步骤，求得 $g_2 = (0.0446, 0.2625, 0.9554)$, $g_3 = (0, 0.0814, 1)$ 。

求解过程分别见表 15.35 和表 15.36。

表 15.35　各方案从属于 G_2 的优等方案的隶属度最优值

指标	权重	方案 1	方案 2	方案 3	${}_2a$	${}_2b$
$C2_1$	0.19	0.327	0.458	0.673	0.673	0.327
$C2_2$	0.17	0.460	0.493	0.540	0.540	0.460
$C2_3$	0.22	0.409	0.460	0.591	0.591	0.409
$C2_4$	0.13	0.444	0.519	0.556	0.556	0.444
$C2_5$	0.13	0.455	0.500	0.545	0.545	0.455
$C2_6$	0.16	0.556	0.500	0.444	0.556	0.444
	g_2	0.0446	0.2625	0.9554		

表 15.36　各方案从属于 G_3 的优等方案的隶属度最优值

指标	权重	方案 1	方案 2	方案 3	${}_3a$	${}_3b$
$C3_1$	0.30	0.469	0.500	0.531	0.531	0.469
$C3_2$	0.38	0.403	0.435	0.597	0.597	0.403
$C3_3$	0.32	0.471	0.504	0.529	0.529	0.471
	g_3	0.0000	0.0814	1.0000		

4. 配置方案的综合优选

(1)把每个二级指标集 $G_k\left(k=1,2,3\right)$ 当成一个指标,即一级指标,求出 3 个一级指标的权重分配系数: $\omega=\left(0.31,0.33,0.36\right)^{\mathrm{T}}$。

(2)利用第一步求得的各二级指标集 G_k 的最优值 $\left(g_1,g_2,g_3\right)^{\mathrm{T}}$,得到高一层次系统的优属度矩阵 $G_{3\times3}$:

$$G_{3\times3}=\begin{bmatrix}0.0063 & 0.8474 & 0.9937\\0.0446 & 0.2625 & 0.9554\\0.0000 & 0.0814 & 1.0000\end{bmatrix}_{3\times3}$$

与计算 $_1g_{1j}^*\left(j=1,2,3\right)$ 的方法和步骤相同,按式(13.15)求得每个方案从属于高一层次系统的优等方案的隶属度最优值为 $d^*=\left(0,0.3175,1\right)$。

根据各方案从属于水资源配置评价指标体系优等方案隶属度最优值的大小,列出各方案由优到劣的顺序依次为:方案 3、方案 2、方案 1。显然,方案 3 为水资源配置方案效果最优方案。

15.3.2　水资源系统与社会经济生态系统协调性分析

1. 原始数据

乳山市水资源系统和社会经济生态系统指标的原始数据,分别见表 15.37 和表 15.38,资料源于 2011~2013 年的《乳山市统计年鉴》、《乳山市国民经济和社会发展统计公报》和《乳山市水资源公报》。

表 15.37　乳山市水资源系统指标原始数据

指标	2011 年	2012 年	2013 年
供水总量/亿 m^3	1.062	1.098	1.099
地表供水量/亿 m^3	0.500	0.554	0.556
地下供水量/亿 m^3	0.563	0.545	0.544
农田灌溉用水量/亿 m^3	0.495	0.849	0.849
工业用水量/亿 m^3	0.090	0.088	0.089
林牧渔畜用水量/亿 m^3	0.320	0.015	0.016
城镇公共用水/亿 m^3	0.030	0.028	0.028
居民生活用水量/亿 m^3	0.122	0.113	0.114
生态与环境补水量/亿 m^3	0.006	0.006	0.004
地表水资源量/亿 m^3	4.982	4.728	1.968
地下水资源量/亿 m^3	2.019	1.692	1.434
水资源总量/亿 m^3	5.496	4.976	2.765
万元 GDP 用水量/m^3	30.870	29.590	27.501
万元工业增加值用水量/m^3	4.750	4.790	5.053

表 15.38　乳山市社会经济生态系统指标原始数据

指标	2011 年	2012 年	2013 年
人口密度/(人/km²)	342	340	338
GDP/亿元	344.21	369.29	399.76
工业增加值/亿元	154.67	170.04	176.12
建成区绿化覆盖率/%	42.56	41.76	42.78
人均公园绿地面积/m²	17.93	18.1	18.3
水功能区水质达标率/%	66.7	71.4	71.4

2. 数据标准化

运用式(14.1)将水资源系统和社会经济生态系统原始数据标准化处理, 标准化后的数据分别见表 15.39 和表 15.40。

表 15.39　乳山市水资源系统指标标准化数据

指标	2011 年	2012 年	2013 年
供水总量	−1.154	0.551	0.603
地表供水量	−1.154	0.544	0.610
地下供水量	1.153	−0.531	−0.623
农业用水量	−1.155	0.578	0.577
工业用水量	1.053	−0.936	−0.117
生活用水量	1.155	−0.581	−0.573
林牧渔用水量	1.155	−0.577	−0.577
城镇公共用水量	1.149	−0.670	−0.479
其他用水量	0.577	0.577	−1.155
地表水资源量	0.652	0.500	−1.151
地下水资源量	1.037	−0.079	−0.958
水资源总量	0.747	0.389	−1.136
万元 GDP 用水量	0.911	0.159	−1.070
万元工业增加值用水量	−0.694	−0.452	1.146

表 15.40　乳山市社会经济生态系统指标标准化数据

指标	2011 年	2012 年	2013 年
人口密度	1.000	0.000	−1.000
GDP	−0.966	−0.065	1.031
工业增加值	−1.110	0.280	0.830
建成区绿化覆盖率	0.360	−1.130	0.770
人均公园绿地面积	−0.972	−0.054	1.026
水功能区水质达标率	−1.155	0.577	0.577

3. 各子系统主成分得分

SPSS19.0 软件进行主成分分析，求得两系统的各指标特征根、贡献率、累积贡献率和主成分载荷值分别见表 15.41～表 15.43。由表 15.41 和表 15.42 可知，两个系统的第一、第二主成分的累积贡献率分别为 100%和 100%。

表 15.41　乳山市水资源系统主成分分析结果

主成分	特征根	贡献率/%	累积贡献率/%
1	11.316	80.826	80.826
2	2.684	19.174	100.000

表 15.42　乳山市社会经济生态系统主成分分析结果

主成分	特征根	贡献率/%	累积贡献率/%
1	4.766	79.434	79.434
2	1.234	20.566	100.000

表 15.43　乳山市两个系统的主成分载荷值矩阵

水资源系统原变量	第一主成分	第二主成分	社会经济生态系统原变量	第一主成分	第二主成分
供水总量	−0.965	0.263	人口密度	−0.995	−0.104
地表供水量	−0.966	0.257	GDP	0.987	0.159
地下供水量	0.970	−0.244	工业增加值	0.990	−0.140
农业用水量	−0.957	0.289	建成区绿化覆盖率	0.102	0.995
工业用水量	0.755	−0.655	人均公园绿地面积	0.989	0.150
生活用水量	0.956	−0.292	水功能区水质达标率	0.913	−0.407
林牧渔用水量	0.958	−0.288			
城镇公共用水量	0.925	−0.379			
其他用水量	0.729	0.685			
地表水资源量	0.778	0.628			
地下水资源量	0.987	0.162			
水资源总量	0.839	0.543			
万元 GDP 用水量	0.933	0.360			
	−0.806	−0.592			

运用式(14.2)可求得两个系统各主成分得分表，见表 15.44。

表 15.44　两个系统的主成分得分

年份	水资源系统		社会经济生态系统	
	第一主成分	第二主成分	第一主成分	第二主成分
2011	3.702	−0.561	−2.299	0.534
2012	−0.876	1.846	0.259	−1.284
2013	−2.827	−1.286	2.040	0.749

4. 系统综合发展水平

根据式(14.3)求得水资源系统与社会经济生态系统的综合发展水平,见表15.45。

表15.45 水资源系统与社会经济生态系统综合评价指数

年份	水资源系统	社会经济生态系统
2011	2.885	−1.716
2012	−0.354	−0.059
2013	−2.531	1.775

水资源系统与社会经济生态系统协调指数的计算结果见表15.46,变化趋势图见图15.4。

表15.46 乳山市水资源系统与社会经济生态系统协调指数

年份	发展度	协调度	协调发展度	协调等级
2011	0.575	0.150	0.294	中度失调
2012	0.429	0.946	0.637	初级协调
2013	0.398	0.205	0.285	中度失调

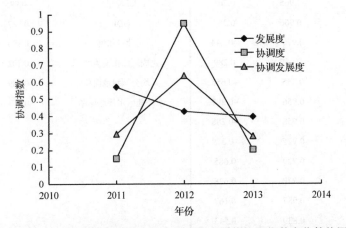

图15.4 乳山市水资源系统与社会经济生态系统协调指数变化趋势图

(1)发展度:由表15.46和图15.4可见,乳山市发展度有下降的趋势。一方面由于可获得的原始数据的限制,仅对三年进行分析,序列较短,无法客观地反映出乳山的发展状况;另一方面,通过表15.45,乳山市水资源系统和社会经济生态系统综合评价指数可以看出,这三年中水资源系统的综合发展水平是逐渐下降的,社会经济生态系统向良性方向演化,然而水资源系统变化速度相对较快,致使两系统总体的发展度出现下降的趋势。

(2)协调度:乳山市2011~2013年水资源系统和社会经济生态系统相对协调度总体上呈现倒"U"形变化。2011年 $f(x) > g(y)$,说明当时的水资源系统发展相对超前,社会经济生态系统发展相对滞后；2012～2013 年 $f(x)<g(y)$，说明当时的水资源系统发展相对滞后，社会经济生态系统发展相对超前。由于在变化过程中，2012 年时两系统综合评价指数最接近，因此此时相对协调度最高。

(3)协调发展度：在协调度和发展度的双重影响下，乳山市协调发展度也呈现倒"U"形变化。从时序上来看，协调等级总体表现从中度失调—初级协调演进的趋势。这说明两系统间的协调质量不高，稳定性不强。

基于距离协调度模型对乳山市水资源系统和社会经济生态系统协调性评价的结果显示：水资源系统趋势变差是影响两个系统协调发展度变化趋势的主要影响因素，为了使两个系统协调发展，必须加大对水资源管理的投入，注重生态环境保护，保证水资源的可持续开发利用。

15.3.3　供水系统与需水系统协调性分析

1. 原始数据

乳山市供水系统和需水系统指标的原始数据，分别见表 15.47 和表 15.48，资料源于 2011～2013 年的《乳山市统计年鉴》、《乳山市国民经济和社会发展统计公报》和《乳山市水资源公报》。

表 15.47　乳山市供水系统指标原始数据　　　　　　（单位：亿 m³）

指标	2011 年	2012 年	2013 年
供水总量	1.062	1.098	1.099
地表供水量	0.500	0.554	0.556
地下供水量	0.563	0.545	0.544

表 15.48　乳山市需水系统指标原始数据　　　　　　（单位：亿 m³）

指标	2011 年	2012 年	2013 年
农田灌溉用水量	0.4945	0.8489	0.8487
工业用水量	0.09	0.0883	0.089
林牧渔畜用水量	0.32	0.0146	0.016
城镇公共用水量	0.03	0.028	0.028
居民生活用水量	0.122	0.1125	0.1135
生态与环境补水量	0.006	0.006	0.0042

2. 数据标准化

运用式(14.1)将水资源系统和社会经济生态系统原始数据标准化处理，标准化后的数据分别见表 15.49 和表 15.50。

表 15.49　乳山市水资源系统指标标准化数据

指标	2011 年	2012 年	2013 年
供水总量	−1.154	0.551	0.603
地表供水量	−1.154	0.544	0.610
地下供水量	1.153	−0.531	−0.623

表 15.50　乳山市社会经济生态系统指标标准化数据

指标	2011 年	2012 年	2013 年
农田灌溉用水量	−1.155	0.578	0.577
工业用水量	1.053	−0.936	−0.117
林牧渔畜用水量	1.155	−0.581	−0.573
城镇公共用水量	1.155	−0.577	−0.577
居民生活用水量	1.149	−0.670	−0.479
生态与环境补水量	0.577	0.577	−1.155

3. 各子系统主成分得分

利用 SPSS19.0 软件进行主成分分析，求得两系统的各指标特征根、贡献率、累积贡献率和主成分载荷值分别见表 15.51～表 15.53。由表 15.51 和表 15.52 可知，两个系统的第一、第二主成分的累积贡献率分别为 99.993%和 84.557%。

表 15.51　乳山市水资源系统主成分分析结果

主成分	特征根	贡献率/%	累积贡献率/%
1	3.000	99.993	99.993

表 15.52　乳山市社会经济生态系统主成分分析结果

主成分	特征根	贡献率/%	累积贡献率/%
1	5.073	84.557	84.557

表 15.53　乳山市两个系统的主成分载荷值矩阵

供水系统原变量	第一主成分	需水系统原变量	第一主成分
供水总量	1.000	农田灌溉用水量	−1.000
地表供水量	1.000	工业用水量	0.916
地下供水量	−1.000	林牧渔畜用水量	1.000
		城镇公共用水量	1.000
		居民生活用水量	0.996
		生态与环境补水量	0.492

运用式(14.2)可求得两个系统各主成分得分表，见表 15.54。

表 15.54　两个系统的主成分得分

年份	供水系统	需水系统
	第一主成分	第一主成分
2011	−2.008	2.589
2012	0.943	−1.316
2013	1.065	−1.273

4. 系统综合发展水平

根据式(14.3)求得供水系统与需水系统的综合发展水平，见表 15.55。

表 15.55　供水系统与需水系统综合评价指数

年份	供水系统	需水系统
2011	−2.008	2.589
2012	0.943	−1.316
2013	1.065	−1.273

供水系统与需水系统协调指数的计算结果见表 15.56，变化趋势见图 15.5。

表 15.56　乳山市供水系统与需水系统协调指数

年份	发展度	协调度	协调发展度	协调等级
2011	0.500	0.037	0.136	严重失调
2012	0.396	0.509	0.629	初级协调
2013	0.414	0.491	0.585	勉强协调

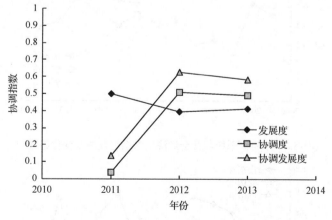

图 15.5　乳山市供水系统与需水系统协调指数变化趋势图

(1)发展度：由表 15.56 可知，乳山市发展度有下降的趋势，一方面由于可获得的原始数据的限制，仅对三年进行分析，序列较短，无法客观地反映出乳山的发展状况；另一方面，通过表 15.55，乳山市供水系统和需水系统综合评价指数可以看出，这三年中需水系统的综合发展水平是逐渐下降的，供水系统向良性方向演化，然而需水系统变化速度相对较快，致使两系统总体的发展度出现下降的趋势。

(2) 协调度：乳山市 2011～2013 年供水系统和需水系统相对协调度总体上呈现倒"U"形变化。具体来说，乳山市供水系统的综合发展水平先滞后于需水系统，而后出现超前的趋势，协调度呈现出先增后降的波动。

(3) 协调发展度：在协调度和发展度的双重影响下，乳山市协调发展度也呈现倒"U"形变化。从时序上来看，协调等级总体表现从严重失调—勉强协调—初级协调演进的趋势。

基于距离协调度模型对乳山市水资源系统和社会经济生态系统协调性评价的结果显示：需水系统趋势变差是影响两个系统协调发展度变化趋势的主要影响因素，为了使两个系统协调发展，必须提高水资源的利用率，使需水系统良性发展。

15.4 综 合 分 析

由于以某一系统若干年的指标为一整体，通过分析每个指标求出的系统各年的综合发展指数，它是一个无量纲代表值，本身不具备实际意义，仅是该年度在整个评价体系中的相对水平，而不是绝对水平。基于此，本次对山东省、胶南市和乳山市的协调性对比分析时，仅以区域之间变化趋势作为相互参照，分析如下。

15.4.1 水资源系统与社会经济生态系统

山东省、胶南市和乳山市水资源系统与社会经济生态系统发展度、协调度和协调发展度变化趋势分别见图 15.6～图 15.8。

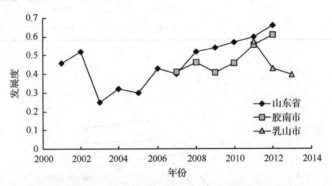

图 15.6　水资源系统与社会经济生态系统发展度变化趋势图

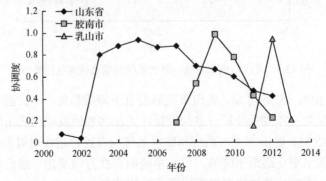

图 15.7　水资源系统与社会经济生态系统协调度变化趋势图

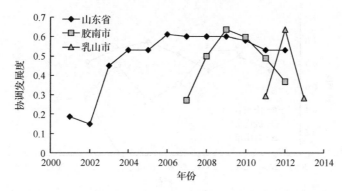

图 15.8　水资源系统与社会经济生态系统协调发展度变化趋势图

参见图 15.6，山东省和胶南市发展度稳步上升，趋势基本一致，这与实际情况相符合。乳山市发展度有下降的趋势，一方面由于可获得的原始数据的限制，仅对三年进行分析，序列较短，无法全面反映出乳山的发展状况；另一方面，参见表 15.45，乳山市水资源系统和社会经济生态系统综合评价指数可以看出，这三年中水资源系统的综合发展水平是逐渐下降的，社会经济生态系统向良性方向演化，然而水资源系统变化速度相对较快，致使两系统总体的发展度出现下降的趋势。

参见图 15.7 和图 15.8，山东省、胶南市和乳山市协调度和协调发展度的变化趋势大体一致，均出现了先上升后下降的演化趋势，这说明两系统间的协调质量不高，稳定性不强，这与实际情况大体一致。

近年来，随着区域经济结构的战略性调整取得重大突破，特别是工业化进程明显加快，推动了经济的快速发展，居民收入及消费水平大幅度提高，同时也加大了对水资源管理的投入，注重生态环境保护，系统协调性得到改善。但相对于经济的快速发展而言，水资源系统略为滞后。同时经济的快速发展及工业化的迅速推进也对水资源造成了一定的污染和破坏，在一定程度上制约了其发展。

15.4.2　供水系统与需水系统

山东省、胶南市和乳山市供水系统与需水系统发展度、协调度和协调发展度变化趋势分别见图 15.9～图 15.11。

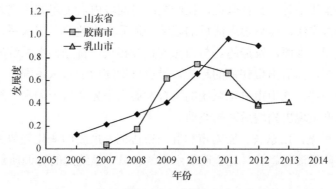

图 15.9　供水系统与需水系统发展度变化趋势图

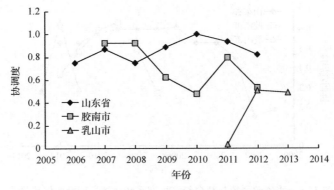

图 15.10　供水系统与需水系统协调度变化趋势图

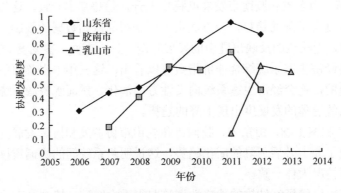

图 15.11　供水系统与需水系统协调发展度变化趋势图

由图 15.9 可见，山东省和胶南市供水系统和需水系统的发展度都稳步上升，趋势大体一致，这与实际情况相符合。乳山市发展度有下降的趋势，一方面由于可获得的原始数据的限制，仅对三年进行分析，序列较短，无法全面客观地反映出乳山的发展状况；另一方面，参见表 15.55，乳山市供水系统和需水系统综合评价指数可以看出，这三年中需水系统的综合发展水平是逐渐下降的，供水系统向良性方向演化，然而需水系统变化速度相对较快，致使两系统总体的发展度出现下降的趋势。

由图 15.10 可见，山东省和胶南市协调度出现了先下降然后上升然后下降的波动趋势，而乳山市则稳步上升。具体来说，在研究的时间段内，山东省供水系统的综合发展水平先超前于需水系统，而后出现滞后的趋势，最后再次超前于需水系统；胶南市供水系统与需水系统相互参照，发展趋势与山东省正好相反，首先供水系统的综合发展水平先滞后于需水系统，而后出现超前的趋势，最后再次滞后于需水系统。基于此，协调度也出现了波动的趋势。乳山市供水系统的综合发展水平先滞后于需水系统，而后出现超前的趋势，协调度呈现出先增后降的波动。

由图 15.11 可见，山东省、胶南市和乳山市协调发展度的变化趋势大体一致，均出现了先上升后下降的演化趋势，这说明供水系统和需水系统间的协调质量不高，稳定性不强，这与实际情况大体一致。

　　近年来，随着经济的快速发展，人们对水资源的需求越来越大，为满足用水需求，通过工程措施跨流域调水、提高用水效率等方式促进了供水系统的发展，但相对于需水系统仍略为滞后，在一定程度上制约了其协调发展。

第四篇　结　语

第16章 结论与展望

16.1 结　　论

水是生命之源、生产之要、生态之基，既不可或缺、又无以替代，是经济社会和人类发展所必须的资源要素、基础设施、生态条件和安全保障，是整个经济社会的命脉。开展水资源"三条红线"的确定理论与应用研究，实行积极有效的水资源优化配置管理，对实现水资源可持续利用、保障区域经济社会可持续发展具有重要意义。

16.1.1 "三条红线"确定

"三条红线"是最严格水资源管理制度的核心和具体展开，是水资源可持续利用和人水和谐思想的具体体现和进一步细化，为水资源综合管理的实践指明了方向并确立了重点。本书基于最严格水资源管理制度建设，提出了确定"三条红线"指标体系的方法，即用水总量控制指标体系、纳污总量控制指标体系及用水效率控制指标体系的确定方法，具有重要的理论意义和实用价值。并将此理论方法应用于山东省胶南市和乳山市，确定了胶南市和乳山市不同规划年的用水总量控制指标、纳污总量控制指标及用水效率控制指标；同时结合山东省及代表地市给出了用水总量的动态控制指标。

16.1.2 基于"三条红线"的水资源优化配置

以区域水资源缺水量最小作为总系统的目标函数，兼顾传统的经济效益及社会效益和环境效益目标，结合以"三条红线"约束条件为主的水资源优化约束条件，构建基于"三条红线"的水资源优化配置模型，提出基于"三条红线"的水资源优化配置方案。

根据配置时段、时段初可供水量、时段内来水量与需水量，以及时段末剩余可供水量等不同配置变量的组合，制定了不同配置时段、不同频率的时段初可供水量、不同频率的时段内来水量和不同条件下的时段末剩余可供水量，按照一定原则和约束，相互组合的方案，并利用水资源优化配置模型得出了基于"三条红线"频率组合的水资源优化配置方案。

选择胶南市作为优化配置年内调节的试点市，综合衡量了各水源和用水部门的特点给出不同条件下的配置方案。

在胶南市水资源供需平衡分析的基础上，建立基于胶南市实际情况的水资源优化配置模型，并对胶南市的水资源配置方案进行求解，得到不同方案的水资源优化配置结果。

选择乳山市作为优化配置年内和年际调节的试点市，综合衡量各用水部门的用水特点，提出不同方案的供水对策。

根据乳山市的实际情况，选择该市唯一城市供水水源龙角山水库作为研究对象，根据不同城市用水、水库生态用水和农业用水，制订龙角山水库的年内和多年的优化配置方案，给出年内调节结果和年际调节结果，并进行了结论分析。

16.1.3 水资源综合利用与管理效果评价

首先建立区域水资源综合利用与管理效果评价指标体系及评价模型，并针对水资源配置方案进行多层次模糊综合优选，挑选出了最优方案，然后对水资源系统与社会经济生态系统和供水系统与需水系统协调性定量评估。

(1) 系统地阐述了评价指标体系构建的基础、评价方法的选择，以山东省为例对水资源配置方案效果进行评价，选出最优方案。

(2) 探讨协调性定量评估方法，最终选取主成分分析法和距离协调度模型分别对山东省水资源系统、社会经济生态系统和供水系统与需水系统的协调性定量评估。

(3) 在系统研究水资源配置方案效果评价理论和协调性定量评估方法后，对胶南市和乳山市实例研究，结果表明理论方法科学有效，并针对计算结果对两市的发展提出了合理建议。

16.2 展　　望

(1) 用水总量控制指标、纳污总量控制指标及用水效率控制指标是"三条红线"控制指标体系的重要内容，对最严格水资源管理制度的实施具有重要的研究价值与实用价值。由于本书首次提出了"三条红线"控制指标体系的研究方法，在工作中可能存在一些不足之处需结合应用进一步完善。

(2) 由于水资源优化配置问题比较复杂，仍有几个问题需要继续深入：①目前，水资源优化配置的基本单位多为"年"，虽然本次研究以"月"为基本单位，但仍然不能完全模拟复杂的水资源优化配置问题，因此，在今后的研究中，可以选择不同的基本单位进行水资源优化配置研究；②水资源优化配置涉及城乡居民生活、工业、农业和生态等诸多领域，关系到经济发展、社会稳定和可持续发展问题，需要建立多学科间的连接，以寻求更具代表性的水资源优化配置目标。

(3) 水资源综合管理与利用效果评价涉及社会、经济和生态环境这一复杂巨大的系统，需要研究的内容、课题非常之多。尽管目前水资源配置理论和模型的研究已比较成熟，但关于水资源配置方案效果评价的研究成果相对较少；随着经济社会的发展，水资源配置方案效果评价也需要与时俱进、不断深入，其发展空间和潜力巨大，需要不断补充和完善，故还有大量的工作要做。具体需要以下方面需进一步研究细化：①加强社会、经济和生态环境目标之间的协调性研究，水资源配置的目标之一就是追求社会、经济和生态环境的综合效益最优，促进三者之间的协调发展，但是，在社会经济的动态发展过程中，三者之间的关系是复杂多变的，如何定量地刻画与描述这种动态关系，在权重分配时如何考虑三者之间的协调性，这些都需要在水资源配置评价过程中进行深入思考和研究；②加强新技术、新方法的应用，随着科学技术的不断发展，在进行水资源配置方案效果评价研究时，应充分运用现代计算机技术、通信技术、网络技术、全球定位系统及自动化等技术进行辅助研究，以准确快速地获得数据，提高研究效率和精度。

主要参考文献

包存宽, 张敏, 尚金城. 2000. 吉林省松花江中下游污染物排放总量控制. 城市环境与城市生态, 13(3): 28-30.

柴成果, 杨向辉. 2003. 黄河小花间水资源可持续利用与保护评价指标体系的构建. 水利水电技术. 34(3): 1-2.

常丙炎, 薛松贵, 张会言, 等. 1998. 黄河流域水资源合理分配和优化调度. 郑州: 黄河水利出版社.

畅建霞, 霍磊, 黄强. 2012. 基于"三条红线"的渭河流域关中段水资源优化配置. 2012 全国水资源合理配置与优化调度技术刊, 112-120.

陈宁, 张彦军. 1998. 水资源可持续发展的概念内涵及指标体系. 地域研究与开发, (4): 37-39.

陈守煜. 2005. 水资源与防洪系统可变模糊集理论与方法. 大连: 大连理工大学出版社.

陈守煜. 2006. 基于可变模糊集理论的水资源可再生能力评价模型. 水力学报, 39(4): 431-435.

陈素景, 孙根年, 韩亚芬, 等. 2007. 中国省际经济发展与水资源利用效率分析. 统计与决策, (22): 65-67.

陈西蕊. 2013. 基于距离协调度的区域社会经济与环境协调发展动态评价——以陕西省为例. 西安文理学院学报(自然科学版), 16(1): 99-104.

程吉林, 孙学花. 1990. 模拟技术、正交设计、层次分析与灌区优化规划. 水利学报, (9): 36-40.

程玉慧. 1988. 动态规划与水库优化调度. 海河水利, (2): 22-27.

崔萌. 2005. 水资源配置效果指标体系和模型研究. 郑州: 郑州大学硕士学位论文.

崔岩, 冯旺, 马一茗. 2012. 区域水资源承载力综合评价指标体系研究. 河南农业大学学报, 46(6): 705-709.

冯巧. 2006. 中国水资源合理配置研究进展. 水利科技与经济, 3: 6-8.

冯耀龙, 韩文秀, 王宏江, 等. 2003. 面向可持续发展的区域水资源优化配置研究. 系统工程理论与实践, (2): 133-138.

冯玉国. 1994. 水环境质量评价的灰色局势决策法. 环境科学学报, 14(4): 426-430.

巩嘉誉. 2013. 基于主成分分析方法的山东省水资源承载力研究. 绿色科技, 1: 82-85.

郭元裕, 白宪台, 雷声隆, 等. 1984. 湖北四湖地区除涝排水系统规划的大系统永华模型和求解方法. 水利学报, (11): 1-14.

韩宇平, 阮本清. 2003. 区域水安全评价指标体系初步研究. 环境科学学报, 23(2): 269.

郝明家, 马彦峰. 1998. 沈阳市水污染物排放总量控制的研究. 环境保护科学, 24(1): 17-18.

何萍, 束龙仓, 邓铭江, 等. 2012. 西北干旱区内陆河生态环境需水量研究. 水电能源科学, 30(10): 23-25.

贺北方. 1988. 区域水资源优化分配的大系统优化模型. 武汉水利电力学院学报, (5): 109-118.

贺北方, 周丽. 2002. 基于遗传算法的区域水资源优化配置模型. 水电能源科学, 20(3): 10-13.

胡芳芳. 2012. 无锡市水资源可持续利用评价与优化配置研究. 南京: 南京农业大学硕士学位论文.

胡飞明. 1998. 应用功效系数法优选资水拓溪至马迹塘河段开发方案的研究. 湖南水利, (1): 43-44.

黄旭. 2008. 大连市水资源合理配置及其方案综合评价研究. 大连: 大连理工大学硕士学位论文.

惠泱河. 2001. 水资源承载力评价指标体系研究. 水土保持通报, 21(1): 30-34.

贾嵘, 沈冰. 2001. 水资源可持续开发利用与管理研究. 西北农林科技大学学报(自然科学版), (4): 85-88.

姜翠玲, 范晓秋. 2004. 城市生态环境需水量的计算方法. 河海大学学报(自然科学版), 32(1): 14-17.

姜德娟, 王会肖, 李丽娟. 2003. 生态环境需水量分类及计算方法综述. 地理科学进展, 22(4): 369-378.

姜文来. 1998. 水资源价值模型研究. 资源科学, 20(1): 35-42.

康艳, 宋松柏. 2013. 水资源承载力综合评价的变权灰色关联模型. 节水灌溉, (3): 48-53.

李飞, 贾屏, 张运鑫, 等. 2007. 区域水资源可持续利用评价指标体系及评价方法研究. 水利科技与经济, (11): 827-829.

李丽娟, 郭怀成, 陈冰, 等. 2000. 柴达木盆地水资源承载力研究. Environmental Science, 21(2): 20-21.

李明顷, 区宇波. 1998. 废水零排放与 COD 问题控制. 环境保护, (10): 21-24.

李锡铜, 曹升乐, 刘阳, 等. 2019. 济南市地表水控制指标动态管理研究. 人民黄河, 41(3): 79-83.

李学全, 李松仁, 尹蒂. 2001. 矿产资源综合开发利用的多目标决策灰色关联度方法. 矿产综合利用, 40-43.

李雪萍. 2002. 国内外水资源配置研究综述. 海河水利, (5): 13-15.

李洋. 2011. 南水北调受水区水资源配置效果影响评价研究. 郑州: 郑州大学硕士学位论文.

李正最. 1997. 区域水环境质量多目标模糊灰色评价. 水电能源科学, (4): 34-39.

厉红梅, 李适宇, 罗琳, 等. 2004. 可持续发展多目标综合评价方法的研究. 中国环境科学, 24(3): 367-371.

廖重斌. 1999. 环境与经济协调发展的定量评判及其分类体系. 热带地理, 16(2): 173.

刘丙军, 陈晓宏. 2009. 基于协同学原理的流域水资源合理配置模型和方法. 水利学报, 40(1): 60-66.

刘恒. 2003. 区域水资源可持续利用评价指标体系的建立. 水科学进展, 14(3): 265-270.

刘剑. 2011. 天津市水资源优化配置及方案评价. 郑州: 华北水利水电学院硕士学位论文.

刘淋淋. 2014. 基于最严格的水资源管理的"三条红线"控制指标体系研究. 济南: 山东大学硕士学位论文.

刘淋淋, 曹升乐, 于翠松, 等. 2013. 用水总量控制指标的确定方法研究. 南水北调与水利科技, 11(5): 159-163.

刘求实. 1997. 区域可持续发展指标体系与评价方法研究. 中国人口资源与环境, 7(4): 61-64.

刘洋, 徐长乐. 2014. 基于可变模糊模型的社会经济与环境协调发展研究——以长三角河口海岸地区 8 城市为例. 南通大学学报(社会科学版), (2): 15-21.

刘颖秋. 2013. 用灰色关联度法评价区域水资源保护状况. 中国水利, (23): 43-45.

卢华友, 文丹. 1997. 跨流域调水工程实时优化调度模型研究. 武汉水利电力大学学报, 30(5): 11-15.

卢兴旺, 杨慧珊, 卢津津. 2012. 多目标 TOPSIS 法在水资源配置方案综合评价中的实践. 水利科技与经济, (1): 70-73.

吕王勇, 陈美香, 王波, 等. 2011. 基于主成分的区域水资源与社会经济的协调度评价. 水资源与水工程学报, (1): 122-125.

穆广杰. 2011. 河南省水资源可持续利用指标体系构建. 地域研究与开发, 30(5): 135-137.

裴源生, 李云玲, 于福亮. 2003. 黄河置换水量的水权分配方法探讨. 资源科学, (2): 32-37.

裴源生, 赵勇, 张金萍. 2007. 广义水资源合理配置研究理论. 水利学报, 38(1): 1-7.

钱水苗. 2000. 略论我国控制污染物排放的新对策. 环境污染与防治, 22(3): 2-8.

邱东. 1991. 多指标综合评价方法的系统分析. 北京: 中国统计出版社.

茹履绥. 1987. 灌区扩建、改建规划的两层分解-协调模型. 河海水利, 1: 18-25.

茹履绥. 1988. 灌区扩建规划的大系统优化模型. 水利学报, (2): 43-52.

山东省统计局. 2011. 山东统计年鉴. 北京: 中国统计出版社.

尚尔君. 2014. 水资源可持续利用评价指标体系研究. 河南水利与南水北调, (1): 53-54.

邵东国, 贺新春, 黄显峰, 等. 2005. 基于净效益最大的水资源优化配置模型与方法. 水利学报, 36(9): 1050-1056.

孙梁, 王治江, 尼庆伟, 等. 2009. 区域水资源可持续利用评价指标体系研究. 环境保护与循环经济, 3: 15-17.

孙淑侠, 潘文学, 杨艳, 等. 2014. 水资源可持续发展指标体系研究. 陕西水利, (3): 115-116.

孙雪涛. 2011. 贯彻落实中央一号文件实行最严格水资源管理制度. 中国水利, (6): 33-34.

孙宇飞, 王建平, 王晓娟. 2010. 关于"三条红线"指标体系的几点思考. 水利发展研究, (8): 62-65.

汤玲, 李建平, 余乐安, 等. 2010. 基于距离协调度模型的系统协调发展定量评价方法. 系统工程理论与实践, 30(4): 594-602.

陶洁, 左其亭, 薛会露, 等. 2012. 最严格水资源管理制度"三条红线"控制指标及确定方法. 节水灌溉, (4): 64-67.

田良, 工奇, 王华东, 等. 1998. 污染物总量控制的宏观策略与典型实例. 中国环境科学, (18): 46-48.

汪天祥, 许士国, 韩成伟. 2012. 改进主成分分析法在南淝河水质评价中的应用. 水电能源科学, 30(10): 33-36.

王偲, 窦明. 2012. 基于"三条红线"约束的滨海区多水源联合调度模型. 水利水电科技进展, 32(6): 6-10.

王浩. 2011. 实行最严格水资源管理制度关键技术支撑探析. 中国水利, (6): 28-29.

王浩, 贾仰文, 王建文, 等. 2010. 黄河流域水资源及其演变规律研究. 北京: 科学出版社.

王宏哲 董龙, 谢忠岩, 等. 2005. 借鉴国外先进经验发展我国节水事业. 中国资源综合利用, (11): 26-28.

王华, 苏春海. 2003. 水资源可持续利用指标体系研究. 排灌机械, 21(1): 33-36.

王建生, 钟华平, 耿雷华, 等. 2006. 水资源可利用量计算. 水科学进展, 17(4): 549-553.

王良建. 2000. 区域可持续发展指标体系及其评估模型. 中国管理科学, 8(2): 76-80.

王茹雪. 2008. 水资源可持续利用指标体系及评价方法研究. 广州: 中山大学博士学位论文.

王维平, 陈芳林, 范明远, 等. 2006. 滨海地区生态型水资源优化配置模型. 水利学报, 37(8): 991-995.

王延红, 郭莉莉. 2001. 水资源多目标决策评价模型及其应用. 西北水资源与水工程, 12(2): 10-13.

王延梅. 2015. 水资源综合利用与管理效果评价模型研究与应用. 济南: 山东大学博士学位论文.

王延梅, 曹升乐, 于翠松, 等. 2015. 水资源系统与社会经济生态系统协调性评价. 中国农村水利水电, (3): 110-113.

王延梅, 刘淋淋, 曹升乐, 等. 2014. 水功能区限制纳污指标确定方法. 中国农村水利水电, (9): 39-42.

王研, 何士华. 2004. 多目标层次分析法评价区域水资源可持续利用. 云南水力发电, 20(1): 5-9.

王毓军, 阎荣泽. 2000. 水污染总量控制指标动态管理探讨. 辽宁-城乡环境科技, 20(2): 12-14.

魏光辉. 2011. 基于熵权的灰色关联模型在水资源承载力评价中的应用. 云南水力发电, 27(2): 4-7.

魏钰洁, 左其亭, 窦明. 2012. 基于"三条红线"的海水入侵区地下水保护体系. 南水北调与水利科技, 10(2): 137-141.

翁文斌, 惠士博. 1992. 区域水资源规划的供水可靠性分析. 水利学报, (11): 1-10.

吴涓. 1999. 关于我国污染物排放总量控制制度的若干法律探讨. 环境保护, (10): 10-11.

吴险峰, 王丽萍. 2000. 枣庄城市复杂多水源供水优化配置模型. 武汉水利电力大学学报, 33(1): 30-32.

吴雅琴. 1998. 水质灰色关联评价方法. 甘肃环境研究与检测, 11(3): 24-27.

吴以鳌. 1989. 中国水资源利用. 北京: 水利水电出版社.

吴泽宁, 索丽生. 2004. 水资源优化配置研究进展. 灌溉排水学报, 23(2): 1-5.

吴泽宁, 蒋水心. 贺北方, 等. 1989. 经济区水资源优化分配的大系统多目标分解协调模型. 水能技术经济, 1: 1-6.

夏军. 2000. 可持续水资源管理评价指标体系研究(一). 长江职工大学学报, 17(2): 1-6.

谢高地, 齐文虎, 章予舒, 等. 1998. 主要农业资源利用效率研究. 资源科学, 20(5): 7-11.

徐良芳. 2002. 区域水资源可持续利用及其评价指标体系研究. 西北农林科技大学学报, 30(2): 119-122.

徐强, 夏晖. 2007. 宁波水资源利用效率现状及趋势分析. 浙江工商职业技术学院学报, 17(6): 60-65.

许开立, 王永久, 陈宝智. 2001. 多目标模糊评价模型与评价等级计算方法. 东北大学学报(自然科学版), 22(5): 567-571.

严登华, 秦天玲, 张萍, 等. 2010. 基于低碳发展模式的水资源合理配置框架研究. 水利学报, 41(8): 970-976.

杨增文, 董清林, 杨婷. 2010. 关于实行用水总量控制的探讨. 水利发展研究, (8): 105-108.

殷丹, 许春东, 束龙仓, 等. 2012. 淮北市岩溶地下水可持续开采量及临界水位的确定. 水电能源科学, 30(7): 25-28.

余建星, 蒋旭光, 练继建. 2009. 水资源优化配置方案综合评价的模糊熵模型. 水利学报, 6: 91-97.

宰松梅, 温季, 仵峰, 等. 2011. 河南省新乡市水资源承载力评价研究. 水利学报, 42(7): 783-788.

翟国静. 1996. 灰色关联分析在水质评价中的应用. 水电能源科学, 14(3): 183-187.

张桂芳. 2013. 区域水资源可持续利用评价指标体系的建立. 科技传播, 12: 136-137.

张海斌. 2011. 基于多目标决策的流域水系统资源承载力分析——以浏阳河流域为例. 湖南农业大学学报(社会科学版), (3): 15-22.

张锐, 王本德, 陈守煜. 2013. 基于可变模糊评价法的乌审召地区地下水水质评价. 水电能源科学, 31(1): 29-33.

张相如, 朱坦. 1997. 天津市大港石化工业发展规划区区域废水 CODcr 总量控制实例研究. 中国环境科学, 17(2): 123-126.

张玉新, 冯尚友. 1986. 多维决策的多目标动态规划及其应用. 水利学报, (7): 1-11.

张远东. 2012. 地下水开采总量控制问题与对策探讨. 中国水利, (1): 39-41.

赵喜富. 2015. 基于"三条红线"的滨海地区水资源优化配置研究. 济南: 山东大学硕士学位论文.

赵喜富, 茅樵, 曹升乐, 等. 2015. 济南市"五库连通工程"水资源优化配置研究. 中国农村水利水电, (7): 47-49, 53.

中国水电科学研究院水资源研究所. 1995. 水资源大系统优化规划及优化调度经验汇编. 北京: 中国科学技术出版社.

曾国熙. 2004. 流域水资源配置合理性评价研究. 成都: 四川大学硕士学位论文.

钟定胜, 孙亚梅, 张宏伟. 2005. 水资源可持续开发的综合评价指标体系研究与应用. 天津工业大学学报, 24(2): 65-69.

钟世坚. 2013. 区域资源环境与经济协调发展研究. 吉林: 吉林大学硕士学位论文.

周科平. 1997. 矿产资源综合开发利用评价的一种新的多属性决策法. 中国矿业, 6(1): 25-28.

周莨棋, 徐向阳, 贾晨, 等. 2014. 改进主成分分析法在区域水资源综合评价中的应用研究. 中国农村水利水电, 3: 88-95.

朱金峰, 梁忠民, 汤晓芳. 2012. 湖南省农村水资源保护现状评价与趋势预测. 南水北调与水利科技, (3): 6-11.

朱玉仙, 黄义星, 王丽杰. 2002. 水资源可持续开发利用综合评价方法. 吉林大学学报(地球科学版), 32(1): 56-57.

竹磊磊. 2006. 综合利用水库实时兴利优化调度研究. 郑州: 郑州大学硕士学位论文.

祝世京, 陈挺. 1994. 基于神经网络的多目标综合评价方法. 系统工程理论与实践, (9): 74-80.

左其亭. 2005. 论水资源承载能力与水资源优化配置之间的关系. 水利学报, 36(11): 1286-1291.

Abed E A, Kerachian R. 2013. Incorporating economic and political considerations in inter-basin water allocations: A case study. Water Resources Management, 27(3): 859-870.

Afzal J, Noble D H. 1992. Optimization model for alternative use of different quality irrigation waters. Journal of Irrigation and Drainage Engineering, 118(2): 218-228.

Babovie V, Cainzares R, Jensen H R, et al. 2001. Neural networks as routine for Error updating of numerical models. Journal of Hydraulic Engineering, 3: 181-192.

Batchelor C. 1999. Improving water use efficiency as part of integrated catchment management. Agricultural Water Management, (40): 249-263.

Belousova A P. 2000. A concept of forming a structure of ecological indicators and indexes for reions sustain-able development. Environmental Geology, 39(11): 1227-1236.

Bossel H. 1996. Deriving indicators of sustainable development. Environmental Modeling & Assessment, (4): 193-218.

Bowden G J, Maier H R. 2002. Optimal division of data for neural network Models in water resources application. Water Resources Research, 38(2): 2-11.

Chen H P, Sun J Q, Chen X L. 2013. Future changes of drought and flood events in China under a global warming scenario. Atmospheric and Oceanic Science Letters, (1): 8-13.

Colby B. 1990. Transactions costs and efficiency in western water allocation. American Journal of Agriculture Economics, 72(10): 1184-1187.

Daniel P, John S. 1999. Sustainability Criteria for Water Resources System. London: Camberidge University Press, 124-126.

Deason J. 1998. Water policy in the United States: A perspective. Water Policy, 3(3): 175-192.

Dudely N J, Burt O R. 1973. Stochastic reservoir management and system design for irrigation. Water Resources Research, (9): 507-522.

Flures J M. 1998. Indicators for sustainlble water resources development. Land and Water Development Division, FIO, Rome, Itlly. 1-10.

George B, Maiano H, Davidson B. 2011. An integrated hydro-economic modeling framework to evaluate water allocation strategies 1: Model development. Agricultural Water Management, 98 (5): 733-746.

Green G. 2000. Water allocation, transfers and conservation: Links between Policy and Hydrology. Water Resources Development, 16 (2): 197-208.

Grossman G M, Krueger A B. 1991. Enviro entalim Pacts of the North American free trade agreement fR. NBER Working Paper, 3914.

Haimes Y Y. 2009. Multiobjective in water resources system: The surrogate worth trade-off method. Water Resources, 10 (4): 164-171.

Halmes Y Y. 1974. Coordination of regional water resource supply and demand planning models. Water Resources Research, 10 (6): 1051-1059.

Hipel K W. 1992. Multiple objective decision making in water resources. Journal of the American Water Resources Assosiation, 28 (1): 3-12.

Hipel K W. 2011. Fuzzy set techniques in decision making. Resource Management and Optimization, 2 (3): 187-203.

Kondratyer S. 2011. Estimation of the nutrient load on the Gulf of Finland from the Russion part of its catchment. Water Resources, 38 (1): 63-71.

Kozlowski J. 1986. Threshold Approach in Urban Regional and Environmental Planning Theory and Practice. St. lucia. Queenland, Australia: University of Queen Land Press.

Lagunes R M, Titdo J R. 2001. Water policies in Mexico. Water policy, 1: 103-114.

Loucks D P. 2000. Sustainable Water Resources Management. International Water Resources sociation, 25 (1): 3-10.

Maass A, Hufschmidt M M, Dorfman R, et al. 1962. Design of water Resource Systems. Soil Science, 94 (2): 135-143.

Martinez L R. 1998. Water policies in Mexico. Water Policy, 1 (1): 103-114.

Mather J. 1984. Water Resources. New York: John Wiley & Sones, Inc.

Meredith D D, Wong K W. 1973. Design and Planning of Engineering Systems. Upper Saddle River: Prentice-Hall.

Mo X, Liu S, Lin Z, et al. 2005. Prediction of crop yield, water consumption and water use efficiency with a SVAT-crop growth model using remotely sensed data on the North China Plain. Ecological Modelling, (183): 301-322.

Mulvhtill W E, Dracup J A. 1971. Optimal timing and sizing of a conjunctive urban water supply treatment facilities. Water Resources Research, (7): 463-478.

Murray A T. 2012. Spatial optimization models for water supply allocation. Water Resour Manage, 26: 2243-2257.

Noaman, Abdulla, Swartz. 2009. Modelling water resources in the Sana'a basin, Yemen, using a WEAP model. IAHS-AISH Publication, (330): 84-89.

Pearson Approach in Urban. 1982. Regional and Environmental planning: Theory and Practice. St. lucia. (Queen and, Australia): University of Queen land Press. Resources Bulletin, 28(1): 187-203.

Rogers P, Ramaseshan S. 1976. Multiobjective Analysis of Planning and Operation of Water Resource Systems: Some Examples from India. Paper Presented at Joint Automatic Control Conference.

Rogers P, Sila R, Bhatia R. 2002. Water is an economic good: How to use price to promote equity, efficiency and sustainability. Water Policy, 4: 1-17.

Romijn M T. 1983. Multi-Objective Decision Making Theory and Methodology. Amsterdam: Elsevier Science Publishing Co.

Sezin T, Momeilo M. 2000. Precipitation-runoff modeling using artificial neural Networks and conceptual models. Jounal of Hydrology Engineering April, 5(2): 156-161.

Slobodan P, Simonovic. 2001. Measure of sustainability and their utilization in practical water Management planning. Regional Management of water Resources, 268: 3-16.

Tomas R K, Dan R. 2001. A framework for assessing the sustainability of water resources system. Regional Management of Water Resources, 107-113.

Ulrika P, Tillman A M. 2008. Sustainable development indicators: how are they used in Swedish water utilities. Journal of Cleaner Production, (16): 1346-1357.

Vicente P P B. 1998. Water resource in Brazil and the sustainable development of the semiarid northeas. Water Resources Development, 14(2): 183-189.

Wakins D W, Kinney J M, Daene C R. 1995. Optimization for incorporating risk and uncertainty in a sustainable water resources Planning. International Association of Hydrological Sciences, 231(13): 225-232.

Wang L Z, Fang L P, Hipel K W. 2008. Basin-wide cooperative water resources allocation. European Journal of Operational Research, 190: 798-817.

Willis R, Yeh W W G. 1987. Groundwater system planning and management. New Jersey: Prentice Hall, 21-23.

Wong H S, Sun N Z. 1997. Optimization of conjunctive use of surface water and groundwater with water quality constraints. Proceedings of the Annual Water Resources Planning and Management Conference, 408-413.

Worl Bank. 1997. Expanding the measure of wealth: indicators of environmentally sustainable development. Environmentally Sustainable Development Studied and Monographs Series, 20(3): 325-326.